制革、毛皮加工与制鞋行业排污许可管理：

申请 · 核发 · 执行 · 监管

刁晓华　钱堃　陈达　等编著

化学工业出版社
·北京·

内容简介

本书以制革、毛皮加工和制鞋行业排污许可申请、核发、执行与监管为主线，从行业发展概况、生产工艺及产排污情况、排污许可证核发情况、排污许可证信息填报主要问题、排污许可证后监管、污染防治可行技术等方面介绍了制革、毛皮加工及制鞋行业的排污许可证核发现状及管理技术要求，旨在为全方位掌握制革、毛皮加工及制鞋行业排污许可管理提供理论依据和案例参考。

本书理论与实践有效结合，可供制革、毛皮加工、制鞋领域从事环境污染治理与管控等的科研人员、工程技术人员和管理人员参考，也供高等学校环境科学与工程、轻工科学与工程、生态工程及相关专业师生参阅。

图书在版编目（CIP）数据

制革、毛皮加工与制鞋行业排污许可管理 ：申请·核发·执行·监管 / 刁晓华等编著. -- 北京 ：化学工业出版社，2025. 2. -- ISBN 978-7-122-46820-8

Ⅰ. X79

中国国家版本馆 CIP 数据核字第 2024Z9A554 号

责任编辑：刘兴春　卢萌萌
文字编辑：杜　熠
责任校对：李雨晴
装帧设计：王晓宇

出版发行：化学工业出版社
（北京市东城区青年湖南街 13 号　邮政编码 100011）
印　　装：北京天宇星印刷厂
787mm×1092mm　1/16　印张 18　字数 387 千字
2025 年 3 月北京第 1 版第 1 次印刷

购书咨询：010-64518888
售后服务：010-64518899
网　　址：http://www.cip.com.cn
凡购买本书，如有缺损质量问题，本社销售中心负责调换。

定　　价：138.00 元

《制革、毛皮加工与制鞋行业排污许可管理：申请·核发·执行·监管》编著者名单

编著者（按姓氏笔画排序）：

刁晓华　于　湲　王　靖　宁　可　吕竹明　吕泽瑜
乔晶晶　孙　慧　孙晓峰　闫润生　李　纯　李　珊
吴萌萌　张　钊　张忠国　陈　达　陈　晨　陈　琳
陈占光　郝　汉　郝润琴　钱　堃　徐翠玉　高　山
常翰源　蒋　彬　路　华

前 言

2016年，国务院提出了我国将建成以排污许可制为核心的固定污染源环境管理制度，到2020年年底全国基本完成固定污染源的排污许可证核发工作。

根据《排污许可证申请与核发技术规范 制革及毛皮加工工业 制革工业》（HJ 859.1—2017）、《排污许可证申请与核发技术规范 制革及毛皮加工工业一毛皮加工工业》（HJ 1065—2019）、《排污许可证申请与核发技术规范 制鞋工业》（HJ 1123—2020）等技术规范要求，制革、毛皮加工及制鞋企业积极开展排污许可证申报工作。截至2023年年底，皮革鞣制加工（C191）企业共有777家核发排污许可证，209家执行排污许可登记管理。毛皮鞣制及制品加工行业共有147家企业核发排污许可证，其中毛皮鞣制及制品加工单位核发24个企业，毛皮鞣制加工单位核发113个企业，毛皮服装加工单位核发1个企业，其他毛皮制品加工单位核发9个企业。制鞋单位核发13238个企业。

为做好排污许可制度解读，便于制革、毛皮加工及制鞋工业排污单位管理人员、技术人员和许可证核发机关审核管理人员理解排污许可改革精神，掌握制革、毛皮加工及制鞋工业排污许可证申请与核发的技术要求，同时便于排污单位、地方生态环境主管部门开展依证排污、依证监管、现场检查等工作，特组织编著了《制革、毛皮加工与制鞋行业排污许可管理：申请·核发·执行·监管》。

本书以制革、毛皮加工和制鞋行业的排污许可申请、核发、执行与监管为主线，主要从行业发展概况、生产工艺及产排污情况、排污许可证核发情况、排污许可证信息填报主要问题、排污许可证后监管、污染防治可行技术等方面介绍了制革、毛皮加工及制鞋行业的排污许可证核发现状及管理技术要求，旨在为全方位掌握制革、毛皮加工及制鞋行业排污许可管理提供理论依据和案例参考，可供从事制革、毛皮加工与制鞋行业排污许可申请、核发、 执行与监管等的科研人员、工程技术人员及管理人员参考，也供高等学校环境科学与工程、轻工科学与工程、生态工程及相关专业师生参阅。

本书由北京市科学技术研究院资源环境研究所、中国皮革协会相关技术和管理人员共同完成。在组稿、出版过程中，行业内的骨干制革、毛皮加工及制鞋企业为本书提供了大量数据、图片和资料，在此一并表示诚挚的谢意。

限于编著者水平及编著时间，书中不足及疏漏之处在所难免，敬请读者批评指正。

编著者

2024年9月

目 录

第 1 章

第 2 章

第 3 章

第 4 章

第 1 章 行业发展概况

1.1 行业发展现状

1.1.1 制革行业

1.1.1.1 产品类型

我国既是皮革生产大国，也是原料皮资源大国、出口创汇大国和皮革制品消费大国，制革行业作为轻工业的重要组成部分，正承担着由“大国”向“强国”转变的重要历史任务，产业梯度转移和区域聚集发展正步入规范、整合、调整、升级的阶段，将发力供给侧结构性改革，坚持创新驱动，不断提升行业可持续发展能力，行业已进入动力转换、结构优化、全面提升行业发展质量的关键时期。

制革行业产品，按原料皮种类可分为牛皮革、羊皮革、猪皮革等，用途最大、最广泛的为牛皮革；按用途可分为家私革、汽车革、鞋面革、服装革等；按照计量方式可分为重革和轻革。轻革指用无机鞣剂或合成鞣剂或结合几种鞣剂鞣制而成的皮革，出售时以面积计量，常见的轻革有汽车革、家私革、鞋面革、服装革、包袋革等；而重革指用植物鞣剂鞣制而成的皮革，质地厚重结实，出售时以质量计量，常见的重革有鞋底革、装具革、轮带革、护油圈革等。按皮革层次，牛皮革一般分为头层革和二层革。头层革面上保留完好的天然粒面，毛孔清晰、细小、紧密、表面丰满细致，富有弹性及良好的透气性和透水性，价格较高。二层革是用片皮机剖层而得，是纤维组织较疏松的二层部分，仅有疏松的纤维组织层，经过涂饰或贴膜等系列工序制成，其牢度耐磨性相对较差。通过鞣剂使生皮变成革的物理化学过程称鞣制，是制革的重要工序。按鞣制方法可将皮革分为铬鞣革、植鞣革、油鞣革、醛鞣革、有机鞣革、结合鞣革等。

制革行业的上游主要为动物皮毛、化工原料与纤维等。上游的动物皮毛来源中，牛皮约占 50%，羊皮约占 31%，猪皮约占 18%。这些原料的价格很大程度上决定了生产过程中的成本。同时下游行业的产品构成情况分别是：制鞋业的鞋面革，约占35%；家具行业的家具革，约占15%；汽车行业的汽车革，约占5%；皮革服装行业的服装革和包装革，约占20%；包装行业的包装革，约占10%。下游成品的销量直接影响皮革的产量，从而影响行业的营收情况。

1.1.1.2 生产经营情况

我国制革行业产量从2016年开始呈现震荡走势，2016年全国皮革产量为7.35亿平方米，达到近年来最高峰；随后我国制革行业提高环保管理力度，我国皮革产量开始呈现下降趋势，2022年下降至4.8亿平方米。2015～2022年我国皮革行业产品产量变化情况如图1-1所示。

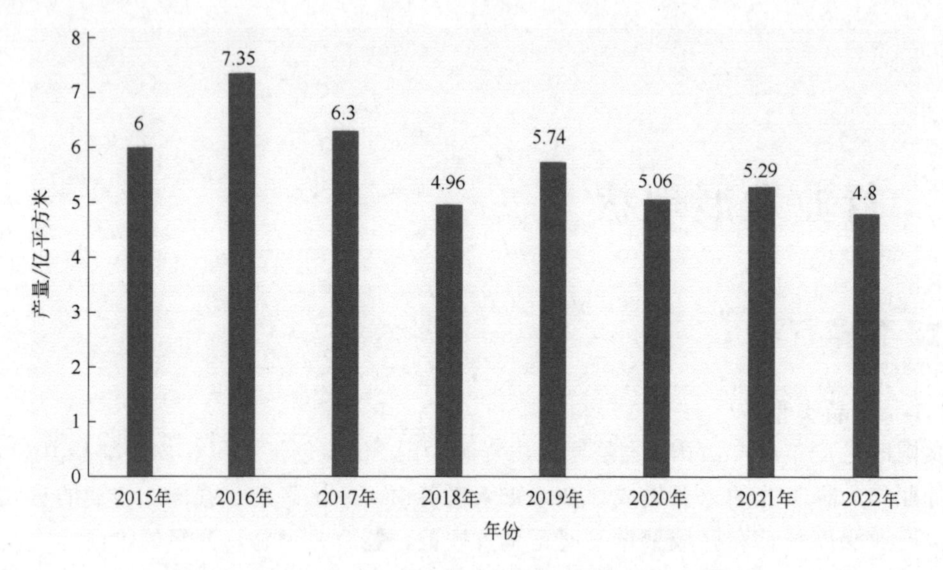

图1-1　2015～2022年中国皮革行业产品产量变化情况

从行业运营情况来看，我国制革行业波动较大，2015～2022年营业收入与利润均平缓波动下降，2016年行业营业收入与利润总额均达到最高，分别约为15163.04亿元与988.07亿元，2020年以来，国际地缘政治冲突和国内疫情多发等超预期因素相互交织，使得我国皮革行业面临的发展环境更为复杂严峻。2022年我国皮革行业营业收入约为1.16万亿元，利润总额约为614.4亿元。

总体来看，皮革行业的营业收入与利润总额呈波动下降的趋势，相对于服装行业40%左右的利润率，制革行业的利润水平非常低，企业经营情况受外界影响大。

我国2015～2022年制革行业营业收入和利润总额变化情况如图1-2、图1-3所示。

1.1.1.3 企业规模数量

截至2024年4月，全国排污许可证管理信息平台许可信息公开企业数量743家，登记信息公开企业数量213家，合计登记企业数量583家。

我国制革企业主要分布在广东省、河南省、山东省、福建省、浙江省等地（见图1-4），与家具、制鞋等皮革制品行业形成产业链完整、上下关联度高的产业聚集地。其中广东省是最主要的基地之一，企业数量合计240家，占企业总量的28%。

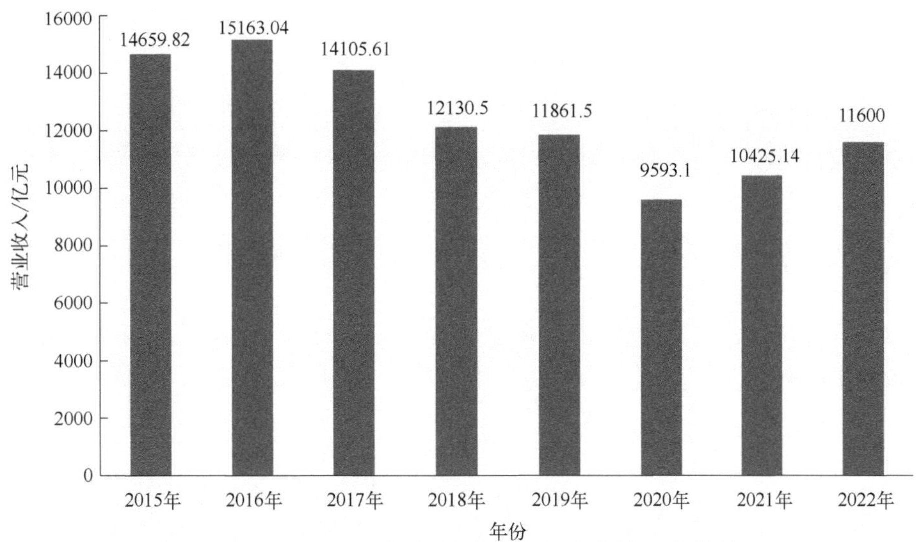

图 1-2　2015～2022 年中国皮革行业营业收入变化情况

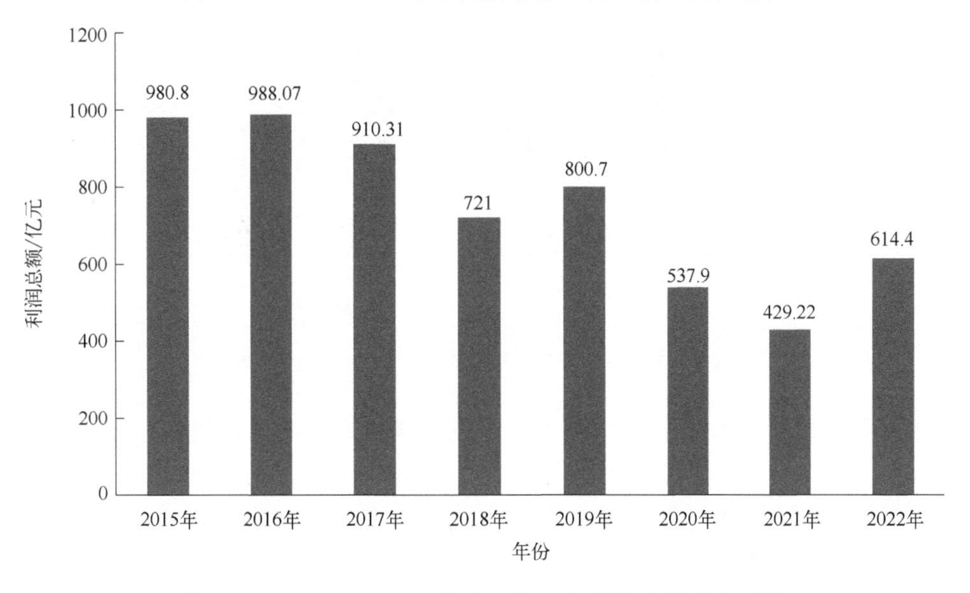

图 1-3　2015～2022 年我国皮革行业利润总额变化情况

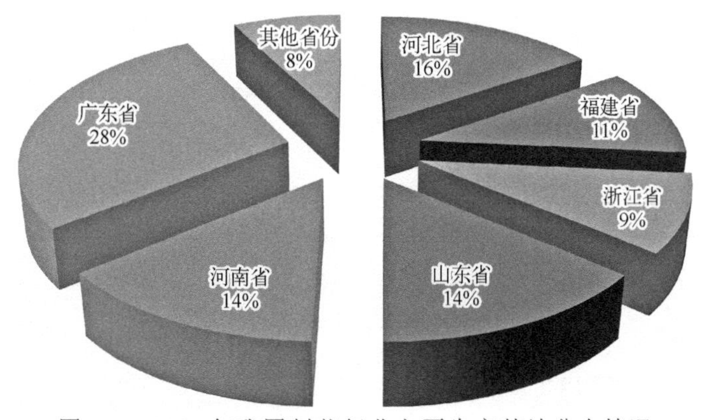

图 1-4　2022 年我国制革行业主要生产基地分布情况

1.1.2 毛皮加工行业

1.1.2.1 生产经营情况

毛皮工业经过多年的发展和积累，现在已经使我国成为世界最大的毛皮生产国和出口国，在国际裘皮市场上处于十分重要的地位。根据国家统计局数据可知：2022 年毛皮、人造毛皮及其制品出口额为 2035 百万美元，同比下降 25%；2022 年毛皮、人造毛皮及其制品进口额为 472 百万美元，累计下降 50%；2017～2022 年毛皮、人造毛皮及其制品出口额 2019 年涨至最高值，此后逐年降低。2017～2022 年毛皮、人造毛皮及其制品进、出口额如图 1-5 所示。

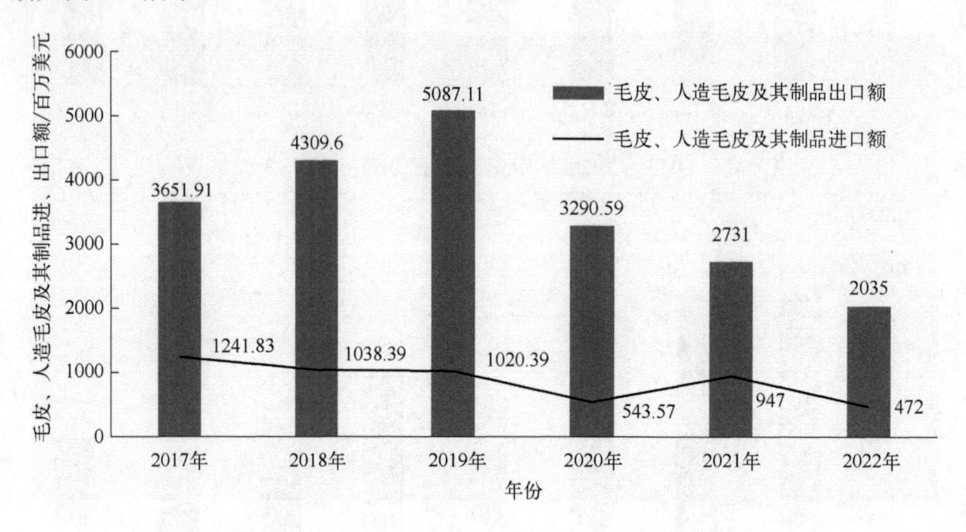

图 1-5 2017～2022 年全国天然毛皮服装产量

可做毛皮产品的动物有 150～180 种，主要有羊皮、兔皮、狐狸皮、貉子皮、狗皮、牛犊皮和马驹皮等，分家养和野生两大类，全球 85%的毛皮源于养殖动物。各种动物毛皮特色如表 1-1 所列。张家口的绵羊皮、细毛皮、口羔皮驰名中外；北京的猞猁皮，河北宣化的山羊皮，山西交城、河北邢台的滩羊皮，山东济宁的青猾皮，各具特色。此外，还有黄鼠狼、麝鼠、旱獭、猞猁、水獭、艾虎、灰鼠、银鼠、竹鼠、海狸、青黄猸子、毛丝鼠、扫雪貂、獾、海豹、虎、豹皮等各种毛皮。

表 1-1 各种动物毛皮特点

序号	毛皮种类	特色
1	羊皮	包括绵羊皮、小绵羊皮、山羊皮和小山羊皮。小山羊皮又称猾子皮，有黑猾皮、白猾皮和青猾皮之分
2	兔皮	皮板薄，绒毛稠密，针毛脆，耐用性差。有本种兔皮、大耳兔皮、大耳黑油兔皮、獭兔皮、安哥拉兔皮等
3	水貂皮	属小型珍贵细皮。彩貂皮有白色、咖啡色、棕色、珍珠米色、蓝宝石色和灰色等，颜色纯正，真毛齐全，色泽美观者价值最高
4	狐狸皮	主要品种有北极狐皮、赤狐皮、银黑狐皮、银狐（玄狐）皮、十字狐皮和沙狐皮等。北极狐又称蓝狐，有白色和浅蓝色两种色型

续表

序号	毛皮种类	特色
5	紫貂皮	又称黑貂皮。稀少而珍贵
6	貉子皮	毛被长而蓬松，针毛尖端呈黑色，底绒丰厚，呈灰褐色或驼色

通常应用的毛皮有羊皮、兔皮、狗皮等，比较名贵的毛皮有狐狸皮、貉子皮、水貂毛皮等，常用作大衣、帽子、围巾的材料，比较厚重的毛皮如熊、狼的毛皮一般作为褥子、挂毯等的材料。《中国水貂、狐、貉取皮数量统计报告》数据显示，2023年中国水貂取皮数量约388万张，与2022年统计数量相比减少了32.96%；狐取皮数量约303万张，与2022年统计数量相比减少了63.81%；貉取皮数量约318万张，与2022年统计数量相比减少了59.86%。2020～2023年中国水貂、狐狸、貉子取皮数量如图1-6所示。

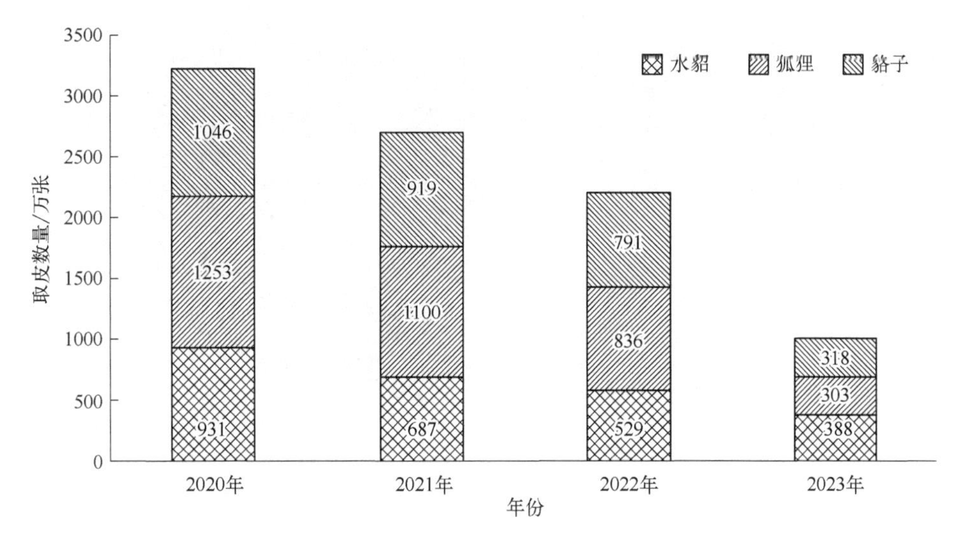

图1-6 2020～2023年中国水貂、狐狸、貉子取皮数量

1.1.2.2 企业规模数量

我国是世界上最大的毛皮动物养殖国家、毛皮皮张原料的最大进口国、最大的毛皮加工国、最大的贸易出口国和最大的毛皮制品消费国。我国毛皮行业已经呈现出以区域经济为格局的产业集群，形成了辽宁省佟二堡、浙江省桐乡、河北省肃宁、河北省大营、河北省故城、河北省阳原、山东省文登、河南省桑坡、广东省长腰岭等毛皮加工特色经济区域。全国具有一定规模的毛皮及其制品企业4000多家，其中毛皮加工企业约200家（规上企业140家左右），其他为毛皮制品企业。

1.1.2.3 产业链上游分布及取皮数量

（1）水貂取皮数量分布

2019～2023年主要省份水貂取皮比例情况见表1-2。由表1-2可以看出2019～2023年山东省、辽宁省和黑龙江省三个省水貂取皮数量占全国水貂取皮总量的90%以上。

表 1-2　2019～2023 年主要省份水貂取皮比例情况　　单位：%

省份	2023 年	2022 年	2021 年	2020 年	2019 年
山东省	52.13	58.58	49.19	55.15	56.79
辽宁省	32.62	28.49	32.90	32.15	26.51
黑龙江省	8.42	6.04	9.03	6.45	9.82
其他	6.83	6.89	8.88	6.25	6.88

2023 年中国水貂取皮数量各地区占比如图 1-7 所示。2023 年，中国水貂取皮数量最大地区为山东省，占全国水貂取皮总量的 52.13%；辽宁省位居第二位，占 32.62%；黑龙江省位居第三位，占 8.42%。

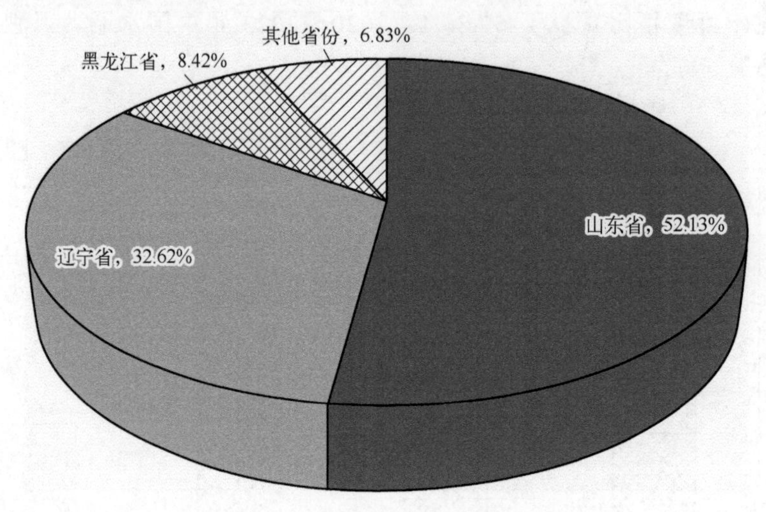

图 1-7　2023 年中国水貂取皮数量各地区占比

（2）狐取皮数量分布

2019～2023 年我国主要省份狐取皮比例情况见表 1-3。由表 1-3 可以看出近几年山东省、河北省和辽宁省三个省狐取皮数量占全国水貂取皮总量的 87%以上。

表 1-3　2019～2023 年主要省份狐取皮比例情况　　单位：%

省份	2023 年	2022 年	2021 年	2020 年	2019 年
山东省	40.55	46.30	42.76	40.55	40.20
河北省	32.62	20.32	25.27	32.62	27.53
辽宁省	17.42	22.95	19.52	17.42	21.77
其他	9.41	10.43	12.45	9.41	10.50

2023 年中国狐取皮数量各地区占比如图 1-8 所示。2023 年，狐取皮数量最大省份为山东省，占全国狐取皮总量的 40.55%；河北省位居第二位，占 32.62%；辽宁省位居第三位，占 17.42%。

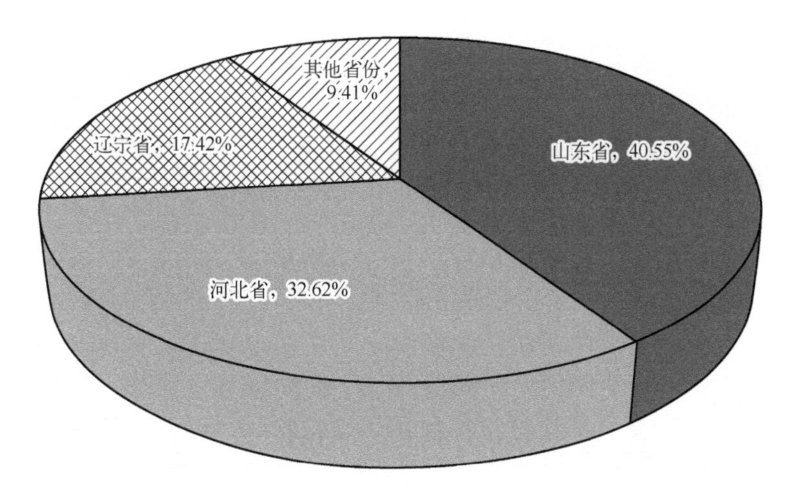

图 1-8　2023 年中国狐取皮数量各地区占比

（3）貉取皮数量分布

2019～2023 年主要省份貉取皮比例情况见表 1-4。由表 1-4 可以看出近几年河北省、山东省和黑龙江省三个省貉取皮数量占全国水貂取皮总量的 93%以上。

表 1-4　2019～2023 年主要省份貉取皮比例情况　　单位：%

省份	2023 年	2022 年	2021 年	2020 年	2019 年
河北省	78.05	69.27	66.51	66.21	62.10
山东省	13.16	18.66	16.94	22.98	22.00
黑龙江省	2.55	7.58	10.66	5.88	9.95
其他	6.24	4.49	5.89	4.93	5.95

2023 年中国貉取皮数量各地区占比如图 1-9 所示。2023 年，貉取皮数量最大省份为

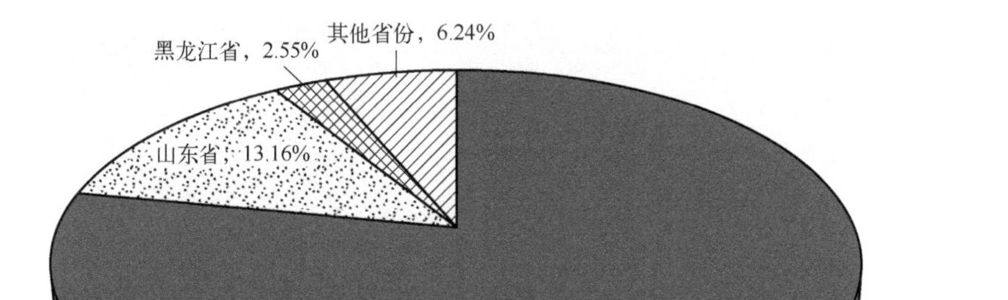

图 1-9　2023 年中国貉取皮数量各地区占比

河北省，占全国貉取皮总量的 78.05%；山东省位居第二位，占 13.16%；黑龙江省位居第三位，占 2.55%。

1.1.3 制鞋行业

1.1.3.1 生产经营情况

2011～2018 年，全球鞋业产量与需求量均呈现波动上升的趋势，2018 年全球鞋业市场产量达到 271.76 亿双，需求量达 265.18 亿双。但 2019 年受市场环境影响，产量与需求量较上年有所下滑，分别为 242.79 亿双、221.55 亿双。

从生产方面看，全球鞋类生产主要集中于亚洲，亚洲鞋类产量占全球鞋类总量的 87.4%；其他大洲均没有超过 5%，南美洲为 4.7%，欧洲为 3.2%，非洲为 2.9%，北美洲为 1.8%，澳大利亚则可忽略不计。

尽管中国近年鞋类产量有所降低，仍是世界上最重要的鞋生产国，国内制鞋工业生产企业 5 万家以上（规模以上企业 4667 家），2019 年共生产鞋类产量约为 134.75 亿双，占全球产量近 60%。中国是世界上最大的鞋类出口国，2021 年，我国出口鞋靴金额 479 亿美元，同比增长 35%，出口价格延续上涨势头，2021 年上涨 15%。由于其庞大的人口基数，约 70.8%的鞋类用于出口。从地方情况看，福建省、广东省仍是我国鞋靴出口前两大省份。

制鞋包括皮鞋、胶鞋、塑料鞋、布鞋。各类鞋产量分布情况如图 1-10 所示。

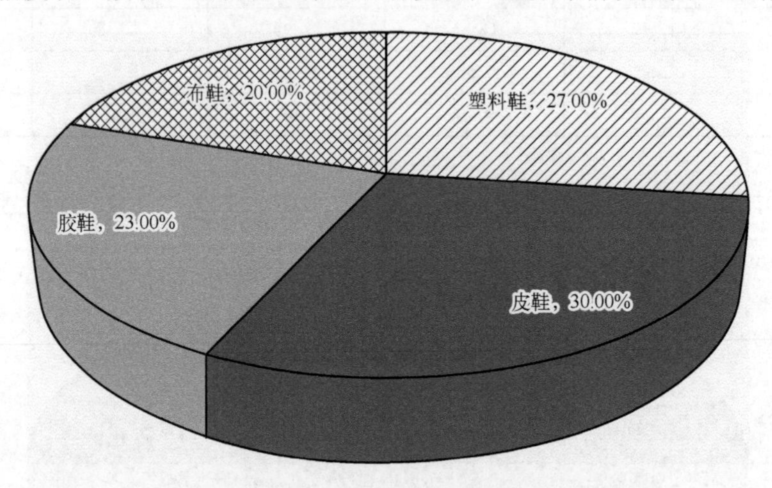

图 1-10　各类鞋产量分布情况

我国制鞋行业产量及进出口情况如图 1-11 所示。

1.1.3.2 企业规模数量

制鞋行业是典型的劳动密集型行业。从全球化的视野来看，这个行业的产能总是向着劳动力成本低廉的国家和地区迁移。从历史上看，世界制鞋业的重心从意大利、西班牙转移到日本、中国台湾地区、韩国，再转移到中国大陆。

目前，中国已经成为全球最大的制鞋中心，鞋产量占全球总产量的 60%以上。但是随着中国经济的发展，劳动力成本的上升，制鞋业有向越南、印度、巴基斯坦等劳动力更低廉的国家转移的趋势。

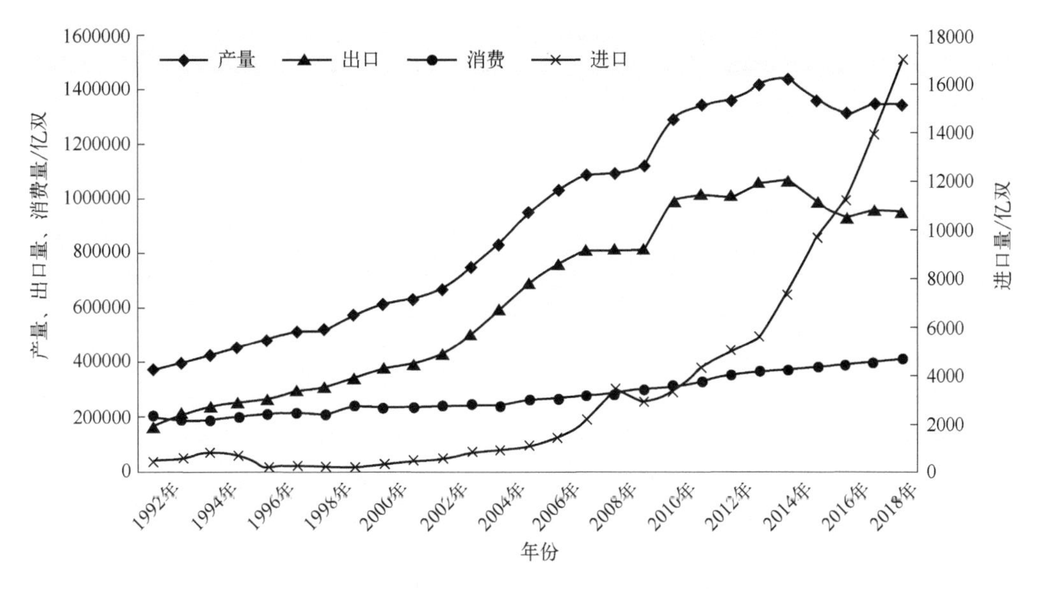

图 1-11 我国制鞋行业产量及进出口情况

我国制鞋工业主要集中在东南沿海，以广东省、福建省、浙江省三省为主，该三省制鞋工业规模以上企业销售收入占全国制鞋工业规模以上企业销售收入的 65%。制鞋大省还包括江苏省、河南省、山东省等省份。近年来，国内鞋业产业转移基本呈现“东鞋西移、男鞋北上”的梯度转移态势，其中河南省等中西部地区逐渐承接东部地区鞋业产业转移，产业发展较为迅速，所占比例越来越大。2010 年以后，安徽省宿州市、河南省睢县、河南省上蔡县等地，逐渐承接产业转移，形成了新的产业集群，成为鞋业向中西部地区产业转移的典型代表。全国各地区规模以上制鞋行业销售收入占比情况如图 1-12 所示。

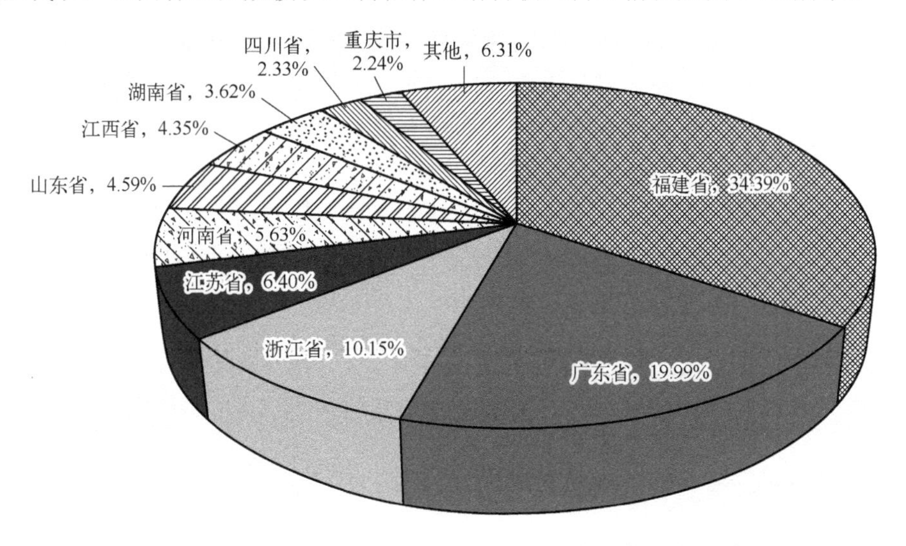

图 1-12 全国各地区规模以上制鞋行业销售收入占比情况

1.1.3.3 行业在其他国家发展概况

全球主要制鞋产区分布情况如表 1-5 所列。

表 1-5 全球主要制鞋产区分布情况

序号	国家	产量/亿双	占比/%
1	中国	131.00	57.4
2	印度	22.57	9.6
3	越南	11.85	5.2
4	印度尼西亚	11.10	4.9
5	巴西	9.54	4.2
6	土耳其	5.00	2.2
7	巴基斯坦	3.99	1.6
8	孟加拉国	3.78	1.6
9	墨西哥	2.54	1.1
10	泰国	2.00	0.9

因不断上涨的劳动力成本、原材料、汇率波动以及环境保护等因素，部分制鞋企业向东南亚地区转移生产基地。而中国-东盟自由贸易区的全面启动，印度、越南、巴基斯坦等地的鞋业发展迅速。

目前，印度是仅次于中国的全球第二大鞋类生产国。年产鞋约 20 亿双，约有 4000 家制鞋企业，其中约 500 家为大型企业，3500 家为中小企业。中小企业产量占总产量的 60%～65%。大型企业一般能提供高质量产品，主要为国际品牌代加工。

越南有制鞋企业 500 余家、箱包生产企业 200 多家。越南鞋类生产主要分布在越南三大城市：胡志明市、首都河内和海防市。胡志明市鞋厂是以生产中高端皮鞋为主，首都河内则是生产硫化鞋居多。制鞋业已成为越南第三大出口产业，2014 年鞋类出口创汇超过 120 亿美金。越南鞋类产品主要出口市场为美国和欧盟，主要出口产品为高级皮鞋和运动鞋。自 2010 年中国-东盟自由贸易区全面启动以来，东盟出口到中国的鞋子品牌全部实现零关税，中国鞋企不仅外销订单被越南等东南亚国家分流走，内销地盘也逐渐被东南亚鞋业“蚕食”。2014 年底，越南工贸部制定了《到 2020 年面向 2025 年越南制鞋业总体发展规划》，提出到 2020 年要把制鞋业打造成国民经济的支柱出口产业，计划到 2020 年，年生产鞋产品 170 亿双，箱包 3 亿个，创造 100 万个就业机会。

1.2 行业主要环境问题

1.2.1 制革行业

制革行业产生的“三废”随着原料皮种类、工艺流程和产品结构等发生较大变化，成分含量随时间有很大波动。行业“三废”产生情况如下。

① 废气的产生主要是磨革工序产生的粉尘，喷涂工序会产生挥发性有机物，皮革加工、废水处理过程产生的恶臭气体。

② 固体废物主要包括皮毛渣、革边角废料和包装废物等一般工业固体废物和含铬污泥等危险废物。据统计，每加工1t生皮约产生150kg的污泥，污泥含水率为50%～80%，极易腐化，且含铬污泥中含有的铬属于第一类重金属，对环境存在较大的风险。

③ 废水是制革行业最大污染物，具有污染物种类多、废水产生量大、浓度高、色度高、含盐量高、处理难度大的特点，生产过程中使用大量水和化工原料，如酸、碱、盐、硫化钠、石灰、表面活性剂、铬鞣剂、加脂剂、染料及助剂等。据统计，每1kg盐湿皮会产生废水600～700L，其中准备和装饰工序产生的废水占总量的80%，废水中COD、硫化物、氨氮浓度均较高。鞣制工序会使用含铬鞣制剂，会导致部分铬进入废水中，铬离子等有毒有害水污染物具有引发中毒性肝炎、肾炎和铬性贫血等疾病的危害，会严重污染环境。另外，在制革生产过程中，由于原皮大部分加盐贮存，致使废水中含盐量、氯离子浓度高，处理难度大。

制革行业中铬污染、硫污染、盐污染、氨氮污染等问题是整个行业需要重点关注的环境问题。环境风险具体情况表现在以下几个方面。

（1）铬污染及危害

皮革鞣制主要采用的是三价铬（Cr^{3+}），其本身对人体无害。不仅铬鞣废液中会残留Cr^{3+}，而且复鞣和染色过程也会因为部分铬脱鞣而进入废液。这些铬以溶解状态排放出来，在环境中会以氢氧化铬的形式沉淀、积累，对植物、人类和其他动物均有所影响。

根据研究表明，不同价态的铬化合物毒性不同，以大麦为例，Cr^{3+}和Cr^{6+}对大麦种子萌发和细胞分裂具有抑制和毒害作用，无论是Cr^{3+}还是Cr^{6+}都可以抑制种子的萌发，减少细胞分裂数目，同时诱发多种染色体畸变类型。铬的毒性强弱主要取决于浓度和处理时间，在相同的处理条件下，Cr^{3+}对大麦的遗传毒害效应明显大于Cr^{6+}。

对于动物来说，早在20世纪70年代，就有人在白鲸体内进行Cr^{3+}和Cr^{6+}的毒性试验，研究在体内分布和累积情况，结果显示Cr^{3+}比Cr^{6+}的毒性大10倍左右。Cr^{6+}对淡水蛙鱼的起始致死质量浓度为5.2mg/L，而Cr^{3+}对淡水蛙鱼的起始致死质量浓度为1.2mg/L。

Cr^{3+}是人体不可或缺的微量元素之一，也是糖和脂肪代谢以及维持胰岛素正常功能的关键元素，但如果摄入过多可能导致人体损伤，目前尚无充分证据表明三价铬具有明确的致癌性，但六价铬化合物是世界卫生组织首批确认的致癌物之一，具有致癌、致突变作用，对人体的肝、肾、呼吸系统和消化系统都有严重危害性。因此皮革废水及皮革产品中的六价铬问题一直被行业所关注，并被作为评价生态皮革的重要指标之一。

（2）硫污染及危害

制革废液中的硫产生于硫化钠脱毛过程。在碱性条件下硫化物主要以溶解态存在，但当pH值低于9.5时会形成硫化氢气体，其毒性与氰化氢相当，对神经系统、眼角膜危害很大。低浓度时会使人头痛、恶心，较高浓度时致人失去知觉，甚至死亡。硫化氢气体易溶解形成弱酸溶液，具有很强的腐蚀性。若排放到地表，即使硫化物在很低的浓度下，也会使淡水鱼无法存活，导致农作物枯萎。

（3）盐污染及危害

皮革生产排放的中性盐主要有氯化钠和硫酸盐两类。氯化钠主要产生于原料皮的保藏（原料皮含盐20%～30%）和制革浸酸工艺（使用皮重8%食盐）。硫酸盐主要来自工艺过程中使用的硫酸，以及大量含有硫酸盐的皮革化工材料。中性盐溶于水且稳定，很难通过常规废水处理方法除去。大量的中性盐进入地表水，会影响饮用水水质，对地表水中的植物、鱼类的生存产生较大危害。盐碱水长期灌溉农田，会造成农田盐碱化，使土质板结，导致农作物减产。废液中的硫酸盐还有可能被厌氧菌降解产生硫化氢。

（4）有机物污染

皮革生产废水中的大量有机物产生于溶解的毛、蛋白质和油脂，以及大量使用的有机复鞣剂、加脂剂、染料、助剂等，形成高化学需氧量（COD）和生化需氧量（BOD），其中部分有机物如酚以及染料中的胺类化合物等对人畜健康构成危害。

（5）氨氮污染

皮革生产废水中的氨氮含量较高，是皮革生产废水处理的难点之一。在皮革生产废液中有不同形式的含氮物质，主要来源于制革脱灰、软化过程使用的无机铵盐和脱毛过程中毛等蛋白成分降解所产生的含氮有机化合物。废水中氨氮过高，将导致水体富营养化。

（6）挥发性有机化合物污染

制革整饰所用材料中通常含有一定量的挥发性有机物（volatile organic compounds，VOCs），长期吸入，会对人体造成危害。皮革生产中产生的挥发性有机化合物以游离甲醛的危害最大。甲醛对人的中枢神经系统影响明显，有刺激、致敏和致突变作用，并能与空气中的某些离子反应生成致癌物——二氯甲基醚。欧盟规定生态皮革所用涂饰材料中的VOCs低于130g/m^3，生态皮革中所含游离甲醛含量必须低于150mg/kg（许多商家要求更严格的限量），我国许多皮革产品尚达不到这些要求。

（7）固体废物及污泥

为了获得厚度、质地均匀的皮革产品，生产过程中必须实施多次去肉、片皮、削匀、修边等操作。因此，所加工的原料皮有30%～40%转变为废皮屑，既是资源的巨大浪费，也形成庞大的固体废物。特别是铬鞣以后产生的固体废物，其生物降解较困难。由于皮革生产废水中含大量悬浮物，废水经物理、化学法处理后会产生大量的污泥。每加工1t原料皮会产生100～150kg污泥，其中含蛋白质及其降解物、石灰、硫化物、铬、无机盐等。目前主要采用填埋方式处理，可能导致有害物质渗入地下水。

1.2.1.1 污染物排放总量

根据《2015年中国环境统计年报》数据统计，2015年皮革、毛皮、羽毛及其制品和制鞋业的废水排放量为2.5亿吨，COD排放量为5.3万吨，氨氮排放量为4735t，总铬年排放量为52.025t。经估算，制革工业废水排放量约为1.1亿吨，COD排放量约为1.2万吨，氨氮排放量约为2000t。

制革过程所用铬鞣剂，仅涉及三价铬，不涉及六价铬。大量研究已经证明三价铬无毒性，而且在自然条件下非常稳定，难以转化为六价铬。但是，目前国际通用的检测六价铬的标准方法为分光光度法，用该方法检测制革废水中是否含有六价铬时，因受到废水中的色度干扰可能会测出一定含量的六价铬。据推算，2015 年我国制革工业含铬废水单独处理后，排放的总铬约为 40t。

1.2.1.2　污染物排放水平

根据《2015 年中国环境统计年报》数据统计，2015 年皮革、毛皮、羽毛及其制品和制鞋业二氧化硫排放量为 2.6 万吨，氮氧化物排放量为 0.8 万吨，烟粉尘排放量为 1.3 万吨。

1.2.1.3　环保监管工作中发现的主要环境问题

（1）常见环境违法行为

近年来，随着生态环保法律法规标准的制修订，对企业的环保主体责任提出了更为严格的要求，环境行政处罚力度在不断强化，企业常见的环境违法行为如下所述：

① 未批先建；

② 未验先投或验收弄虚作假；

③ 无证排污；

④ 未按规定使用清洁能源；

⑤ 私设暗管排污；

⑥ 违法处置、倾倒、贮存危险废物等；

⑦ 自动监测设施不规范运行或弄虚作假；

⑧ 不正常运行污染防治设施；

⑨ 超标排放污染物；

⑩ 未按规定自行监测等。

排污口设置不规范；未按照环评批复文件和环保要求配套建设环保设施；未正常运行或者擅自停运环保设施；废铬液未严格按照要求进行处理，排放浓度超过排放标准；铬液处置产生的铬渣未严格落实危险废物管理制度，没有建立治污台账、未如实申报登记；污水处理站污泥未按照要求处置；自动监控设备运行不正常或者自动监控数据造假等违法行为。

（2）典型环境违法案例

1）未批先建、未验先投

以温州市某制革企业为例，2016 年 5 月，执法人员首先来到某制革厂。该厂建筑面积 1600 平方米，年产 10 万平方英尺（1 平方英尺=0.0929 平方米）牛皮革。据介绍，在 2003 年时，该厂就已完成环评审批。但在随后的生产中，疑似存在新建生产线的情况，执法人员现场查看了该厂的污水、废气处理设备，并对厂区内的污水、雨水管网进行排查。经核实，该厂存在新增 2 条喷光流水线、1 条滚涂流水线，且未重新办理环评审批手续。此外，厂内污水管网流向不明。执法人员当场开出了限期改正通知书，要求在 6 月 5 日之前改正以上环境违法行为，对新增设备限期立即拆除，并对厂内雨污分流标明清楚。

以东莞市某制革企业为例，2021 年 9 月 19 日，根据群众举报反映，该企业存在“直接排放工业废气 VOCs、未编制环境影响报告表、未经验收即投入生产”的问题，经现场调查核实，发现情况属实。

以广州市某制革企业为例，2013 年 7 月 24 日，执法人员经现场调查发现，该企业未报审建设项目环境影响报告擅自定址建设，建设项目需要配套的环境保护设施未经验收，主体工程即投入正式生产。对企业处以罚款 3 万元。

2）无证排污

以清远市某制革企业为例，2018 年 10 月，经群众举报，执法人员前往企业现场进行调查，发现情况属实，清城区环境保护局于 10 月 18 日对该厂下达《责令改正违法行为决定书》责令该厂立即停止排放污染物行为，于 10 月 19 日对该厂“无证排污”违法行为立案调查。经清远市及清城区多次现场复查，发现该厂转鼓车辆停止生产、总排口无生产废水排放，正在安装废水在线监控设施，正在申领新的排污许可证。

以大庆市某制革企业为例，2021 年 9 月 26 日，该公司皮革加工建设项目未取得排污许可证就排放污染物，当地执法人员经现场核查后，处罚 50 万元。

3）未按规定使用清洁能源

以温州市某制革企业为例，2021 年 4 月 25 日，执法人员现场调查发现，该公司的 1 台 2T 生物质锅炉正在使用，该锅炉未使用清洁能源，以燃煤为燃料，不符合国家和省有关规定，污染环境。责令该公司改正违法行为，并进行罚款处罚。

以温州市某制革企业为例，2018 年 11 月 22 日，执法人员通过现场依法调查，证明该企业生物质锅炉未使用清洁能源和存在污染物排放情况。

以惠州市某制革企业为例，2014 年 10 月 23 日，执法人员在现场检查中，发现该公司锅炉正在燃用高污染燃料（工地废弃夹板），责令其拆除燃用高污染燃料的设施，改用规定使用的清洁能源。

4）私设暗管排污

以辛集市某制革企业为例，2016 年 6 月 6 日，省环保厅会同辛集市环保局对辛集市联盛污水处理厂现场检查时发现，该厂东墙与好氧池（治理污水设施）夹道内地下埋有一根南北走向、长约 25 米、直径约 6 寸的铁管，将厂内二沉池（治理污水设施）内污水绕过公司总排口直排厂外进入市政管网的管路。辛集市联盛污水处理有限公司安装该暗管的行为涉嫌私设暗管。

以辛集市某制革企业为例，2016 年 5 月 18 日，辛集市环保局接到群众反映，辛集市工业路南头往西大约 200m，衡井线南侧的水渠内有偷排污水的痕迹。

以汕头市某制革企业为例，2010 年 5 月，余某任与陈某新合伙创办汕头市某制革有限公司，该公司在未经环评、未投入环保设施、也未取得排污许可证的情况下，擅自投入制革生产，生产排放的废水直接流入内港河再汇入西港河。

5）违法处置、倾倒、贮存危险废物等

以德州市某制革企业为例，2019 年 9 月 26 日，该企业被周边居民举报，厂区内露天堆放危险废物，经执法人员现场调查发现情况属实，存在厂区污泥随意堆放、未入库存放、含铬废水外溢、未采取无害化处置措施等问题、当地环保部门已对该企业进行环保处罚。

以辛集市某制革企业为例，2020 年 9 月 15 日，当地执法检查发现，该公司自 2019 年 4 月以来未对废含铬蓝皮丝进行转运，擅自将 20t 废含铬蓝皮丝存放在甩软车间，未按规定在危废间贮存。针对上述违法行为，已责令限期整改到位，同时启动立案处罚程序。

以茂名市某制革企业为例，2021 年 5 月，根据群众举报提供的线索，当地执法人员于某林场内一空地查获正在非法倾倒皮革废碎料的运输车辆。经过调查，现场非法倾倒的皮革废碎料多达 40t，由于皮革废碎料属于《国家危险废物名录》（2021 年版）中的类别 HW21（含铬废物）193-002-21 危险废物，案件当事人已涉嫌污染环境罪。

6）自动监测设施不规范运行或弄虚作假

以焦作市某制革企业为例，2021 年 7 月 9 日，执法人员前往企业现场执行调查，发现氨氮在线监控设备和总磷监控设备采样进样管与采样器断开，并且与采样器连接的采样管被人为使用扎带和夹子夹住，造成采样器采集的污水样品无法进入在线监控设备。总磷在线监控设备的进样管被直接插在一个贴有“COD 50”红色标签的矿泉水瓶内，进入总磷自动在线监控设备的水样为矿泉水水瓶内的水样，以上行为导致总磷自动在线监控数据不能真实反映该公司污水总排口总磷污染物真实排放浓度。以上属于采用篡改、伪造监测数据以逃避监管的方式排放水污染物的行为。

7）不正常运行污染防治设施

以温州市某制革企业为例，2016 年 4 月 14 日，执法人员对该公司开展检查，发现该公司现场正在生产，但酸雾的废气处理塔喷淋马达、氰化氢废气的处理塔均未运行，铬酸雾废气集气管道破损，造成废气无法收集处理，直排污染环境。

以广州市某制革企业为例，2019 年 8 月 15 日，执法人员现场检查发现该企业喷漆等环节产生的废气未经处理排放外环境。当事人建设项目需要配套建设的环境保护设施未建成、未经验收主体工程正式投入生产。执法部门依法进行处罚。

以厦门市某制革企业为例，2019 年 9 月 9 日，执法人员现场检查发现该企业的涂饰、贴合车间未密闭，生产过程中产生的部分有机废气通过排气扇外排。

8）超标排放污染物

以泉州市某制革企业为例,泉州市环境监测站于 2016 年 4 月 11 日对该单位开展第二季度废水监督性监测，根据泉州市环境监测站监测报告单（泉环站督〔2016〕水 125 号），铬鞣度水处理设施排放口总铬浓度为 2.56mg/L，超出间接排放标准限值 0.7 倍。泉州市环境保护局依据《中华人民共和国水污染防治法》第七十四条第一款“违反本法规定，排放水污染物超过国家或者地方规定的水污染物排放标准，或者超过重点水污染物排放总量控制指标的，由县级以上人民政府环境保护主管部门按照权限责令限期治理，处应缴纳排污费数额二倍以上五倍以下的罚款”，责令该企业限期整改并处以行政处罚。

以辛集市某制革企业为例，2019 年 5 月 23 日，现场检查发现某企业外排污水颜色为黄色，采样监测结果显示，企业经污水处理厂所排污水 COD 浓度超标。辛集市生态环境局依据相关法律法规，责令企业改正违法行为，处罚款10万元。

以江门市某制革企业为例，2018年11月29日，执法人员对某公司进行检查，对厂外污水排放口、厂内标准排放口、含铬废水预处理排放口进行采样监测，监测报告显示含铬废水预处理排放口总铬的浓度为7.80mg/L，超过《制革及毛皮加工工业水污染物排放标准》（GB 30486—2013）规定的排放标准。

1.2.2 毛皮加工行业

1.2.2.1 污染物排放总量

根据《2015年中国环境统计年报》数据统计，2015年皮革、毛皮、羽毛及其制品和制鞋业的废水排放量为2.5×10^8t，COD排放量为5.3×10^4t，氨氮排放量为4735t，总铬年排放量为52.025t。

1.2.2.2 污染物排放水平

毛皮加工主要以水貂、狐狸、貉子、兔、羊等动物的皮（即生皮）为原料，以水为载体，通过划槽或转鼓等机械设备的物理作用，加以鞣剂、加脂剂、染料及助剂等化学品，与毛皮胶原蛋白、毛发角蛋白产生化学作用，制作成适合各种用途的成品毛皮的过程。

毛皮硝染是毛皮行业的基础，毛皮加工是一个在水中进行，通过划槽或转鼓等机械设备的物理作用，加以鞣剂、加脂剂、染料及助剂等化学品，跟毛皮胶原蛋白、毛发角蛋白产生化学作用的过程。毛皮行业单位产品的用水量较大，主要是水污染物，我国毛皮加工工业年产生废水量约2.0×10^6t，是整个毛皮产业链中污染的主要来源。

1.2.2.3 环保监管工作中发现的主要环境问题

环境监管部门除对企业外排口污染物排放浓度和排放量以及周边环境中污染物浓度进行监测，直观地判断企业污染物排放情况和影响程度外，还可以从以下监管要点出发，对处理工艺的选择、主要污染物的收集、处理设施的运行情况和运行效果进行重点检查，最大限度地减少污染物偷排偷放行为的发生概率。皮革及毛皮行业监管要点汇总情况详见表1-6。

表1-6 皮革及毛皮行业监管要点汇总情况

污染物种类	监管要点	
废水	1	检查企业污水是否进行分质处理。重点检查鞣制工序和复鞣工序的含铬废水是否单独处理；浸灰脱毛工序的含硫废水是否进行预处理；脱脂废水是否进行预处理。单独处理或预处理后的废水是否进入综合废水处理系统
	2	检查是否所有污水都得到有效收集和处理。现场查阅企业用水记录，通过在线流量计和水费缴纳记录建立水平衡，分析取水量、循环利用水量、工艺用水、生活用水、绿化用水等，与废水处理站进（排）水量进行比较，确保全部生产废水进入污水治理设施。同时，通过对企业周边植被生长状况、土壤或水体颜色以及现场管线的设置情况等，判断企业是否存在偷排暗管的情况
	3	检查污水处理工艺与企业排水去向的匹配性。排入集中加工区废水处理厂（站）的企业至少应选用预处理工艺；排入城镇污水处理厂的企业至少应选用预处理+一级处理工艺；直接排入自然水体的企业至少应选用预处理+一级处理+二级处理工艺

续表

污染物种类	监管要点	
废水	4	检查污染防治设施运行基本参数是否正常。第一检查单独处理或预处理工艺的反应条件是否控制在合理范围内。通过 pH 试纸或 pH 计现场测试，参照各处理工艺 pH 值最佳控制值，直观判断设施是否正常运行。通过每日的废水进水量和加药量运行记录判断药剂使用量是否在合理范围内。第二检查综合废水处理设施运行状态，重点关注生化池运行参数和耗电量。通过污泥沉降比、活性污泥颜色、污泥镜检、曝气均匀性等表观状态及经验指标对比的方法判断生化池运行状态。通过统计污水处理站（厂）设备台账中主要设备功率（包括水泵、风机、刮泥机等关键设备的额定功率）、运转时间，计算一段时期内的耗电量，对比计算量与电费缴纳单登记量的一致性；或通过耗电量波动情况与废水负荷波动情况的对比，判断废水处理设施是否长期稳定运行
废气	1	检查各废气产生工序是否配置了相应的废气吸收处理装置。重点检查磨革工序是否配置了除尘机，涂饰工序以及车间是否配置了机械通风装置，锅炉废气是否配置了脱硫除尘装置
	2	检查设施运行情况。主要方法有 3 种： （1）直观判断法，即感受涂饰、磨革等工序所在车间的气味和环境，判断装置是否正常有效运行； （2）现场试验法，即通过开、关旁路挡板或通标气的方法，查看 DCS 系统风机电流，烟气出口温度、流量，二氧化硫、烟尘、氮氧化物浓度等参数，从各参数的逻辑关系，判断脱硫设施运行效果； （3）查看记录法，即查看设施运行记录、用电记录、加药记录等，如查阅财务部门脱硫剂购买发票（购买量与使用量是否相符）和购煤发票，判断是否按工艺要求使用脱硫剂
固体废物	1	检查危险废物贮存场所的建设和管理是否符合要求。现场检查危险废物贮存场所建设情况，是否有防止扬散、流失、渗漏措施，是否设置危险废物识别标志，是否存在超时存放的情况
	2	检查含铬废物是否交由有危险废物处理资质的单位处置。检查企业提供的危险废物收集单位的危险废物经营许可证以及危险废物转移联单，核算企业一段时期内危险废物的转移量，根据企业生产情况估算危险废物产生量，对比产生量与转移量，判断企业是否存在非法转移危险废物行为
噪声	1	检查产生噪声的工序是否配置了相应的隔音、降噪、吸声装置
	2	检查设施运行情况。通过现场感受隔音、降噪、吸声效果即可直观作出判断

（1）污染物超标排放

以广东省某毛皮加工企业为例，生产经营各种皮革及制品，加工各种毛皮。2018 年 11 月 29 日，江门市执法人员对该单位进行检查，并委托第三方检测单位对该单位厂外污水排放口、厂内标准排放口、含铬废水预处理排放口进行采样监测，监测报告显示含铬废水预处理排放口总铬的浓度为 7.80mg/L，超过《制革及毛皮加工工业水污染物排放标准》（GB 30486—2013）规定的排放标准。

（2）私设暗管

以河北省某毛皮加工企业为例，该企业现场未生产，但存在暗管直排废水污染物迹象。上述问题，行政机关已按“两断三清”标准依法关停取缔；对痕迹处土壤取样检测，拟将该厂主要负责人移送公安机关。

1.2.3 制鞋行业

1.2.3.1 污染物排放总量

在制鞋加工过程中，挥发性有机物（VOCs）通常由常用的有机溶剂组成。VOCs是导致光化学氧化剂和悬浮颗粒物等二次污染物生成的主要物质。按2015年胶粘剂消耗量40.2万吨，VOCs含量80%，废气治理设施安装运行率10%，收集率75%，去除率75%计算，制鞋行业VOCs排放量为30.351×10^4t。

1.2.3.2 污染物排放水平

制鞋业VOCs排放主要源自生产过程中调胶、刷处理剂、刷胶、喷光、烘干、清洗等工序，制鞋企业不同工段VOCs排放比例如图1-13所示。可知，贴合烘干、做帮、面料复合以及清洗是VOCs排放主要环节，占排放总量的98%；其中，贴合烘干工序排放量最大，占70%。

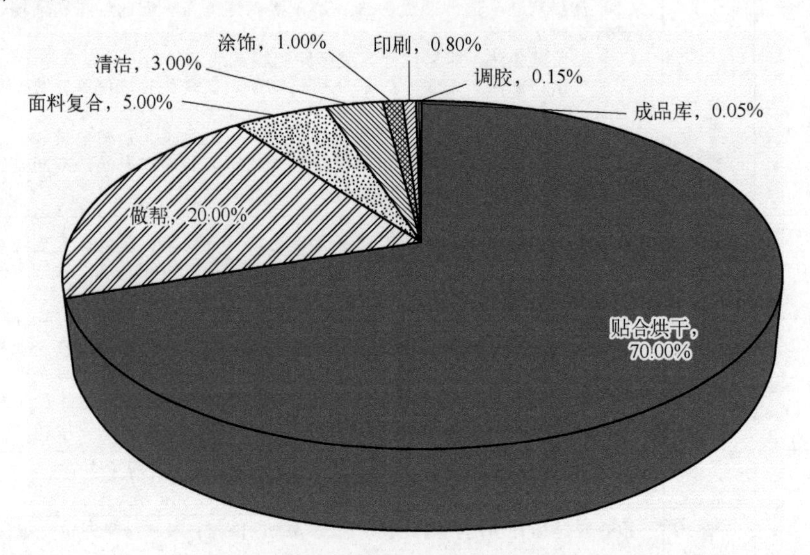

图1-13 制鞋企业不同工段VOCs排放比例

1.2.3.3 环保监管工作中发现的主要环境问题

从全国制鞋业看，虽各省市工艺和产品侧重点不同，但整体管理和污染治理水平基本相同，制鞋业存在的主要环境问题如图1-14～图1-17所示。

（1）环境管理水平差

鞋企以中小企业居多，经营分散，技术水平参差不齐，环境保护和污染治理能力和投入有限，多数制鞋企业处在环保治理的初级阶段。企业存在无污染治理设施、污染治理设施不能有效运行、无组织排放量大、缺乏专业环保人员、环保档案不齐全等诸多问题。

（2）废气收集率不高，无组织排放严重

制鞋厂内存在的主要问题是前端收集、末端治理及全过程治理不规范，使得达不到处理效果。前端收集方面，机器虽带有收集设施及防止挥发性有机物逃逸的垂帘，但多数工人在涂胶过程中将工序放置外部，虽有集气罩收集，因风机选型、管道设计不尽合理等原因造成实际集气罩处的负压流速达不到设计规范要求，VOCs 收集不完全。风机功率、集气罩位置等收集设施建设和操作实际不匹配，挥发性有机物无法有效收集。通过与企业现场人员访谈，炎热的夏季，为达到通风等工作条件，生产时基本门窗、风扇呈打开状态，造成大量挥发性有机物以无组织形式排放。末端治理方面，调研企业中，多数企业治理设施为 UV+活性炭吸附的处理工艺，多数企业台账管理不规范，使用、转移等全过程管理流程可溯源性较差，更有甚者，部分企业环保设施投产至今尚未进行活性炭更换转移。活性炭未及时更换使得有机物收集率低。

图 1-14　未装填活性炭不正常运行污染防治设施

图 1-15　无废气治理设施的企业

例如，2018 年 7 月 27 日，东莞市生态环境局东城分局执法人员现场检查及调查时发现，某制鞋企业正在进行生产，贴合、烘干工序配套的废气处理设施已于 2018 年 6

月 3 日不正常使用，废气处理设施里面没有活性炭，贴合、烘干废气未经处理直接排放。

(a) 活性炭吸附装置未及时更换

(b) 未安装活性炭吸附装置

图 1-16 废气治理设施不能有效运行

(a) 胶粘剂使用过程无组织挥发

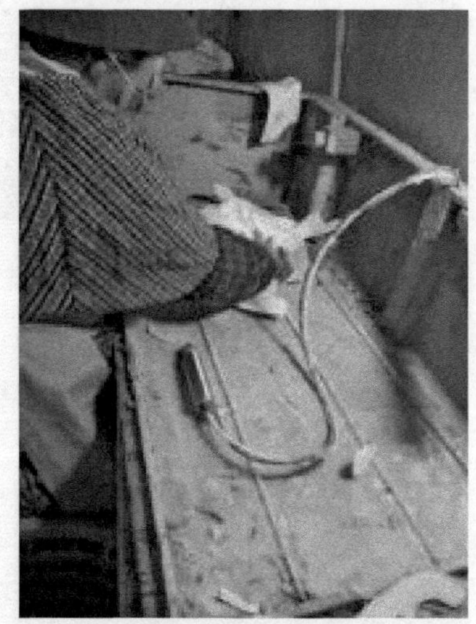

(b) 刷胶环节无废气收集措施

图 1-17 废气无组织排放

(3) 废气治理工艺存在缺陷

我国存在部分企业未安装除 VOCs 治理设施的情况。

① 采用 UV 光解工艺的占比最高，达到 64%。研究表明 UV 光解通过紫外灯管产生的 185nm 光谱与 253.7nm 光谱对废气成分进行照射，分解废气中的氧分子产生臭氧，因此在治理 VOCs 的过程中，该技术不仅对 VOCs 的治理效果一般，还会产生臭氧。此外，若前端粉尘、水分等杂质过高，也将影响该技术的治理效率。

② 有少部分企业使用低温等离子技术治理 VOCs，低温等离子技术，在常压大气环

境中使用放电方式，就会形成少量低温等离子态，而放电的能量也会使得大气中的氧气转变成臭氧，同时低温等离子设备对于一些易燃易爆的废气处理具有爆炸的危险性。

（4）活性炭更换频率不足

根据调研了解，企业从成本控制、管理要求等方面对活性炭使用和更换意识较差，使得末端吸附处于不正常状态。

（5）危险废物非法处置

2019年3月，某公司将一批过期的制鞋辅料送至回收站进行处理，司机为了省事早点下班，将车上装的废物未送至回收站而随意进行了抛弃，当地生态环境局对该行为进行了依法查处。

1.3 行业环境保护要求

1.3.1 制革行业

1.3.1.1 环境保护部门规章

（1）产业结构调整指导目录

《产业结构调整指导目录（2019 年本）》（中华人民共和国国家发展和改革委员会令 第29号）与制革行业相关的要求如表1-7所列。

表1-7 《产业结构调整指导目录（2019年本）》与皮革行业相关要求

类别	相关要求
鼓励类	制革及毛皮加工清洁生产、皮革后整饰新技术开发及关键设备制造、含铬皮革固体废物综合利用；皮革及毛皮加工废液的循环利用，三价铬污泥综合利用；无灰膨胀（助）剂、无氨脱灰（助）剂、无盐浸酸（助）剂、高吸收铬鞣（助）剂、天然植物鞣剂、水性涂饰（助）剂等高档皮革用功能性化工产品开发、生产与应用
限制类	聚氯乙烯普通人造革生产线
淘汰类	年加工生皮能力5万标张牛皮、年加工蓝湿皮能力3万标张牛皮以下的制革生产线
落后产品	无

（2）建设项目环境影响评价分类管理名录

《建设项目环境影响评价分类管理名录（2021 年版）》（生态环境部令 第44号）对制革行业相关项目的规定如表1-8所列。

表1-8 《建设项目环境影响评价分类管理名录（2021年版）》相关规定

项目类别		报告书	报告表	登记表
30	皮革鞣制加工191； 皮革制品制造192	有鞣制、染色工艺的	其他（无鞣制、染色工艺的毛皮加工除外；无鞣制、染色工艺的皮革制品制造除外）	—

（3）国家危险废物名录

《国家危险废物名录（2021 年版）》（生态环境部令 第 15 号）于 2020 年 11 月 25 日发布，自 2021 年 1 月 1 日起实施。名录中与皮革行业相关规定如表 1-9 所列。

表 1-9 《国家危险废物名录（2021 年版）》中与制革行业相关规定

废物类型	行业来源	废物代码	危险废物	危险特性
HW06 废有机溶剂与含有机溶剂废物	非特定行业	900-401-06	工业生产中作为清洗剂、萃取剂、溶剂或反应介质使用后废弃的四氯化碳、二氯甲烷、1,1-二氯乙烷、1,2-二氯乙烷、1,1,1-三氯乙烷、1,1,2-三氯乙烷、三氯乙烯、四氯乙烯，以及在使用前混合的含有一种或多种上述卤化溶剂的混合/调和溶剂	T，I
HW08 废矿物油与含矿物油废物	非特定行业	900-214-08	车辆、轮船及其他机械维修过程中产生的废发动机油、制动器油、自动变速器油、齿轮油等废润滑油	T，I
		900-217-08	使用工业齿轮油进行机械设备润滑过程中产生的废润滑油	T，I
HW12 染料、涂料废物	非特定行业	900-252-12	使用油漆（不包括水性漆）、有机溶剂进行喷漆、上漆过程中产生的废物	T，I
HW21 含铬废物	毛皮鞣制及制品加工	193-001-21	使用铬鞣剂进行铬鞣、复鞣工艺产生的废水处理污泥和残渣	T
		193-002-21	皮革、毛皮鞣制及切削过程产生的含铬废碎料	T
HW35 废碱		193-003-35	使用氢氧化钙、硫化钠进行浸灰产生的废碱液	C，R
HW49 其他废物	非特定行业	900-039-49	烟气、VOCs 治理过程（不包括餐饮行业油烟治理过程）产生的废活性炭，化学原料和化学制品脱色（不包括有机合成食品添加剂脱色）、除杂、净化过程产生的废活性炭（不包括 900-405-06、772-005-18、261-053-29、265-002-29、384-003-29、387-001-29 类废物）	T

（4）规范条件

工业和信息化部颁布实施了制革行业规范条件，从企业布局、企业生产规模、工艺技术与装备、环境保护、职业安全卫生、监督管理六个方面来规范我国境内（台湾、香港、澳门地区除外）的所有新建或改扩建和现有的制革企业，但不包括毛皮加工企业。该规范条件从 2014 年 6 月 1 日起正式实施。该规范条件的发布，对规范行业投资行为，避免低水平重复建设，促进产业合理布局，提高资源利用率，保护生态环境具有重要意义（见表 1-10）。

表 1-10 规范条件中环境保护要求

序号	内容
1	依法执行建设项目（包括新建、改扩建项目）环境影响评价和竣工环境保护验收制度
2	严格执行排污申报、排污缴费与排污许可证制度。依法进行排污申报登记并领取排污许可证，达到排污许可证的要求，按规定足额缴纳排污费

续表

序号	内容
3	主要污染物排放达到总量控制指标要求。化学需氧量、氨氮、二氧化硫、烟粉尘、挥发性有机物、总铬等污染物排放量达到分配下达给该企业的总量控制指标要求；废水、废气、噪声、恶臭等各项污染物排放达到国家或地方污染物排放标准要求；建立排污监测档案并做好自测的质量管理工作
4	一般工业固体废物和危险废物需得到安全处置，处理处置方式要与环境影响评价和竣工验收批复要求一致。根据“减量化、资源化、无害化”的原则，对固体废物进行分类收集和规范处置。一般工业固体废物自行处置或综合利用的，应当明确最终去向，或与综合利用单位签订合同；危险废物应由有资质的单位进行处置
5	污染防治设施和自动在线监控设施正常有效运行。环保设施完备，企业污染治理设施应当保持正常使用；按规定安装主要污染物和特征污染物自动监测设备，并通过环保部门验收，实现与环保部门联网，保证监测设备运行率、监测数据传输率和数据有效率不低于 90%；按期如实向当地环保部门提供自动监测数据有效性审核自查报告，配合自动监测数据有效性审核
6	环境管理制度与环境风险预案健全并有效实施。制定完善的企业环境管理制度并有效运转；制定切实可行的突发环境事件应急预案并定期开展应急演练；应急工程设施建设、应急物资储备等符合规定
7	重金属铬污染防治符合规定。含铬废水收集处理工艺合理、设施完备，保证含铬废水与综合污水的有效分离并单独处理达标

《工业和信息化部关于制革行业结构调整指导意见》（工信部消费〔2009〕605 号）与制革行业相关的要求如表 1-11 所列。

表 1-11　《工业和信息化部关于制革行业结构调整指导意见》相关要求

序号	相关要求
限制类	严格限制投资新建年加工 10 万标张以下的制革项目
淘汰类	淘汰年加工 3 万标张以下的制革生产线

1.3.1.2　环境保护标准

（1）水污染物排放标准

目前，制革及皮毛加工企业废水污染物主要执行《制革及毛皮加工工业水污染物排放标准》（GB 30486—2013）中相关规定，部分地区执行《污水排入城镇下水道水质标准》（GB/T 31962—2015）和地方水污染排放标准。《制革及毛皮加工工业水污染物排放标准》（GB 30486—2013）部分规定如表 1-12、表 1-13 所列。

表 1-12　新建企业水污染物排放浓度限值及单位产品基准排水量

单位：mg/L（pH 值、色度除外）

序号	污染物项目	直接排放限值		间接排放限值	污染物排放监控位置
		制革企业	毛皮加工企业		
1	pH 值	6～9	6～9	6～9	企业废水总排放口
2	色度	30	30	100	
3	悬浮物	50	50	120	
4	BOD_5	30	30	80	
5	COD_{Cr}	100	100	300	

续表

序号	污染物项目	直接排放限值		间接排放限值	污染物排放监控位置
		制革企业	毛皮加工企业		
6	动植物油	10	10	30	企业废水总排放口
7	硫化物	0.5	0.5	1.0	
8	氨氮	25	25	70	
9	总氮	50	50	140	
10	总磷	1	1	4	
11	氯离子	3000	4000	4000	
12	总铬	1.5			车间或生产设施废水排放口
13	六价铬	0.1			
单位产品基准排水量（m^3/t 原料皮）		55	70	注 1	排水量计量位置与污染物排放监控位置相同

注 1：制革企业和毛皮加工企业的单位产品基准排水量的间接排放限值与各自的直接排放限值相同。

表 1-13　水污染物特别排放限值及单位产品基准排水量　单位：mg/L（pH 值、色度除外）

序号	污染物项目	直接排放限值		污染物排放监控位置
		制革企业	毛皮加工企业	
1	pH 值	6～9	6～9	企业废水总排放口
2	色度	20	30	
3	悬浮物	10	50	
4	BOD_5	20	30	
5	COD_{Cr}	60	100	
6	动植物油	5	10	
7	硫化物	0.2	0.5	
8	氨氮	15	25	
9	总氮	20	40	
10	总磷	0.5	1	
11	氯离子	1000	1000	
12	总铬	0.5		车间或生产设施废水排放口
13	六价铬	0.05		
单位产品基准排水量（m^3/t 原料皮）		40		排水量计量位置与污染物排放监控位置相同

《污水排入城镇下水道水质标准》（GB/T 31962—2015）部分规定如表 1-14 所列。

表 1-14　水污染物特别排放限值及单位产品基准排水量　　单位：mg/L（pH 值、色度除外）

序号	污染物项目	直接排放限值		
		A 级	B 级	C 级
1	pH 值	6.5～9.5	6.5～9.5	6.5～9.5
2	色度	64	64	64
3	悬浮物	400	400	250
4	BOD_5	350	350	150
5	COD_{Cr}	500	500	300
6	动植物油	100	100	100
7	硫化物	1	1	1
8	氨氮	45	45	25
9	总氮	70	70	45
10	总磷	8	8	5
11	氯化物	500	800	800
12	总铬	1.5	1.5	1.5
13	六价铬	0.5	0.5	0.5

注：根据城镇下水道末端污水处理厂的处理程度，将控制项目限值分为 A、B、C 三个等级：采用再生处理时，排入城镇下水道的污水水质符合 A 级的规定；采用二级处理时，排入城镇下水道的污水水质符合 B 级的规定；采用三级处理时，排入城镇下水道的污水水质符合 C 级的规定。

《工业企业废水氮、磷污染物间接排放限值》（DB33/887—2013）部分规定如表 1-15 所列。

表 1-15　地方标准水污染物排放限值　　单位：mg/L

序号	污染物项目	适用范围	间接排放限值	污染物排放监控位置
1	氨氮	其他企业	35	企业废水总排放口
2	总磷	其他企业	8	

针对雨水排放执行标准，生态环境部《关于雨水执行标准问题的回复》指出：企业在生产过程中，因物料遗撒、跑冒滴漏等原因，通常在厂区地面残留较多原辅料和废弃物，在降雨时被冲刷带入雨水管道，污染雨水。因此，若不对污染雨水加以收集处理，任其通过雨水排口直接外排，将对水生态环境造成严重污染。为控制污染雨水，多项排放标准已将初期雨水或污染雨水纳入管控范围，要求达标排放，但是排放标准中不使用"后期雨水"的表述。企业雨水管理应严格执行该行业相应排放标准的相关要求。

（2）大气污染物排放标准

目前，制革和毛皮加工行业废气污染物主要执行《大气污染物综合排放标准》（GB 16297—1996）、《恶臭污染物排放标准》（GB 14554—93）、《锅炉大气污染物排放标准》（GB 13271—2014）、《挥发性有机物无组织排放控制标准》（GB 37822—2019）和地方大气污染物排放标准，如表 1-16～表 1-18 所列。

表 1-16　国家和部分地方大气污染物排放标准　　单位：mg/m^3（臭气浓度除外）

序号	标准名称	颗粒物	苯	甲苯	二甲苯	非甲烷总烃
1	《大气污染物综合排放标准》（GB 16297—1996）	150	17	60	90	150
2	《固定污染源挥发性有机物综合排放标准》（DB44/2367—2022）	—	2	40	40	80
3	《大气污染物排放限值》（DB44/ 27—2001）	120	12	40	70	120
4	《挥发性有机物排放标准 第 7 部分：其他行业》（DB37/2801.7—2019）	—	—	—	—	40

表 1-17　国家和部分地方锅炉大气污染物排放标准　　单位：mg/m^3

序号	标准名称	适用类型	颗粒物	二氧化硫	氮氧化物
1	《锅炉大气污染物排放标准》（GB 13271—2014）	燃煤锅炉	50	300	300
		燃油锅炉	30	200	250
		燃气锅炉	20	50	200
		生物质锅炉	—	—	—
2	锅炉大气污染物排放标准（DB32/ 4385—2022）	燃煤锅炉	10	35	50
		燃油锅炉	10	35	50
		燃气锅炉	10	35	50
		生物质锅炉	10①（20②）	35①（50②）	50①（150②）
3	锅炉大气污染物排放标准（DB41/ 2089—2021）	燃煤锅炉	10	35	50
		燃油锅炉	10	20	80
		燃气锅炉	5	10	30
		生物质锅炉	10	35	50
4	锅炉大气污染物排放标准（DB44/ 765—2019）	燃煤锅炉	30③（50）	200③（300）	200③（300）
		燃油锅炉	30	100③（200）	200③（250）
		燃气锅炉	20	50	150③（200）
		生物质锅炉	20	35	150③（200）
5	锅炉大气污染物排放标准（DB13/ 5161—2020）	燃煤锅炉	10	35	50（80④）
		燃油锅炉	10	20	80⑤（50⑥）
		燃气锅炉	5	10	50
		生物质锅炉	20	30	150⑤（80⑥）

① 城市建成区；
② 其他地区；
③ 位于广东省珠江三角洲地区 9 个城市的锅炉执行标准；
④ 在用层燃炉及抛煤炉供暖锅炉执行标准；
⑤ ＜20t/h（14MW）；
⑥ ≥20t/h（14MW）

表 1-18　无组织大气污染物排放标准　　单位：mg/m^3（臭气浓度除外）

序号	标准名称	硫化氢	氨（氨气）	臭气浓度	VOCs
1	《恶臭污染物排放标准》（GB 14554—93）	0.06	1.5	20	—

续表

序号	标准名称	硫化氢	氨（氨气）	臭气浓度	VOCs
2	《挥发性有机物无组织排放控制标准》（GB 37822—2019）	—	—	—	10①（30②）
3	《固定污染源挥发性有机物综合排放标准》（DB44/2367—2022）	—	—	—	6①（20②）
4	《挥发性有机物排放标准 第 7 部分：其他行业》（DB37/2801.7—2019）	—	—	16	2

① 监控点处 1h 平均浓度值；

② 监控点处任意一次浓度值。

1.3.1.3　环境保护相关要求

制革行业作为污染严重的工业之一，在其发展过程中必定制定相关政策措施，以保证整个皮革工业的可持续发展。为此，我国有关部门制定了完整的皮革工业（制革工业为重点）污染控制行业政策、技术政策和污染防治政策。

国家环保部为贯彻落实《国务院办公厅转发环境保护部等部门关于加强重金属污染防治工作指导意见的通知》（国办发〔2009〕61 号）和《国务院关于重金属污染综合防治“十二五”规划的批复》（国函〔2011〕13 号）精神，提升制革行业污染防治水平，推动制革行业发展方式转变，组织开展各制革企业环保核查工作。对已有的制革企业经专家审查、现场检查和社会公示，分批发布符合环保法律法规要求的制革企业名单，促进制革企业的转型升级达标。

工业和信息化部于 2009 年 12 月发布了《制革行业结构调整指导意见》，为改善产业布局、促进结构调整和制革行业绿色发展，发挥了积极的引导作用。

2014 年 5 月 4 日，工业和信息化部正式发布《制革行业规范条件》（以下简称《规范条件》）。《规范条件》制定过程中，广泛听取了国家有关部门、地方工业和信息化管理部门、行业协会、重点企业、设计研究单位和专家意见，进行了多次修改完善。2014 年 6 月 1 日，《规范条件》正式实施，引起业界广泛关注。

1.3.2　毛皮加工行业

1.3.2.1　环境保护部门规章

（1）产业结构调整目录

《产业结构调整指导目录（2019 年本）》（中华人民共和国国家发展和改革委员会令第 29 号）与毛皮加工行业相关的要求如表 1-19 所列。

表 1-19　《产业结构调整指导目录（2019 年本）》相关要求

类别	相关要求
鼓励类	制革及毛皮加工清洁生产、皮革后整饰新技术开发及关键设备制造、含铬皮革固体废物综合利用；皮革及毛皮加工废液的循环利用，三价铬污泥综合利用；无灰膨胀（助）剂、无氨脱灰（助）剂、无盐浸酸（助）剂、高吸收铬鞣（助）剂、天然植物鞣剂、水性涂饰（助）剂等高档皮革用功能性化工产品开发、生产与应用
淘汰类	Z261 型人造毛皮机

（2）建设项目环境影响评价分类管理名录

《建设项目环境影响评价分类管理名录（2021 年版）》（生态环境部令 第 44 号）对皮革及毛皮加工行业相关项目的规定如表 1-20 所列。

表 1-20 《建设项目环境影响评价分类管理名录（2021 年版）》相关规定

项目类别		报告书	报告表	登记表
30	皮革鞣制加工 191；皮革制品制造 192；毛皮鞣制及制品加工 193	有鞣制、染色工艺的	其他（无鞣制、染色工艺的毛皮加工除外；无鞣制、染色工艺的皮革制品制造除外）	—

（3）国家危险废物名录

《国家危险废物名录（2025 年版）》（生态环境部令 第 36 号）于 2024 年 11 月 26 日发布，自 2025 年 1 月 1 日起实施。名录中与毛皮加工行业相关规定如表 1-21 所列。

表 1-21 《国家危险废物名录（2021 年版）》中与毛皮加工行业相关规定

废物类型	行业来源	废物代码	危险废物	危险特性
HW06 废有机溶剂与含有机溶剂废物	非特定行业	900-401-06	工业生产中作为清洗剂、萃取剂、溶剂或反应介质使用后废弃的四氯化碳、二氯甲烷、1,1-二氯乙烷、1,2-二氯乙烷、1,1,1-三氯乙烷、1,1,2-三氯乙烷、三氯乙烯、四氯乙烯，以及在使用前混合的含有一种或多种上述卤化溶剂的混合/调和溶剂	T，I
HW08 废矿物油与含矿物油废物	非特定行业	900-214-08	车辆、轮船及其他机械维修过程中产生的废发动机油、制动器油、自动变速器油、齿轮油等废润滑油	T，I
		900-217-08	使用工业齿轮油进行机械设备润滑过程中产生的废润滑油	T，I
HW12 染料、涂料废物	非特定行业	900-252-12	使用油漆（不包括水性漆）、有机溶剂进行喷漆、上漆过程中过喷漆雾湿法捕集产生的漆渣、以及喷涂工位和管道清理过程产生的落地漆渣	T，I
HW21 含铬废物	毛皮鞣制及制品加工	193-001-21	使用铬鞣剂进行铬鞣、复鞣工艺产生的废水处理污泥和残渣	T
		193-002-21	皮革、毛皮鞣制及切削过程产生的含铬废碎料	T
HW35 废碱		193-003-35	使用氢氧化钙、硫化钠进行浸灰产生的废碱液	C，R
HW49 其他废物	非特定行业	900-039-49	烟气、VOCs 治理过程（不包括餐饮行业油烟治理过程）产生的废活性炭，化学原料和化学制品脱色（不包括有机合成食品添加剂脱色）、除杂、净化过程产生的废活性炭（不包括 900-405-06、772-005-18、261-053-29、265-002-29、384-003-29、387-001-29 类废物）	T

（4）规范条件

工业和信息化部颁布实施了《制革行业规范条件》（2014 年 5 月 4 日发布），部分环境保护要求如表 1-22 所列。

表 1-22　规范条件中环境保护要求

序号	内容
1	依法执行建设项目（包括新建、改扩建项目）环境影响评价和竣工环境保护验收制度
2	严格执行排污申报、排污缴费与排污许可证制度。依法进行排污申报登记并领取排污许可证，达到排污许可证的要求，按规定足额缴纳排污费
3	主要污染物排放达到总量控制指标要求。化学需氧量、氨氮、二氧化硫、烟粉尘、挥发性有机物、总铬等污染物排放量达到分配下达给该企业的总量控制指标要求；废水、废气、噪声、恶臭等各项污染物排放达到国家或地方污染物排放标准要求；建立排污监测档案并做好自测的质量管理工作
4	一般工业固体废物和危险废物需得到安全处置，处理处置方式要与环境影响评价和竣工验收批复要求一致。根据“减量化、资源化、无害化”的原则，对固体废物进行分类收集和规范处置。一般工业固体废物自行处置或综合利用的，应当明确最终去向，或与综合利用单位签订合同；危险废物应由有资质的单位进行处置
5	污染防治设施和自动在线监控设施正常有效运行。环保设施完备，企业污染治理设施应当保持正常使用；按规定安装主要污染物和特征污染物自动监测设备，并通过环保部门验收，实现与环保部门联网，保证监测设备运行率、监测数据传输率和数据有效率不低于 90%；按期如实向当地环保部门提供自动监测数据有效性审核自查报告，配合自动监测数据有效性审核
6	环境管理制度与环境风险预案健全并有效实施。制定完善的企业环境管理制度并有效运转；制定切实可行的突发环境事件应急预案并定期开展应急演练；应急工程设施建设、应急物资储备等符合规定
7	重金属铬污染防治符合规定。含铬废水收集处理工艺合理、设施完备，保证含铬废水与综合污水的有效分离并单独处理达标

（5）其他要求

其他要求如表 1-23 所列。

表 1-23　其他要求

序号	文件名称	部分内容
1	《关于河北省制革及毛皮加工行业执行水污染物特别排放限值的公告》（河北省环境保护厅公告 2018 年 第 2 号）	2018 年 11 月 1 日起，直接向环境排放水污染物的企业执行《制革及毛皮加工工业水污染物排放标准》（GB 30486—2013）水污染物特别排放限值及单位产品基准排水量，其中，水污染物特别排放限值比《城镇污水处理厂污染物排放标准》一级 A 标准中相应控制因子宽松的，执行《城镇污水处理厂污染物排放标准》一级 A 标准
2	《河南省环境保护厅关于规范皮革及毛皮加工等三个行业建设项目环境影响评价文件审查审批工作的通知》（豫环文〔2017〕347 号）	《河南省皮革及毛皮加工建设项目环境影响评价文件审查审批要求（试行）》适用于河南省皮革及毛皮加工项目环境影响评价文件的审查审批，以蓝湿皮为原料的制革及毛皮加工项目参照执行该文件要求。该文件中除了提出行业的总体要求，针对环境质量、建设布局、防护距离、工艺装备、大气污染防治、水污染防治、固体废物污染防治和环境风险防范提出了具体要求

1.3.2.2　环境保护标准

毛皮加工行业大气污染物排放分别执行《大气污染物综合排放标准》（GB 16297—1996）、《恶臭污染物排放标准》（GB 14554—93）、《锅炉大气污染物排放标准》（GB 13271—2014）和《挥发性有机物无组织排放控制标准》（GB 37822—2019）；水污染物排放执行《制革及毛皮加工工业水污染物排放标准》（GB 30486—2013），部分地区执行《城镇污水处理厂污染物排放标准》（GB 18918—2002）。各省份如有更严格的地方标准，参照执行地方标准。如河北省锅炉废气执行《锅炉大气污染物排放标准》（DB

13/5161—2020)，山东省锅炉废气执行《锅炉大气污染物排放标准》(DB 37/2374—2018)，山东省毛皮加工行业执行《区域性大气污染物综合排放标准》(DB 37/2376—2019)等。浙江省工业企业废水氮、磷污染物间接排放限值执行《工业企业废水氮、磷污染物间接排放限值》(DB33/887—2013)和《污水排入城镇下水道水质标准》(GB/T 31962—2015)。广东省苯、甲苯、二甲苯和总挥发性有机物执行《家具制造行业挥发性有机化合物排放标准》(DB44/814—2010)，非甲烷总烃执行《大气污染物排放限值》(DB44/27—2001)。

1.3.2.3 环境保护相关要求

(1) 产业政策及规划选址合理性分析

毛皮加工企业必须符合国家产业政策、相关法律法规、行业发展规划要求，生产规模、工艺技术与装备应满足相关要求。毛皮加工项目在规划选址时，主要从土地利用总体规划、当地产业规划、行业发展规划、周边环境敏感点分布等方面综合考虑其合理性。在规划选址时，毛皮加工企业应选择依法合规设立的皮革和毛皮园区，或具有皮革及毛皮加工产业定位的工业园区；在大气环境方面，因为毛皮加工项目以废水和废气为主要污染因素，选址必须符合卫生防护距离的相关要求；在水环境方面，必须明确排水去向，由于毛皮项目废水较为复杂，处理难度较大，一般不宜直排，需要在厂内对废水进行预处理，以满足排放要求，因此就必须首选具有毛皮废水处理能力的可依托的专业污水处理厂，其次选择工业园区污水处理厂，不宜选择城镇污水处理厂，避免对城镇污水处理造成冲击。

(2) 清洁生产措施

毛皮生产加工应满足国家产业政策、清洁生产规范等相关要求，不得开展属于限制类和淘汰类的生产。在生产工艺和技术装备方面，鼓励使用鲜皮低温冷冻保存、低温低盐保藏技术。使用固体盐对原皮进行防腐处理的，原皮加工前应进行转笼除盐。采用低盐或无盐浸酸或浸酸液循环工艺、铬循环利用或高吸收铬鞣、低铬、无铬鞣制等工艺。染色采取高吸收、无毒无害的工艺。采取节水工艺，采用小液比工艺，以闷水洗为主，浸酸、鞣制等工序采取废液循环使用技术。采用超载转鼓、Y 形转鼓等节能节水型设备，转鼓（划槽）等设备采用全自动控制工艺，提升行业自动化水平。清洁生产水平应不低于二级标准（国内先进）要求。

(3) 其他政策要求

大气污染防治重点控制区按照《关于执行大气污染物特别排放限值的公告》《关于执行大气污染物特别排放限值有关问题的复函》《关于京津冀大气污染传输通道城市执行大气污染物特别排放限值的公告》和《国务院关于印发打赢蓝天保卫战三年行动计划的通知》等要求执行。

1.3.3 制鞋行业

1.3.3.1 环境保护部门规章

(1) 建设项目环境影响评价分类管理名录

《建设项目环境影响评价分类管理名录（2021 年版）》（生态环境部令 第 44 号）对

制鞋行业相关项目的规定如表 1-24 所列。

表 1-24　《建设项目环境影响评价分类管理名录（2021 年版）》相关规定

项目类别		报告书	报告表	登记表
32	制鞋业	—	有橡胶硫化工艺、塑料注塑工艺的；年使用溶剂型胶粘剂 10t 及以上的，或年使用溶剂型处理剂 3t 及以上的	—

（2）国家危险废物名录

《国家危险废物名录（2025 年版）》（生态环境部令　第 36 号）于 2024 年 11 月 26 日发布，自 2025 年 1 月 1 日起实施。名录中与制鞋行业相关规定如表 1-25 所列。

表 1-25　《国家危险废物名录（2021 年版）》与制革行业相关规定

废物类型	行业来源	废物代码	危险废物	危险特性
HW06 废有机溶剂与含有机溶剂废物	非特定行业	900-401-06	工业生产中作为清洗剂、萃取剂、溶剂或反应介质使用后废弃的四氯化碳、二氯甲烷、1,1-二氯乙烷、1,2-二氯乙烷、1,1,1-三氯乙烷、1,1,2-三氯乙烷、三氯乙烯、四氯乙烯，以及在使用前混合的含有一种或多种上述卤化溶剂的混合/调和溶剂	T，I
		900-404-06	工业生产中作为清洗剂、萃取剂、溶剂或反应介质使用后废弃的其他列入《危险化学品目录》的有机溶剂，以及在使用前混合的含有一种或多种上述溶剂的混合/调和溶剂	T，I，R
		900-405-06	900-401-06、900-402-06、900-404-06 中所列废有机溶剂再生处理过程中产生的废活性炭及其他过滤吸附介质	T，I，R
HW08 废矿物油与含矿物油废物	非特定行业	900-214-08	车辆、轮船及其他机械维修过程中产生的废发动机油、制动器油、自动变速器油、齿轮油等废润滑油	T，I
		900-217-08	使用工业齿轮油进行机械设备润滑过程中产生的废润滑油	T，I
HW12 染料、涂料废物	非特定行业	900-253-12	使用油墨和有机溶剂进行丝网、涂布过程中产生的废物	T，I
HW49 其他废物	非特定行业	900-039-49	烟气、VOCs 治理过程（不包括餐饮行业油烟治理过程）产生的废活性炭，化学原料和化学制品脱色（不包括有机合成食品添加剂脱色）、除杂、净化过程产生的废活性炭（不包括 900-405-06、772-005-18、261-053-29、265-002-29、384-003-29、387-001-29 类危险废物）	T

1.3.3.2　环境保护标准

我国尚无制鞋业专项排放标准要求，按照国家标准体系设计，现执行《大气污染物综合排放标准》（GB 16297—1996）的规定，主要控制非甲烷总烃（NMHC）、苯、甲苯、二甲苯的排放。根据地方环境保护需求以及经济、技术条件，一些省市发布了地方专项排放标准，包括：1996 年的福建省《制鞋工业大气污染物排放标准》（DB 35/156—1996），

2010 年的广东省《制鞋行业挥发性有机化合物排放标准》（DB 44/817—2010），2017 年的浙江省《制鞋工业大气污染物排放标准》（DB 33/2046—2017），胶粘剂是制鞋工业挥发性有机物的主要来源，目前国内关于鞋用胶粘剂有数项相关标准，包括《鞋和箱包用胶粘剂标准》（GB 19340—2014）、《鞋用水性聚氨酯胶粘剂》（GB/T 30779—2014）、《环境标志产品技术要求 胶粘剂》（HJ 2541—2016）等。

2020 年 3 月，《排污许可证申请与核发技术规范 制鞋工业》（HJ 1123—2020）（以下简称《技术规范》）已正式发布，《技术规范》中对制鞋工业许可排放限值、合规判定、自行监测以及污染防治等提出了环境管理要求。《技术规范》的颁布后，对于一部分基础薄弱、治理不规范、不满足许可证条件申领的企业，在限期内通过提标改造、提高环境管理等措施积极整改后达到环保相关要求的给予核发排污许可证，而对一部分通过整改仍无法达到要求的给予淘汰。《技术规范》的颁布实施对于提高制鞋行业环境准入门槛，淘汰高污染及落后生产工艺、优化制鞋产业结构等方面发挥了积极作用。

然而，目前国内尚无正式发布的有关制鞋行业废气防治技术标准，使得在废气治理实际操作中往往无规可循，不能从规范的角度提供强有力的技术支撑，为进一步规范制鞋行业废气治理设施建设和运行，推动行业技术进步，配合《技术规范》的实施，中国皮革协会联同北京市科学技术研究院资源环境研究所及其单位共同编制起草了《制鞋行业挥发性有机物治理工程技术规范》（T/CLIAS 006—2022）团体标准，并于 2023 年 1 月 1 日正式实施。两项标准的颁布实施，使得制鞋行业在废气收集、废气污染治理设施运行、无组织排放管控、环保档案管理等方面得到较大的改进提升。

1.3.3.3 环境保护相关要求

随着经济全球化和国际贸易投资自由化的迅速发展，国际贸易中绿色壁垒正不断强化。根据欧盟生态环保法 2009/563/EC，鞋类制品的最后生产过程中 VOCs 的总用量平均不应该超过 20g/双。如果欧盟根据上述规定对我国制鞋行业展开贸易壁垒，必将对我国制鞋乃至皮革制品和制鞋行业造成严重打击。

《皮革行业清洁生产技术推行方案》（工信部）将“制鞋生产低挥发性有机化合物排放集成技术”列为推广技术。提出：采用水性胶粘剂、热熔胶粘剂替代有机溶剂胶粘剂，实现制鞋部件黏合挥发性有机化合物低排放。

《重点行业挥发性有机物削减行动计划》（工信部联节〔2016〕217 号）提出：制鞋行业实施工艺技术改造工程。帮面加工推广采用热熔胶型主跟包头、定型布等材料；帮底黏合工序鼓励使用水性胶粘剂替代溶剂型胶粘剂；研发应用粉末胶粘剂；限制有害溶剂、助剂使用。

为落实蓝天保卫战要求，2020 年生态环境部发布《2020 年挥发性有机物治理攻坚方案》中将制鞋行业为主导的企业集群作为重点排放对象，以小企业为主的集群重点推动源头替代，对不符合产业政策、整改达标无望的企业依法关停取缔。

《国民经济和社会发展第十四个五年规划和 2035 年远景目标纲要》提出，在空气质量方面，要加强城市大气质量达标管理，推进细颗粒物（$PM_{2.5}$）和臭氧（O_3）协同控制，地级及以上城市 $PM_{2.5}$ 浓度下降 10%，有效遏制臭氧浓度增长趋势，基本消除重污染天气。

《广东省环境保护“十三五”规划》提出：积极推动低毒、低 VOCs 原辅材料的使用。采用密闭技术，喷漆、印刷工序废气收集率达到 90%，其他生产工序废气收集率达到 80%。使用油性原辅材料生产的工艺废气经排气系统收集后，应采用吸附、吸附浓缩-催化燃烧法等净化处理后达标排放，净化率不得低于 80%。

《福建省“十四五”生态环境保护专项规划》中指出：挥发性有机物排放实行区域内等量替代，福州、厦门、漳州、泉州、莆田、宁德等重点控制区实施倍量替代。以石化、化工、制药、印刷、涂装、家具、制鞋等行业为重点，以湄洲湾石化基地、古雷石化基地、福州市江阴工业集中区、厦门市岛外工业园区、漳州市周边工业区和台商投资区、莆田华林和西天尾工业园区等区域为重点，巩固提升挥发性有机物污染综合整治。积极探索制鞋、家具集中区开展第三方治理，推广集中喷涂中心、活性炭集中处理中心、溶剂回收中心等集中处理处置新模式。

第 2 章 生产工艺及产排污情况

2.1 制革行业

2.1.1 生产工艺

制革的原材料主要是各种家畜动物皮，如牛皮、羊皮、猪皮等。将原料皮转变为皮革的制革工艺由数十个物理和化学工序组成。制革工艺依据原料皮的种类、状态和最终产品要求的不同而有所变化，但一般而言，制革工艺可被划分为三大工段，即准备工段、鞣制工段和整饰工段（又分为湿整饰和干整饰），每个工段都包括多个工序。准备工段包括组批、浸水、去肉、脱脂、脱毛、浸灰、去肉、片皮、复灰、脱灰、软化、脱脂、浸酸和鞣制；鞣制工段包括组批、挤水、片皮、削匀、回湿、铬复鞣、中和、填充、染色、加脂和固定；整饰工段包括干燥、整理、底涂、中涂、压花、摔软、熨平、顶涂和排尺。

制革企业类型通常根据生产工艺划分为四类，分别为生皮加工至成品革（坯革）、生皮加工至蓝湿革、蓝湿革加工至成品革（坯革）和从坯革加工至成品革。其中，从生皮加工至成品革的生产工艺包括准备工段、鞣制工段和整饰工段，历经全部流程；从生皮加工至蓝湿革的生产工艺历经准备工段和鞣制工段；从蓝湿革加工至成品革的生产工艺只进行湿整饰和干整饰加工；从坯革加工至成品革的生产工艺仅包括干整饰加工。

2.1.2 产排污情况分析

2.1.2.1 水污染物

制革大多数工序是在有水的条件下进行的，用水量较大。加工过程中采用的化工原材料较多，如酸、碱、盐、硫化钠、石灰、鞣剂、复鞣剂、加脂剂、染料等，其中一部分化学物质跟皮胶原纤维结合，另一部分化学物质进入废水；同时，在制革加工过程中，大量的蛋白质、脂肪转移到水中，因此制革废水有机物含量较高。制革废水主要来自于准备、鞣制和湿整饰工段，且加工过程废水多为间歇性排放。各工段废水来源及污染物排放情况如表2-1所列。

表2-1 制革行业生产过程主要污染物排放情况

工段	工序	主要污染物	污染物特征指标	污染负荷比例
准备工段	水洗、浸水、脱脂、脱毛、浸灰、脱灰、软化等工序	有机物：污血、蛋白质、油脂、脱脂剂、助剂等。无机物：盐、硫化物、石灰、Na_2CO_3、无机铵盐等。此外还含有大量的毛发、泥沙等固体悬浮物	COD、BOD_5、SS、S^{2-}、pH值、油脂、氨氮	污水排放量占制革总水量的60%～70%；污染负荷占总排放量的70%左右，是制革污水的主要来源
鞣制工段	浸酸和鞣制	无机盐、Cr^{3+}、悬浮物等	COD、BOD_5、SS、Cr^{3+}、pH值、油脂、氨氮	污水排放量约占制革总水量的8%
整饰工段	中和、复鞣、染色、加脂、喷涂、除尘等工序	色度、有机化合物（如染料、各类复鞣剂、树脂）、悬浮物	COD、BOD_5、SS、Cr^{3+}、pH值、油脂、氨氮	污水排放量占制革总水量的20%～30%

2.1.2.2 大气污染物

(1) 有组织废气

制革工业的大气污染物主要可以分为锅炉废气、涂饰有机废气、磨革粉尘、恶臭气体等。

① 锅炉废气。随着制革工业的发展，制革集中生产的比重越来越大。据估算，目前制革工业约有50%的制革工业排污单位在工业园区，大部分工业园区已经实现集中供热，不再建有锅炉。另一方面，自建锅炉的制革工业排污单位，通过脱硫、脱硝、除尘处理后污染物符合《锅炉大气污染物排放标准》(GB 13271) 排放要求。

② 涂饰有机废气。制革生产过程中在后整饰阶段可能会使用部分溶剂型涂饰材料，但是用量很少。目前，随着皮革化工材料研发水平的进展，水性涂饰材料所占比重越来越大，经调研，目前全行业水性涂饰材料已经达到90%以上，只有生产个别产品可能会用到溶剂型涂饰材料，因此制革过程产生的挥发性有机物非常少。

③ 污水处理系统废气。污水处理过程中，由于废水中含有较高浓度的蛋白质，容易腐败变质散发出恶臭气体，特别是在污水处理开始部分，例如集水池和调节池，恶臭问题尤其严重；此外，废水中含有含硫化合物和铵盐，在处理过程中可能会有少量的硫化氢和氨产生；在污泥中仍然含有大量的有机物，在污泥存放过程中也会发出恶臭气体。近年来，制革工业排污单位越来越重视恶臭气体的处置，一般采用加盖收集，经过喷淋洗脱去除。

(2) 无组织废气

无组织废气污染物为来自于生皮库、硫化物脱毛车间、磨革车间、污水处理设施（集水池、调节池、污泥处理系统）以及堆煤场等污染源产生的臭气、氨、硫化氢及颗粒物。生皮需要经过盐腌等防腐处置，但在存放过程中，由于细菌的存在会造成部分蛋白质腐败，其中氨基酸被氧化成甲基吲哚，水解生成硫醇，散发出臭味。制革脱毛废水中含有一定浓度的硫化物，但脱毛废水的 pH 值较高，同时含硫废水在废水处理前期就要处理掉，因此在脱毛车间一般不会产生硫化氢气体。在制革的打软、磨皮等工序产生粉尘等，制革工业排污单位一般建有专门的磨革车间，并建有除尘设施。

2.1.2.3 固体废物

制革行业生产过程中主要固体废物有废毛、皮下肉膜、油脂、生皮边角废料、半成品边角废料、污泥等，如表 2-2 所列。据统计，1t 盐湿皮只有 300g 被制成革，我国皮革每年产生 140t 以上废渣和污水处理剩下的污泥。

表 2-2 制革行业生产过程主要污染物排放情况

工段	工序	主要污染物
准备工段	水洗、浸水、脱脂	废边角料、油脂、毛、石灰、污泥、泥沙、灰渣等
鞣制工段	浸酸、鞣制	污泥、废边角料
整饰工段	中和、复鞣、染色、加脂、喷涂、除尘等	废皮革等

2.2 毛皮加工行业

2.2.1 生产工艺

毛皮加工行业生产工艺与制革业类似，本章节以某一裘皮制品企业工艺流程、产排污节点及污染治理措施为例进行说明，工艺流程见图 2-1～图 2-3。

2.2.1.1 鞣前准备工段

鞣前准备是指将原料皮经过一系列化学和机械处理，使防腐或保管的原料皮恢复到鲜皮的水分含量，使之变为易接受鞣制及以后加工的状态的一系列工序。鞣前准备工段包括分路、去头腿尾、浸水、脱脂、酶软化、浸酸等工序。

（1）分路

原料皮品种多，各品种之间有很大差异，即使是同一品种也有产地之分、等级优劣、面积大小、皮板厚薄、纤维组织松紧、毛绒长短、精细、疏密、颜色、油脂含量、脱水程度、陈旧等差别。根据这些不同情况，生产前应对原料皮进行挑选和分类，即为“分路”（又称“组批”）。把性质相近的原料皮组成一个生产批，把没有加工价值的原料皮拣出来另行处理，从而使成品皮质量稳定。

（2）去头、腿、尾

人工将原料皮中没有价值的头、腿、尾部分剪去。狐、水獭、貂皮等珍贵皮张若是供装饰用的，应保全头、腿、尾。剪掉的部分收集于袋中，有利用价值的皮料放置于鞣制车间中等待浸水处理。

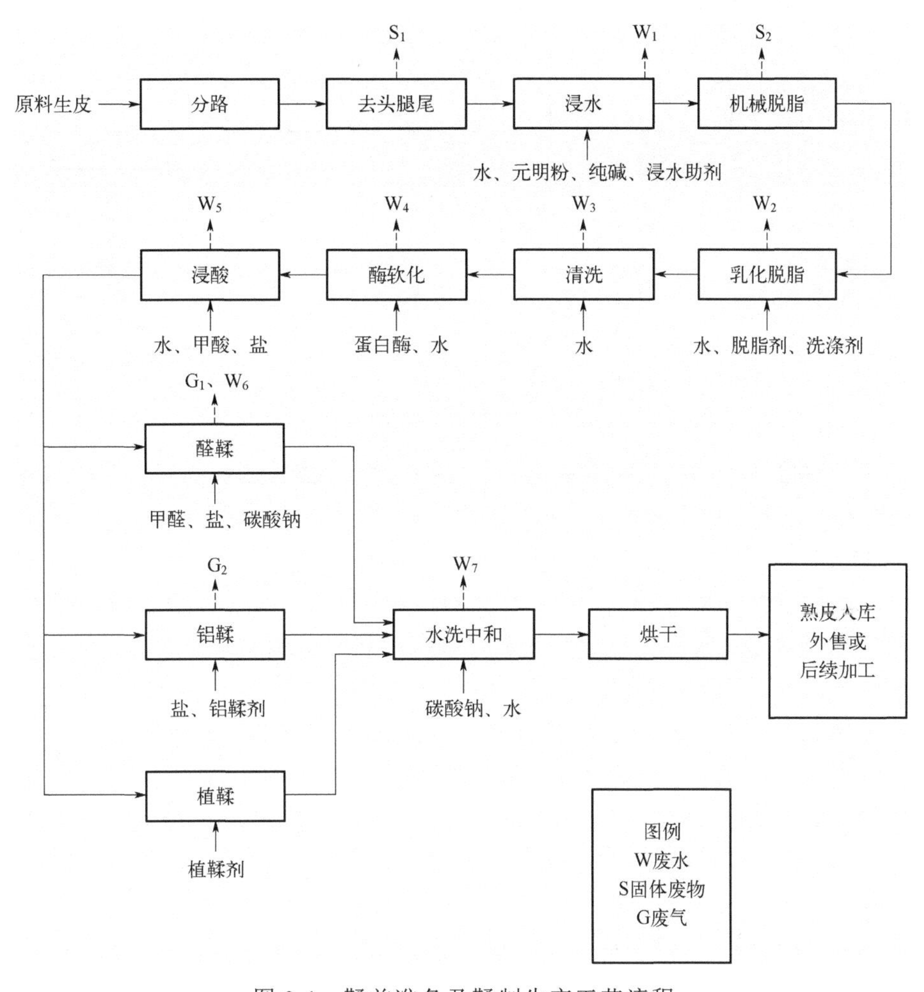

图 2-1　鞣前准备及鞣制生产工艺流程

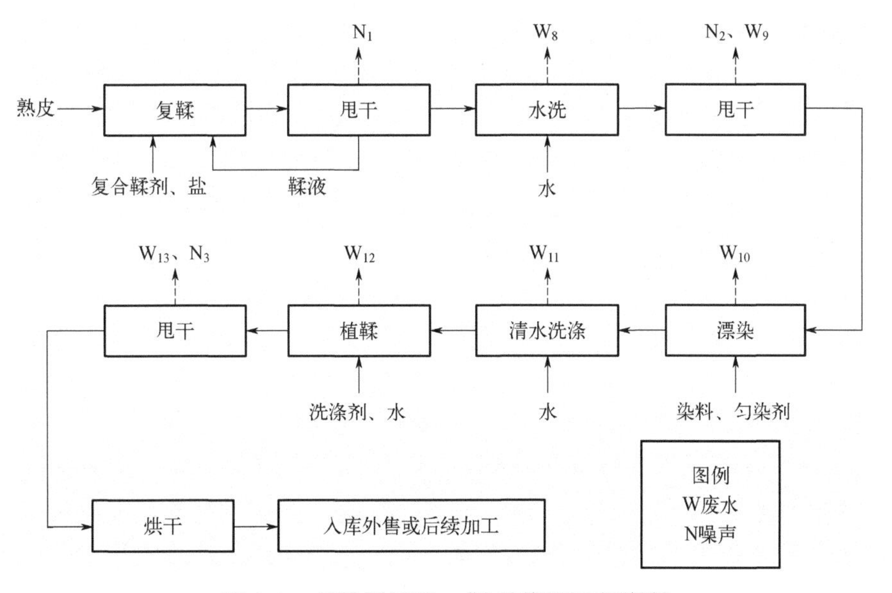

图 2-2　复鞣及漂染、鞣后整理工艺流程

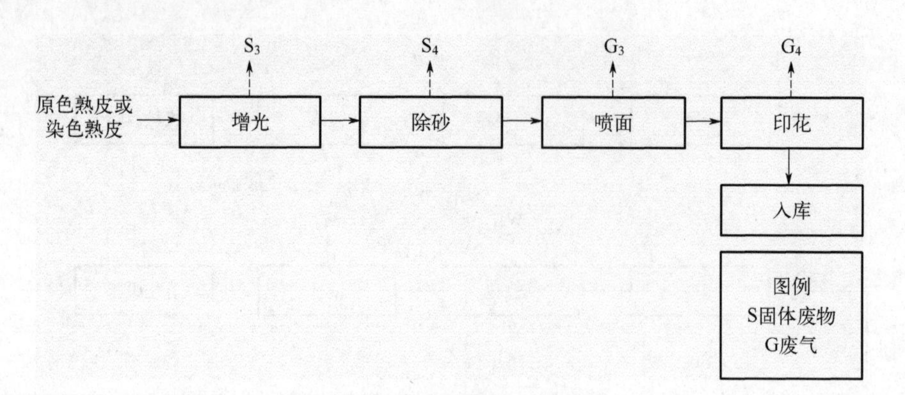

图 2-3 鞣后整理工艺流程

本工序产生固体废物生皮边角料 S_1，主要污染物为去掉的头、腿、尾等边角料，固体废物收集后外售处理。

（3）浸水

生产所用原皮中干皮占 20%，鲜皮含水分 60%～70%，干皮含水分 8%～12%。浸水的目的就是使原料皮充水，使干皮恢复或接近鲜皮状态，使皮料变软，能够进行化学和机械处理。

浸水工序在划槽中进行，先打开划槽进水阀门和蒸汽阀门，将冷水和锅炉蒸汽混合，人工将皮料投入划槽中，一般鲜皮浸水时间 2～4h，干皮浸水时间 24h；低档皮冷水浸泡即可，高档皮浸水温度应控制在 35～45℃。浸水过程中会添加一定量的浸水助剂，加速水的渗透。在转鼓中加入水、浸水助剂、元明粉、纯碱，浸泡至生皮恢复到原来状态（鲜皮原始水分为 60%～70%）。

此工序产生浸泡废水 W_1，废水污染因子为 BOD_5、COD、SS、动植物油、粪大肠菌群、氨氮，废水经排水系统收集后通入厂区污水处理站。

（4）脱脂

脱脂的目的是除去皮板及毛被上的油脂，使之达到规定的要求，以便均匀地吸收化学鞣剂，提高产品质量。但毛被上的油脂不能脱得太净，如果少于2%则毛发脆、发枯。生产采用机械脱脂和乳化脱脂相互结合使用。机械脱脂是使用去肉机除去皮下组织层的大量脂肪，使游离脂肪与脂腺受到机械挤压后遭到破坏而除去油脂的方法。乳化脱脂是利用脱脂剂将油脂皂化、乳化水解而脱除油脂的方法。一般低档皮采用机械脱脂，高档皮采用乳化脱脂。

机械脱脂在去肉机中进行，人工操作去肉机，将原皮中的碎肉去除，以利于后续乳化脱脂工序。

乳化脱脂在划槽中进行，首先人工加入脱脂剂（碳酸钠）、洗涤剂（洗衣粉）和水，添加剂比例约为 10g/L，通入热蒸汽控制溶液温度在 30～40℃之间，乳化液调配完成后人工将皮料投入划槽中，整个乳化脱脂过程需 1.5～2h。乳化液重复利用，不定期少量外排，随之补充相应原料。乳化脱脂完成后人工取出皮料，再经清水洗涤 15～20min，洗完后要求毛被洁净、光亮、无油毛，即完成脱脂工序。

此工序产生固体废物机械脱脂肉渣 S_2，肉渣收集后外售处理；工序产生脱脂废水 W_2 与脱脂清洗废水 W_3，废水污染因子均为 pH 值、BOD_5、COD、SS、动植物油、LAS、粪大肠菌群、氨氮，废水经排水系统收集后通入厂区污水处理站。

（5）酶软化

酶软化目的是进一步溶解纤维间质，使皮柔软，呈现多孔性，以利于鞣剂分子均匀渗透与结合，使成品有一定的弹性、透气性和柔软性，提高出材率，减轻重量。

酶软化在划槽中进行，首先打开划槽进水阀门与蒸汽阀门，将冷水和锅炉蒸汽混合，使水温保持在 30～40℃之间，再由人工按 0.2g/L 的比例加入酶制剂并搅拌，划匀后人工投皮，随时检查软化程度。软化时间需根据毛皮种类及老嫩程度灵活掌握，一般控制在 2～4h。酶软化液重复利用，不定期少量外排，随之补充酶制剂。酶软化工序完成后人工取出皮料，等待浸酸工序。

此工序产生酶软化废水 W_4，废水污染物为 BOD_5、COD、SS、动植物油、氨氮，废水经排水系统收集后通入厂区污水处理站。

（6）浸酸

浸酸的目的为降低毛皮的 pH 值，改变表面电荷，以利于鞣制，松散胶原纤维，利用鞣制剂渗透，提高成品的柔软性和延伸性。

打开划槽进水阀门与蒸汽阀门，将冷水和锅炉蒸汽混合，使水温保持在 35℃左右，人工按比例加入定量的甲酸、工业盐（保护皮板纤维），将水溶液 pH 值控制在 2.5 左右，浸酸溶液搅拌均匀后投皮，开始浸酸。浸酸时间一般控制在 12h 左右。浸酸液重复利用，不定期少量外排，随之补充相应的甲酸和工业盐。浸酸工序完成后人工取出皮料，等待鞣制加工。

此工序产生浸酸废水 W_5，废水污染物为 pH 值、BOD_5、COD、SS、动植物油、氯离子、氨氮，废水经排水系统收集后通入厂区污水处理站。

2.2.1.2 鞣制工段

鞣制是使生皮变为熟皮的过程，利用鞣制剂来处理生皮，改变毛皮有关基因。熟皮具备了以下特征：

① 皮料耐水耐热性提高；

② 对微生物和化学药剂的抵抗力增加；

③ 干燥时真皮黏结性及体积收缩减少。

某单位鞣制工艺为醛鞣、铝鞣、植鞣，一般兔皮采用铝鞣，狐皮、貂皮、貉子等高档皮采用植鞣工艺。

（1）醛鞣

醛鞣在划槽中进行，首先打开划槽进水阀门与蒸汽阀门，将冷水和锅炉蒸汽混合，保持水温在 30～35℃之间，加入甲醛、碳酸钠、工业盐（保护皮板纤维）等原料，甲醛浓度 5～6g/L，鞣液 pH 值控制在 8.0～8.2 之间。随时检车鞣制情况，鞣制好的标志是用小刀在四肢皮较好的地方割一小口，看刀口颜色，若为白色则鞣制完成，若为黑色或黄色则还需继续鞣制。达到鞣制要求后，鞣液自流流入划槽下方储池中，并在原划槽中进行中和水洗工序。中和水洗后人工取出皮料后，由泵将储池中的鞣液泵入划槽中，鞣液重复利用，不定期少量外排，随之补充相应原料。

此工序产生醛鞣废气 G_1，废气污染物为醛鞣过程中产生的甲醛，废气由集气罩收集后由活性炭吸附处理，后经 15m 排气筒高空排放；工序产生醛鞣废水 W_6，废水污染物为 BOD_5、COD、SS、氯离子、甲醛、LAS、氨氮，废水经排水系统收集后通入厂区污水处理站。

(2) 铝鞣或植鞣

① 铝鞣。铝鞣在划槽中进行，首先打开划槽进水阀门与蒸汽阀门，将冷水和锅炉蒸汽混合，保持水温在 30～40℃之间，再人工按比例加入定量铝鞣剂（铵明矾）、工业盐（保护皮板纤维）等原料，鞣制液搅拌均匀后人工投皮，开始鞣制。鞣制液 pH 值控制在 3.5～3.7，每批次鞣制时间为 40h 左右。随时检查鞣制情况，达到鞣制要求后，人工取出皮料等待水洗中和。鞣制液重复使用，不定期少量外排。

② 植鞣。植鞣工艺在转鼓中进行，首先将部分植鞣剂均匀地刷于经过初步鞣制的皮板上，人工投入转鼓中，转鼓滚动 2～3h，达到鞣制要求后，进行水洗中和工序。鞣液重复利用，不定期少量外排，随之补充相应原料。

此工序产生鞣制车间废气 G_2，废气污染物为鞣制时鞣制液散发的恶臭气味，鞣制车间自然通风减少车间气味。

(3) 水洗中和

水洗在划槽中进行，首先打开划槽进水阀门与蒸汽阀门，将冷水和锅炉蒸汽混合，保持水温在 25～30℃之间，再人工加入定量的碳酸钠，溶液搅拌均匀后人工投皮，随时检查 pH 值，保持水洗液呈中性。水洗时间根据毛皮种类需灵活掌握，一般控制在 2h。水洗液重复利用，不定期少量外排，随之补充碳酸钠。

此工序产生鞣后水洗废水 W_7，废水污染物为 BOD_5、COD、SS、氨氮，废水经排水系统收集后通入厂区污水处理站。

(4) 烘干

经鞣制的毛皮，其含水量在 60%以上，而毛皮成品的含水量要求在 12%～18%。湿皮可塑性大，皮纤维未定型，无法进行机械操作，干燥后的皮纤维组织定型，便于整理美化。

水洗完成之后的皮料按照需要人工挂置在烘干室中自然风干或在烘干机中烘干，烘干炉中设有工业暖气管道，热源由锅炉蒸汽提供，烘干温度为 60～80℃。

2.2.1.3 复鞣及漂染工段

(1) 复鞣（即铬鞣）

经过铝鞣和植鞣之后的毛皮，如需进行染色，还需进行复鞣，以进一步改善毛皮的性能以利于下一步加工的需要。复鞣可以改善皮张柔软性，提高丰满度及抗温性，缩小部位差，改变革的表面电荷，促进染色均匀等。

复鞣工序在划槽中进行，所用原料为复合鞣剂（碱式硫酸铬）、工业盐（保护皮板纤维），首先打开划槽进水阀门与蒸汽阀门，将冷水和锅炉蒸汽混合，使水温保持在 30～

35℃之间，再人工加入定量的碳酸钠，控制 pH 值在 3.5～4.0 之间，搅拌均匀后人工投皮，复鞣时间为 30h。复鞣液循环利用，不外排。只需定期补充复合鞣剂和工业盐。

复鞣后的皮料进行甩干处理，甩干出的溶液收集于复鞣池中，由泵打入复鞣划槽中重复利用。甩干后的皮料进行漂洗，漂洗完成后再次进行甩干，甩干完成后人工将皮料运至染色车间进行染色处理。

此工序产生复鞣水洗废水 W_8 和复鞣甩干废水 W_9，废水污染物为 BOD_5、COD、SS、氯离子、总铬、氨氮，废水经排水系统收集后通入厂区铬处理设施中；工序产生复鞣甩干噪声 N_1、N_2，噪声主要为甩干机的设备噪声，由基础减震和厂房隔声进行治理。

（2）毛皮染色

打开划槽进水阀门和蒸汽阀门，通入冷水和锅炉蒸汽，将水温调整至 50～60℃，人工将配好的染液倒进划槽里，并使其达到所需的液比和温度，再加入染色助剂，根据色卡工艺加入相应的染料，搅拌均匀，放入皮毛，再根据颜色深浅，调整染料，直至同所染色样相同为止。然后洗掉毛上浮色。由于色系深浅不同，因此浸染温度不同，一般控制在 55～60℃之间，染色时间一般为 2h，染液 pH 值为 3.5 左右。

染好的毛皮控除多余染液后进行洗涤，去除吸附在毛皮上的浮色。洗涤按照需要选择清水漂洗或洗涤剂清洗。洗涤完毕经甩干后进入干燥整理工段。

此工序产生漂染废水 W_{10}，废水污染物为 BOD_5、COD、SS、色度、pH 值、氨氮，废水经排水系统收集后通入厂区污水处理站；工序产生染后清洗废水 W_{11}、W_{12}、W_{13}，废水污染物为 BOD_5、COD、SS、色度、LAS、氨氮，废水经排水系统收集后通入厂区污水处理站；工序产生染后甩干噪声 N_3，噪声主要为甩干机的设备噪声，由基础减震和厂房隔声进行治理。

（3）烘干

经鞣制的毛皮，其含水量在 60%以上，而毛皮成品的含水量要求在 12%～18%。湿皮可塑性大，皮纤维未定型，无法进行机械操作，干燥后的皮纤维组织定型，便于整理美化。

水洗完成之后的皮料按照需要人工挂置在烘干室中自然风干或在烘干炉中烘干，烘干炉中设有工业暖气管道，热源由锅炉蒸汽提供，烘干温度为 60～80℃。

2.2.1.4 鞣后整理工段

毛皮经过鞣制后，虽已具备使用价值，但有一些缺陷如皮板不够柔软、丰满、毛被不灵活、缺乏光泽，有的毛色较差、不够饱满、不够鲜艳。解决这些缺陷，由鞣后整理工段来完成。鞣后整理工段主要包括增光、钩软和铲软、剪毛、喷面与印花、量尺、质检等工序。

（1）增光

增光的目的是使干燥后的毛皮得到适当的水分，变得柔软，以利于铲软等工序的进行。此工序使用转鼓回潮法，向转鼓内加入具有一定含湿度的锯末、砂子、增光剂等辅助材料，人工将干燥的皮料投入转鼓中，转鼓工作 2h 左右，要求皮料不过干或过湿，皮板能拉开，呈白色为宜，符合条件后取出皮料。锯末等辅助材料循环利用，并定期更换。

此工序产生转鼓固体废物 S_3，主要污染物为废锯末，固体废料收集后外售处理。

（2）除砂

在转笼中进行，转鼓转动过程中除去毛皮上的砂尘、锯末等。要求达到在阳光下抖动毛皮，以不见灰尘为好。

此工序产生除砂废物 S_4，主要污染物为废锯末，收集后外售。

（3）喷面与印花

皮料根据客户的要求，有些需进行喷面或印花工序，按需在绒面上涂饰出很多风格及颜色的效果，使用的染料均为水性染料。利用微型手持式喷枪机，由人工将涂饰剂喷涂到皮板上，喷面与印花在密闭车间内完成，室内温度经空调保持在27℃左右。喷面与印花完成后将皮料送入烘干机内利用蒸汽烘干，烘干温度为60～80℃。

此工序产生喷面废气 G_3、印花废气 G_4，由于项目喷面工作按客户要求分批次加工，月平均工作时间约60h，喷枪产生的有机废气量极少且间歇排放，对车间进行密闭处理，废气无组织排放。

（4）入库

人工将检验合格的服装运至成品库贮存，等待销售。

毛皮加工车间和主要设备如图2-4所示。

(a) 生产车间

(b) 倾斜式划槽

(c) 2t划槽

(d) 通过式烫毛机

(e) 刀辊式粗剪机

(f) 脱水机

(g) 转鼓

(h) 染色转鼓

(i) 去肉机

(j) 拉软机

图 2-4　毛皮加工车间和主要设备

2.2.2　产排污情况分析

2.2.2.1　废水

毛皮因带毛加工，为了防止毛打结，因此一般在划槽中进行加工，液比也比较大，因此毛皮加工用水量较大。不同种类毛皮加工的吨原皮耗水量和排水量见表 2-3。

表 2-3　不同种类毛皮加工的吨原皮耗水量和排水量　　　单位：m^3/t 生皮

毛皮种类	养剪绒	水貂	狐狸、貉子	猸子	兔皮
耗水量	80～160	70～100	140～180	90～110	90～120
排水量	70～140	60～90	125～160	80～100	80～105

毛皮加工行业中的废水包括大量生产废水和少量生活污水。生产废水主要包括洗皮废水、浸水废水、脱脂废水、含铬废水、染色废水、加脂废水、植鞣废水、各种清洗废水等，废水中含有大量的皮毛、碎肉、油脂、脱脂剂、助剂、鞣剂、盐分等，主要污染物为COD、BOD、悬浮物、氨氮、动植物油、氯离子、铬等，有机浓度高，含有重金属，排放量较大。

（1）毛皮加工废水各工段废水的主要污染物

毛皮加工流程可分为准备工段、鞣制工段、整饰工段三大部分。各工段的污水来源和主要污染物见表 2-4。由于毛皮工艺的特点，毛皮生产废水水质主要有：水量大、成分复杂、色度深、耗氧量大和气味刺鼻等特性。

表 2-4　毛皮生产污水来源和主要污染物

工段	内容	
准备工段	污水来源	水洗、浸水、脱脂、软化等工序
	主要污染物	有机废物：污血、蛋白质、油脂等
		无机废物：氯化钠、碱、酸等
		有机化合物：表面活性剂、酶、杀菌剂、浸水助剂、脱脂剂等；此外还含有大量的毛发、泥沙等固体悬浮物
	污染物特征指标	COD、BOD、SS、pH 值、油脂、氨氮
	污水和污染负荷比例	污水排放量约占毛皮加工总水量的 60%；污染负荷占总排放量的 50%，是毛皮加工污水的主要来源，同时是废水中污染物的主要来源
鞣制工段	污水来源	浸酸、鞣制、漂洗等工序
	主要污染物	鞣剂、氯化钠、碱、酸、蛋白质、悬浮物、油脂等
	污染物特征指标	COD、BOD、SS、pH 值、Cr^{3+}、油脂、氨氮
	污水和污染负荷比例	污水排放量约占毛皮加工总排放量的 20%；污染负荷占总排放量的 20%
整饰工段	污水来源	脱脂、中和、复鞣、加脂、染色等工序
	主要污染物	复鞣剂、加脂剂、染料、蛋白质、油脂、氯化钠、硫化物、酸、表面活性剂、悬浮物等
	污染物特征指标	色度、COD、BOD、SS、pH 值、Cr^{3+}、S^{2+}、油脂、氨氮
	污水和污染负荷比例	污水排放量约占毛皮加工总排放量的 20%；污染负荷占总排放量的 30%

（2）毛皮加工废水的处理现状

毛皮生产工序繁复，某些工段排水含有毒有害物质，为减轻综合生产废水处理负荷和保持生化处理中微生物活性，或对有些可循环利用物质进行回收，一般对这些有害或可回用的废水单独处理，然后进入综合废水做后续处理。其中含铬废水必须单独处理，加碱沉淀压滤成铬饼后回用或作为危险废物处理。废水处理一般采用物理、化学和生物方法有机结合的方式，分步骤循序渐进地将各类污染物进行去除。

2.2.2.2　废气

毛皮加工行业废气主要来源于磨革车间、涂饰车间、原皮仓库、湿加工车间和污水处理站。磨革车间在机械磨革过程中会产生革屑和革灰，主要污染因子为颗粒物。涂饰车间在皮张涂饰过程中会产生少量涂饰废气，主要污染因子为颗粒物和少量挥发性有机物。原皮仓库、湿加工车间和污水处理站会产生恶臭气体，主要污染因子为氨和硫化氢，原皮仓库排放的恶臭气体主要来自原料皮携带的粪污等，湿加工车间排放的恶臭气体主要来自废水，污水处理站排放的恶臭气体主要源于集水池、厌氧处理工段、污泥浓缩池等。某企业废气污染防治情况见表 2-5。

（1）恶臭气体

制革及毛皮加工企业在生产过程中有一定的恶臭气味产生，在采取负压低温原皮冷藏工艺后，恶臭气体主要来自湿处理车间、污水处理站等处，恶臭气体主要为 H_2S 和 NH_3。目前，大多企业采取生物洗涤过滤工艺处理恶臭气体。

（2）磨革废气

机械磨革过程中会产生革屑和革灰等，为了减少污染，需在磨革工段设置集气罩和袋式除尘器，处理磨革过程中产生的革屑、革灰，处理后经不低于 15m 高排气筒排放。

（3）涂饰废气

目前绝大多数涂饰材料为水性涂饰材料，挥发性有机物的排放量非常少。对于部分使用溶剂型涂饰材料的毛皮加工企业，其涂饰工序在封闭的涂饰操作台进行，产生的废气经集气罩负压收集后，采用喷淋、过滤、吸附等技术处理后再通过排气筒排放。

表 2-5　某企业废气污染防治情况

<table>
<tr><th>序号</th><th>排污节点</th><th>主要污染物</th><th>排放规律</th><th>防治措施</th></tr>
<tr><td>1</td><td>醛鞣工序</td><td>甲醛</td><td>连续</td><td>集气罩+除雾器+两级活性炭吸附+20m 排气筒</td></tr>
<tr><td>2</td><td>喷面工序</td><td>颗粒物、非甲烷总烃、苯、甲苯、二甲苯</td><td>间断</td><td rowspan="2">密闭间操作，集气罩+过滤棉+两级活性炭吸附+20m 排气筒</td></tr>
<tr><td>3</td><td>印花、烘干工序</td><td>非甲烷总烃、苯、甲苯、二甲苯</td><td>间断</td></tr>
<tr><td>4</td><td>污水处理站</td><td>氨、硫化氢、臭气浓度</td><td>连续</td><td>集气罩+两级活性炭吸附装置+20m 排气筒</td></tr>
<tr><td>5</td><td>燃气锅炉</td><td>二氧化硫、氮氧化物、烟尘、烟气黑度</td><td>间断</td><td>低氮燃烧+20m 排气筒</td></tr>
<tr><td>6</td><td>增光工序</td><td>颗粒物</td><td>间断</td><td>增光工序全密闭布置</td></tr>
</table>

续表

序号	排污节点	主要污染物	排放规律	防治措施
7	生皮库	氨、硫化氢、臭气浓度	连续	冷库低温贮存，臭气无组织排放
8	生产车间	甲醛、氨、硫化氢、臭气浓度	连续	安装顶吸装置吸收臭气

2.2.2.3 噪声和固体废物

毛皮加工行业的噪声源主要为去肉机、转鼓、干磨机等生产设备，以及污水处理站风机、泵类等。毛皮加工行业固体废物分为一般固体废物和危险废物。一般固体废物主要为碎肉、油脂、动物毛、边角料、植鞣革屑革灰、废水处理站污泥和生活垃圾等。危险固体废物主要为含铬废水处理系统产生的铬泥、浓缩蒸发晶体、铬鞣皮磨革产生的革屑革灰等。

2.3 制鞋行业

2.3.1 生产工艺

根据《国民经济行业分类》（GB/T 4754—2017）相关规定，制鞋工业主要产品类型分为皮鞋、纺织面料鞋、橡胶鞋、塑料鞋及其他鞋。主要生产单元分为冷粘工艺单元、硫化工艺单元、注塑工艺单元、模压工艺单元、线缝工艺单元，涉及的主要生产工序包括鞋料划裁、帮底制作、帮底装配、成鞋整饰及包装等。通常一种类型的鞋，可以通过多种不同工艺进行生产，如表 2-6 所列。

表 2-6　不同生产单元（产品类别）与生产工艺

	皮鞋	纺织面料鞋	橡胶鞋	塑料鞋
冷粘工艺	适用	适用	—	适用
硫化工艺	—	—	适用	—
注塑工艺	适用	适用	—	适用
模压工艺	适用	适用	—	—
线缝工艺	适用	适用	—	—

制鞋业 VOCs 排放主要源自生产过程中调胶、刷处理剂、刷胶、喷光、烘干、清洗等工序，制鞋工艺流程与排污节点如图 2-5～图 2-8 所示。

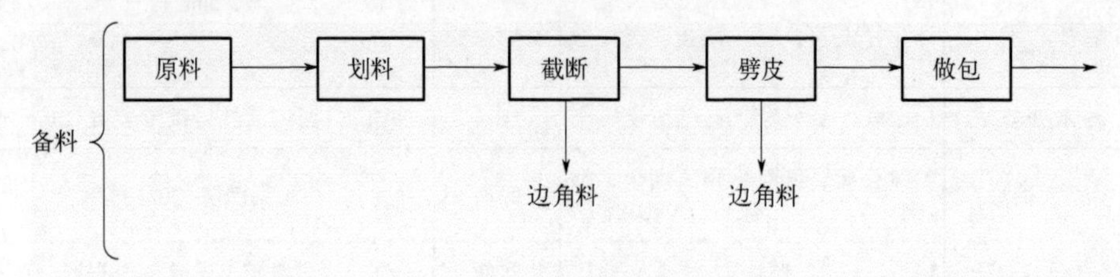

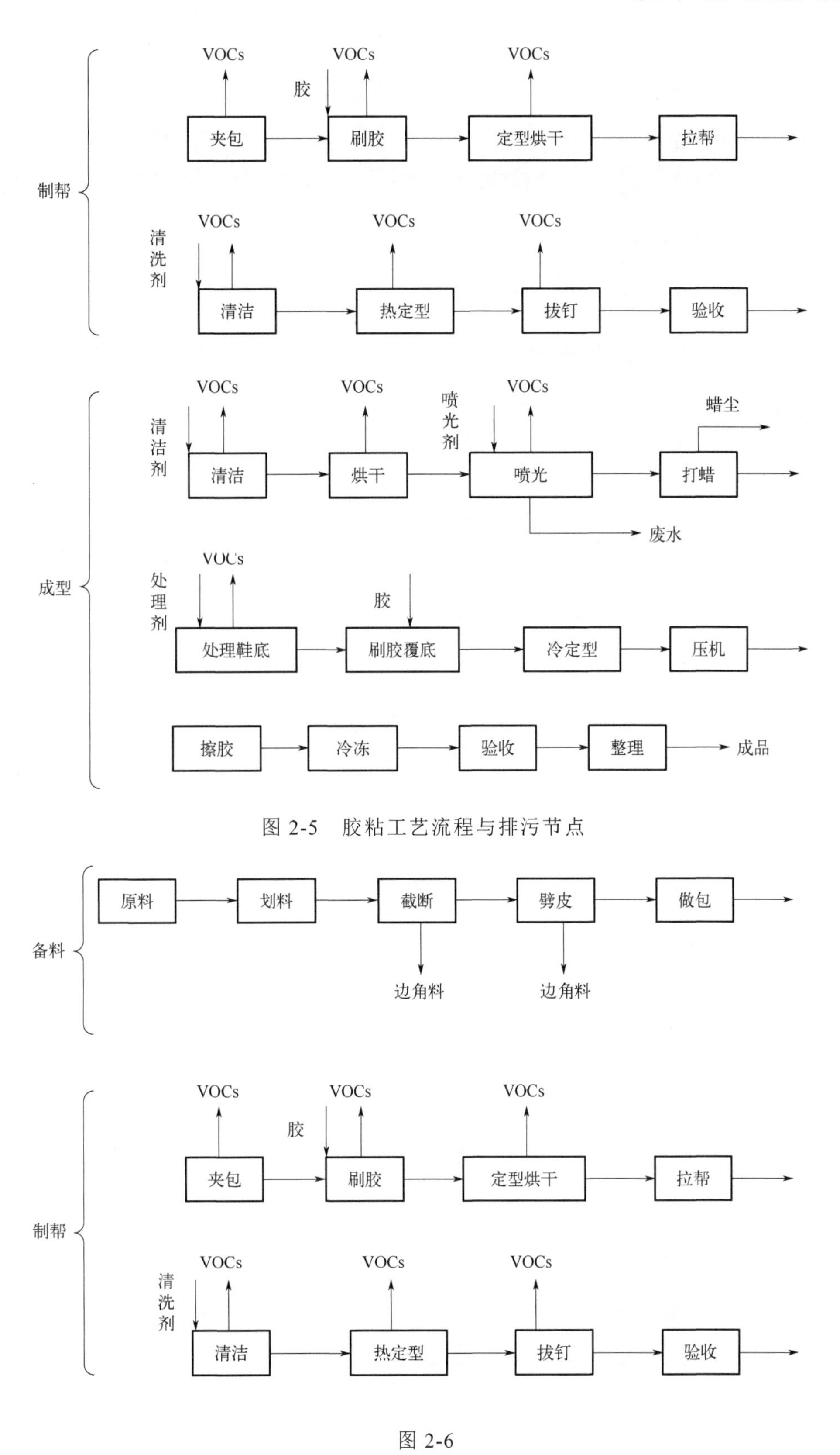

图 2-5　胶粘工艺流程与排污节点

图 2-6

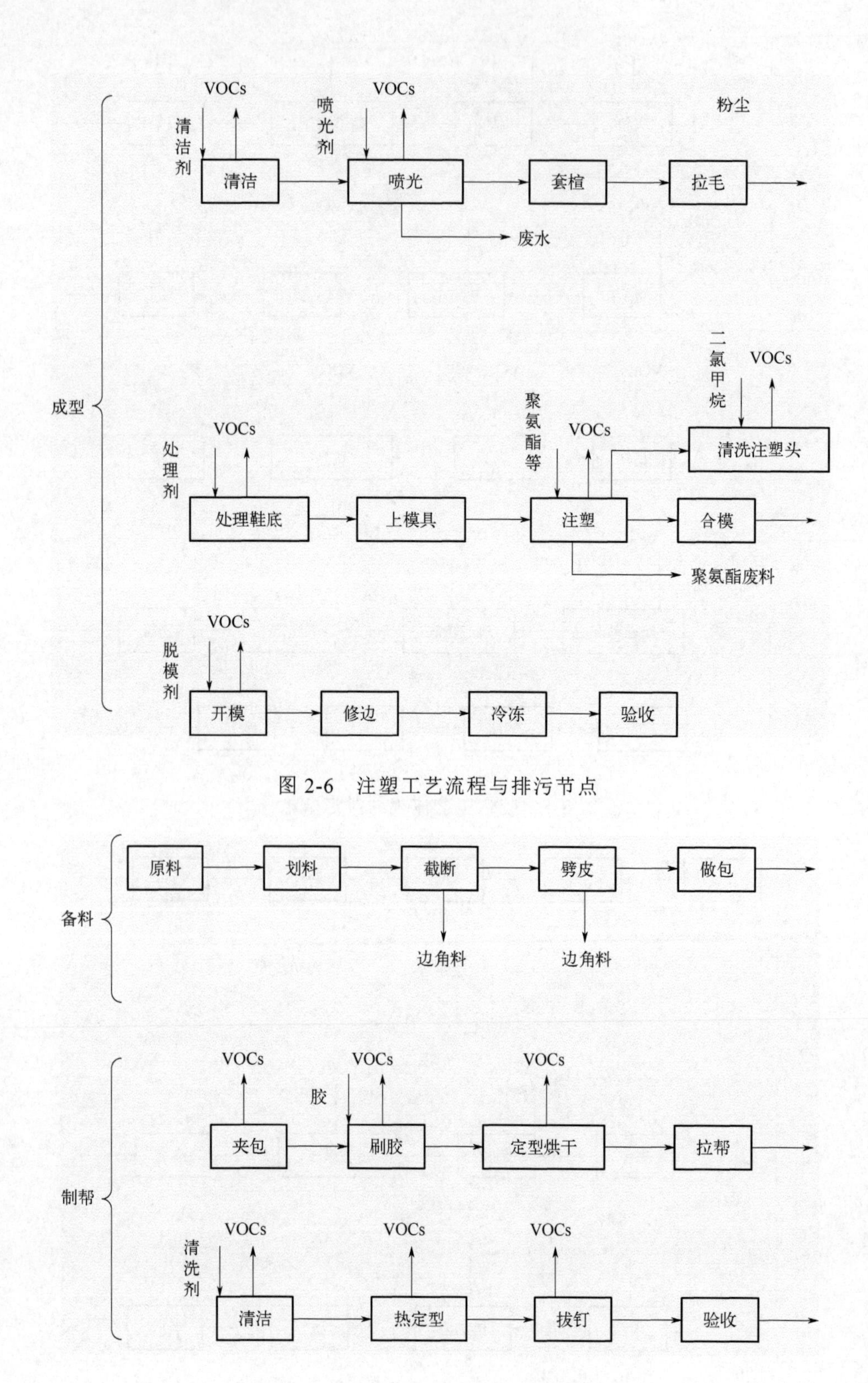

图 2-6　注塑工艺流程与排污节点

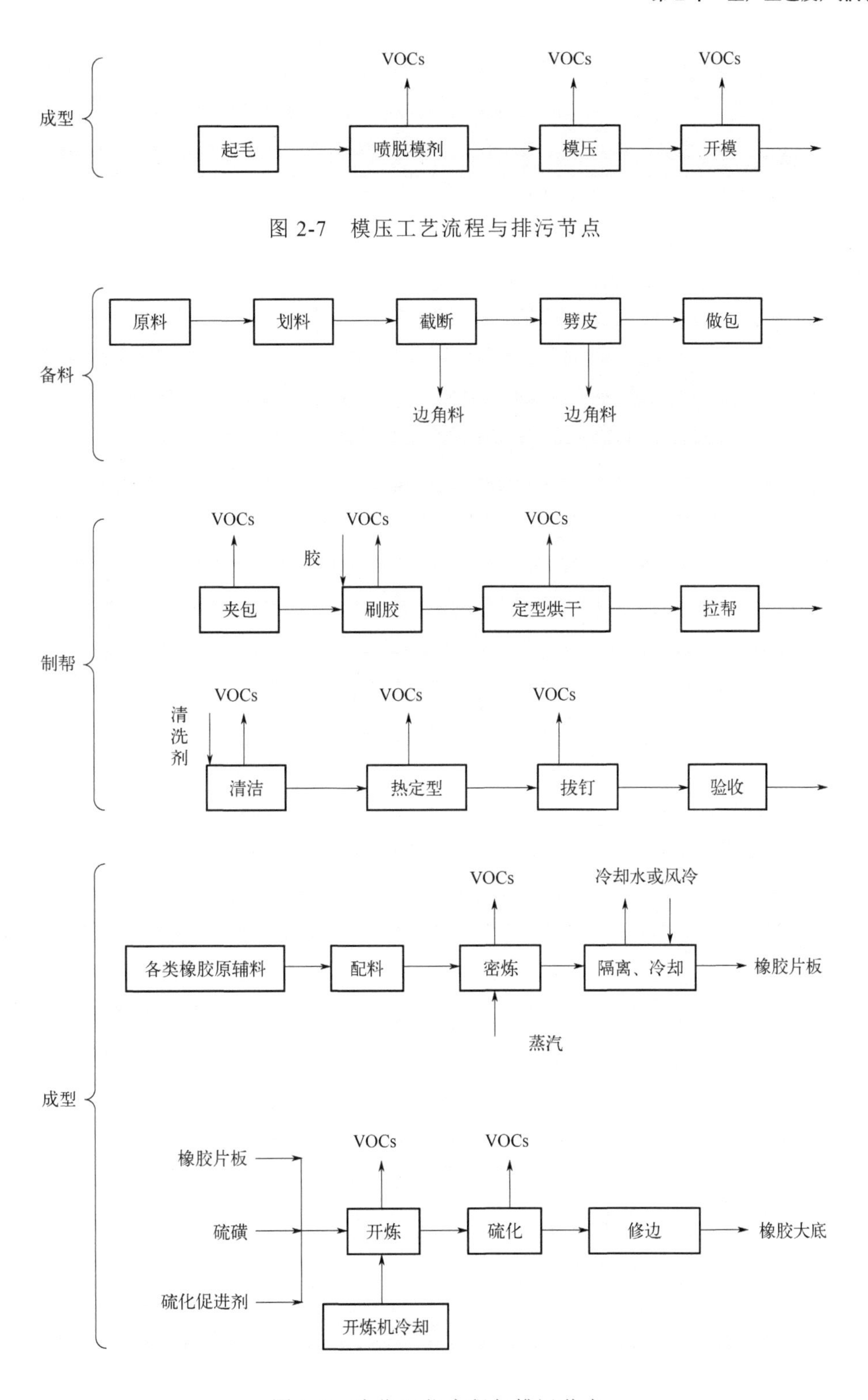

图 2-7　模压工艺流程与排污节点

图 2-8　硫化工艺流程与排污节点

2.3.2 排污情况分析

2.3.2.1 废水

制鞋工业中可能涉及水的环节包括：

① 设备循环冷却水；

② 喷光环节操作台内循环水，定期更换后外排；

③ 其余为生活废水，大多直接进入城市管网，个别自建污水处理设施。

2.3.2.2 废气

制鞋行业大气污染物排放主要源于胶粘剂、处理剂、清洗剂、固化剂等使用以及生产环节产生的颗粒物。不同原辅材料涉及的物质如表 2-7 所列。

表 2-7 不同原辅材料涉及的物质

序号	原辅材料名称	原辅材料类别	VOCs 主要成分
1	胶粘剂	黄胶、粉胶、万能胶、喷胶、PU 胶、水性胶、白胶、生胶、热熔胶	丙酮、甲苯、丁酮、乙酸乙酯、乙酸丁酯、环己烷、甲基环己烷、乙酸甲酯、碳酸二甲酯、正己烷
2	处理剂	橡胶处理剂、PU 处理剂、TPR 处理剂、EVA 处理剂、ABS 处理剂、油皮处理剂、PVC 处理剂、UV 处理剂、水性处理剂	丙酮、丁酮、环己酮、乙酸乙酯、乙酸甲酯、乙酸丁酯、甲苯、环己烷、甲基环己烷
3	清洗剂	白电油、天那水、甲苯、快干胶、清洁剂	甲苯、丁酮、己烷、三氯乙烷、二氯甲烷、丙酮、环己烷
4	固化剂	油性固化剂、水性固化剂	乙酸乙酯、聚异氰酸酯、二氯甲烷、乙酸丁酯、丙酮
5	其他	甲苯、快干胶、二氯甲烷、天那水	甲苯、快干胶、二氯甲烷、天那水

生产过程中调胶、刷处理剂、刷胶、喷光、烘干、清洗等工序均涉及使用含 VOCs 原材料，不同生产工艺 VOCs 产生特点如表 2-8 所列，制鞋企业常用原辅材料 VOCs 平均含量如表 2-9 所列。

表 2-8 制鞋过程 VOCs 产生特点

工艺类型	工艺过程	主要含 VOCs 原辅材料	VOCs 排放特征	VOCs 特征污染物
胶粘工艺	夹包	包头水或热熔胶	定型过程产生 VOCs，使用包头水 VOCs 排放浓度较高；使用热熔胶 VOCs 排放少	甲苯、乙烯、醋酸乙烯
	刷胶	PU 胶、粉胶、黄胶等	刷胶使用油性胶水 VOCs 排放浓度高；使用水性胶水 VOCs 排放浓度较低	甲苯、丙酮、丁酮、环己烷、正庚烷
	定型烘干	—	与刷胶废气基本一致，较刷胶过程 VOCs 排放较高	甲苯、丙酮、丁酮、环己烷、正庚烷

续表

工艺类型	工艺过程	主要含 VOCs 原辅材料	VOCs 排放特征	VOCs 特征污染物
胶粘工艺	清洁	水性清洁剂、油性清洁剂	鞋面清洗处理及热定型烘干的过程清洁剂挥发产生 VOCs，采用水性清洁剂 VOCs 排放浓度低，采用油性清洁剂 VOCs 排放浓度较高	甲苯、丙酮、乙醇、丁酮、环己酮、甲基环己烷等
	鞋底处理	水性处理剂、聚氨酯处理剂等油性处理剂	处理剂挥发产生一定量的有机废气，采用水性处理剂 VOCs 排放浓度低，采用油性处理剂 VOCs 排放浓度较高	丙酮、乙酸乙酯、丁酮、甲苯、乙酸甲酯、乙醇等
注塑工艺	注塑	聚氯乙烯、聚氨酯等	塑料受热固态大分子裂解为气态小分子，VOCs 排放浓度低	单体式低聚物、烯烃等
	脱模	水性脱模剂、油性脱模剂	脱模剂挥发产生 VOCs，排放浓度低	烃类
其他	印刷	油墨	油墨挥发产生 VOCs，使用油性油墨排放浓度较高	苯类、烷烃类和酮类
	喷光	喷光漆	喷光漆挥发产生 VOCs，排放浓度较高	甲苯、酯类
	喷漆	溶剂型油漆	溶剂型油漆挥发，VOCs 排放浓度较高	苯类、酯类

表 2-9　制鞋企业常用原辅材料 VOCs 平均含量

序号	原辅材料名称	VOCs 含量/%
1	水性胶（即用状态下）	0.8
2	PU 胶（即用状态下）	83.0
3	黄胶	73.0
4	粉胶	86.5
5	生胶	87.5
6	白胶	0
7	油性处理剂	93.0
8	水性处理剂	2.0
9	油性硬化剂	80.0
10	水性硬化剂	17.0
11	甲苯、快干胶、白电油、去渍油、清洗剂、天那水、稀释剂	100

制鞋行业产生废气的工序（如图 2-9 所示）主要有刷胶、调胶、烘干、除尘等，其废气排放主要有以下几种类型。

① 鞋面商标印刷时，油墨挥发产生的有机废气。油墨主要成分是色料，包括颜料和染料，颜料分有机颜料和无机颜料，在油墨中应用较广，如偶氮系、酞菁系有机颜料；钛白、镉红、铬绿、群青等无机颜料，其稀释剂一般为苯类、烷烃类和酮类，在油印干

燥过程该有机溶剂成分挥发进入周围环境。

② 鞋面材料高频压型工序产生的废气。皮革高频产生的废气属恶臭气体范畴。

③ 鞋底材料 **EVA（聚乙酸-乙烯酯）**、MDI（二苯基甲烷二异氰酸酯）发泡过程，TPR（热可塑性橡胶）、PVC（聚氯乙烯）注塑加热状况下产生的有机废气。该气体属高分子聚合物受热发生分子降解，释放出单体式低聚物，降解量与温度、加热时间相关，有机废气主要成分为单体式低聚物、烯烃等。

(a) 刷胶工序集气

(b) 烘干工序集气

(c) 调胶工序集气

(d) 手袋刷胶工序集气

(e) 鞋底除尘

(f) 手袋除尘设备

图 2-9　制鞋企业 VOCs 排放工段

④ 鞋底喷漆过程一般采用溶剂型油漆，该有机成分芳香族树脂与苯溶剂的混合物，主要用于 PVC、塑料、橡胶等材质的喷漆，在使用过程中苯溶剂全部挥发进入大气。

⑤ 鞋底中底贴合、鞋面鞋底粘胶成型过程使用的胶粘剂，最初胶粘剂所使用的溶剂是苯，溶解性极佳，胶粘剂的性能也较容易控制，但是苯的毒性相当大，在多次出现操作使用者中毒死亡事故后改用甲苯作溶剂。甲苯的毒性虽比苯小，但如果措施不当仍可严重毒害操作者和污染环境。甲苯是工业生产中最常见的溶剂和原料，长期持续苯接触可造成神经系统和造血系统损害，对肺功能造成极大损伤。

⑥ 粉尘排放。其主要包括：a. 鞋底刨磨工序产生的塑料粉尘；b. 模具手板刨磨及裁锯产生的木质粉尘；c. 橡胶鞋底原料在密炼工序产生的粉尘，其主要成分为轻钙和白炭灰。

制鞋不同工段产生的废气中含有 VOCs，其中，贴合烘干、做帮、面料复合以及清洗是 VOCs 排放的主要环节，占排放总量的 98%；其中，贴合烘干工序的 VOCs 排放量最大，占 70%。

2.3.2.3　固体废物

固体废物主要来自于各类帮面材料、衬里、海绵、主跟包头、中底板等材料裁断产生的边角料，注塑工艺产生的注塑废料，刷胶粘剂和处理剂环节产生的胶桶，绷楦操作产生的废弃铁钉，各类包装产生的废弃包装物，机器保养维修产生的机油沾染物等固体废物。

第 3 章 排污许可证核发情况

3.1 制革行业

3.1.1 排污许可技术规范的部分内容

3.1.1.1 适用范围

《排污许可证申请与核发技术规范 制革及毛皮加工工业—制革工业》（HJ 859.1—2017）规定了制革工业排污许可证申请与核发的基本情况填报要求、许可排放限值确定、实际排放量核算和合规判定的方法，以及自行监测、环境管理台账与排污许可证执行报告等环境管理要求，提出了制革工业污染防治可行技术要求。

该标准适用于指导制革工业排污许可证的申请、核发与监管工作。

该标准适用于指导制革工业排污单位填报《关于印发〈排污许可证管理暂行规定〉的通知》（环水体〔2016〕186 号）中附 2《排污许可证申请表》及在全国排污许可证管理信息平台上填报相关申请信息，同时适用于指导核发机关审核确定制革工业排污单位排污许可证许可要求。

该标准适用于制革工业排污单位排放的水污染物和大气污染物的排污许可管理制革工业排污单位中，对于执行《火电厂大气污染物排放标准》（GB 13223）的生产设施或排放口，适用《关于开展火电、造纸行业和京津冀试点城市高架源排污许可证管理工作的通知》（环水体〔2016〕189 号）中附件 1《火电行业排污许可证申请与核发技术规范》；对于执行《锅炉大气污染物排放标准》（GB 13271）的生产设施和排放口，参照本标准执行，待锅炉工业排污许可证申请与核发技术规范发布后从其规定。

该标准未作规定但排放工业废水、废气或者国家规定的有毒有害大气污染物的制革工业排污单位其他产物设施和排放口，参照《排污许可证申请与核发技术规范 总则》执行。

3.1.1.2　排污许可申请的部分技术方法

（1）大气污染物许可浓度和排放量确定方法

1）许可排放浓度

按照污染物排放标准确定制革行业排污单位许可排放浓度时，应依据《大气污染物综合排放标准》（GB 16297—1996）、《恶臭污染物排放标准》（GB 14554—93）、《锅炉大气污染物排放标准》（GB 13271—2014）及地方排放标准从严确定。

大气污染防治重点控制区按照《关于执行大气污染物特别排放限值的公告》和《关于执行大气污染物特别排放限值有关问题的复函》的要求执行。其他执行大气污染物特别排放限值的地域范围、时间，由国务院环境保护主管部门或省级人民政府规定。

若执行不同许可排放浓度的多台生产设施或排放口采用混合方式排放废气，且选择的监控位置只能监测混合废气中的大气污染物浓度，则应执行各许可排放限值要求中最严格限值。

2）许可排放量

明确制革工业排污单位对锅炉废气中颗粒物、二氧化硫、氮氧化物按本标准确定许可排放量，备用锅炉不再单独许可排放量。

对于执行 GB 13223 的制革工业排污单位，颗粒物、二氧化硫、氮氧化物许可排放量参照《火电行业排污许可证申请与核发技术规范》执行；对于执行 GB 13271 的制革工业排污单位，颗粒物、二氧化硫、氮氧化物许可排放量核算方法参照本标准执行，待锅炉工业排污许可证申请与核发技术规范发布后从其规定。

① 年许可排放量核算方法。锅炉废气污染物年许可排放量依据废气污染物许可排放浓度限值、基准烟气量和设计燃料用量核算。

燃煤或燃油锅炉废气污染物许可排放量计算公式如下：

$$D = R \times Q \times C \times 10^{-6}$$

燃气锅炉废气污染物许可排放量计算公式如下：

$$D = R \times Q \times C \times 10^{-9}$$

式中　D——废气污染物年许可排放量，t/a；

R——设计燃料用量，t/a 或 m^3/a；

C——废气污染物许可排放浓度限值，mg/m^3；

Q——基准烟气量，m^3/kg 燃煤（燃油）或 m^3/m^3 天然气，具体取值见表 3-1。

表 3-1　锅炉废气基准烟气量取值表

锅炉	热值/（MJ/kg）	基准烟气量/（m^3/kg 燃煤）
燃煤锅炉	12.5	6.2

续表

锅炉	热值/（MJ/kg）	基准烟气量/（m^3/kg 燃煤）
燃煤锅炉	21	9.9
	25	11.6
燃油锅炉	38	12.2
	40	12.8
	13	13.8
燃气锅炉（m^3/m^3 燃油）	—	12.3

注：1. 燃用其他热值燃料的，可按照《动力工程师手册》进行计算。

2. 燃用生物质燃料蒸汽锅炉的基准排气量参考燃煤蒸汽锅炉确定，或参考近三年制革工业排污单位实测的烟气量，或近一年连续在线监测的烟气量。

② 特殊时段许可排放量核算方法。特殊时段制革工业排污单位日许可排放量根据制革工业排污单位前一年环境统计实际排放量折算的日均值和重污染天气应对期间或冬防期间排放量消减比例计算。地方制定的相关法规中对特殊时段许可排放量有明确规定的，从其规定。国家和地方环境保护主管部门依法规定的其他特殊时段短期许可排放量应在排污许可证当中载明。

$$E_{日许可} = E_{前一年环统日均排放量} \times (1-\alpha)$$

式中　$E_{日许可}$——制革工业排污单位重污染天气应对期间或冬防期间日许可排放量，t；

$E_{前一年环统日均排放量}$——根据制革工业排污单位前一年环境统计实际排放量折算的日均值，t；

α——重污染天气应对期间或冬防期间排放量消减比例，%。

（2）水污染物许可浓度确定方法

1）许可排放浓度

按照污染物排放标准确定制革行业排污单位许可排放浓度时，应依据《制革及毛皮加工工业水污染物排放标准》（GB 30486—2013）及地方排放标准从严确定。

2）许可排放量

明确制革工业排污单位对化学需氧量、氨氮、总铬，以及受纳水体环境质量超标且列入 GB 30486—2013 中的其他污染物项目年许可排放量。对位于《“十三五”生态环境保护规划》及生态环境部正式发布的文件中规定的总氮、总磷总量控制区域内的制革工业排污单位，还应申请总氮、总磷年许可排放量。地方环境保护主管部门另有规定的，从其规定。

该标准按照制革工业排污单位的生产工艺将年许可排放量分为单一生产工艺排放和混合工艺排放两种核算方法。

① 单一生产工艺排放。采用单一生产工艺（例如全部产品为从蓝湿革加工到成品革）的制革工业排污单位，其水污染物许可排放量依据水污染物许可排放浓度限值、单位原料皮基准排水量和产品产能核算，计算公式如下：

$$D = S \times Q \times C \times 10^{-6}$$

式中　D——某种水污染物年许可排放量，t/a。

S——产品年产能（单位换算见表 3-2），t/a。

Q——单位原料皮基准排水量（见表 3-3，执行 GB 30486—2013 中特别排放限值的制革工业排污单位，其单位原料皮基准排水量按照 GB 30486—2013 中表 3 取值），m^3/t 生皮或蓝湿革；地方有更严格排放标准要求的，按照地方排放标准从严确定。

C——水污染物许可排放浓度限值，mg/L。

② 混合生产工艺排放

采用两种或两种以上生产工艺（例如一部分产品从生皮加工到成品革，另一部分产品从蓝湿革加工到成品革），许可排放量采用如下公式核算：

$$D = C \times \sum_{i=1}^{n}(S_i \times Q_i) \times 10^{-6}$$

式中　D——某种水污染物年许可排放量，t/a。

C——水污染物许可排放浓度限值，mg/L。

S_i——采用不同生产工艺的产品年产能（单位换算见表 3-2），t/a。

Q_i——采用不同生产工艺的单位原料皮基准排水量（见表 3-3，执行 GB 30486—2013 中特别排放限值的制革工业排污单位，其单位原料皮基准排水量按照 GB 30486—2013 中表 3 取值），m^3/t 生皮或蓝湿革；地方有更严格排放标准要求的，按照地方排放标准从严确定。

n——制革工业排污单位所采用的生产工艺种类数量。

表 3-2　产品产能单位换算

项目	1 标准张		$1m^2$ 成品革	
牛皮基准重量/kg	25	12.5	5.5	2.8
猪皮基准重量/kg	5	2.5	4.2	2.1
绵羊皮基准重量/kg	4.5	1.2	5.6	1.4
山羊基准重量/kg	2.2	0.6	4.4	1.2

表 3-3　单位原料皮基准排水量

废水类型	生皮-成品率/（m^3/t 生皮）	生皮-蓝湿革/（m^3/t 生皮）	蓝湿革-成品率/（m^3/t 蓝湿革）
全厂废水	55	40	羊皮：55；其他：30
含铬废水	12	4	羊皮：28；其他：15

3.1.2　合规判定方法

3.1.2.1　一般原则

合规是指制革工业排污单位许可事项和环境管理要求符合排污许可证规定。许可事项合规是指制革工业排污单位排污口位置和数量、排放方式、排放去向、排放污染物种类、排放限值符合许可证规定，其中排放限值合规是指制革工业排污单位污染物实际排放浓度和排放量满足许可排放限值要求。环境管理要求合规是指制革工业排污单位按许可证规定落实自行监测、台账记录、执行报告、信息公开等环境管理要求。制革工业排污单位可通过环境管理台账记录、按时上报执行报告和开展自行监测、信息公开，自证其依证排污，满足排污许可证要求。环境保护主管部门可依据制革工业排污单位环境管理台账、执行报告、自行监测记录中的内容，判断其污染物排放浓度和排放量是否满足许可排放限值要求，也可通过执法监测判断其污染物排放浓度是否满足许可排放限值要求。

3.1.2.2 废气排放浓度合规判定

（1）正常情况

制革工业排污单位无组织排放口的臭气浓度最大值达标是指“任一次测定均值满足许可限值要求”。除此之外，其余废气有组织排放口污染物或厂界无组织污染物排放浓度达标均是指“任一小时浓度均值均满足许可排放浓度要求”。废气污染物小时浓度均值根据排污单位自行监测（包括自动监测和手工监测）、执法监测进行确定。

（2）非正常情况

非正常情况指燃煤锅炉等设施启停机、设备故障、检维修等情况下的排放。制革工业排污单位中，对于采用干（半干）法脱硫、脱硝措施的燃煤锅炉，冷启动 1h、热启动 0.5h 不作为氮氧化物合规判定时段。若多台设施采用混合方式排放烟气，且其中一台处于启停时段，企业可自行提供烟气混合前各台设施有效监测数据的，按照企业提供数据进行合规判定。

3.1.2.3 废水排放浓度合规判定

制革工业排污单位各废水排放口污染物（除 pH 值、色度外）的排放浓度合规是指任一监测日的有效日均值均满足许可排放浓度限值要求。各项废水污染物监测日的有效日均值可根据执法监测、排污单位自行监测（包括自动监测和手工监测）确定。

3.1.2.4 执法监测

按照 HJ/T 91 监测要求获取的执法监测数据不超过许可排放浓度限值的，即视为合规。若同一时段的执法监测数据与企业自行监测数据不一致，执法监测数据符合法定的监测标准和监测方法的，以该执法监测数据作为优先证据使用。

3.1.2.5 自行监测

（1）废水

1）自动监测

按照监测规范要求获取的有效自动监测数据计算得到的有效日均浓度值不超过许可排放浓度的即视为合规。对于排放口或污染物应采用自动监测而未采用的，即认为不合规。有效日均浓度是对应于以每日为一个监测周期，在周期内获得的某个污染物的多个有效监测数据的平均值。在同时监测污水排放流量的情况下，有效日均值是以流量为权重的某个污染物的有效监测数据的加权平均值；在未监测污水排放流量的情况下，有效日均值是某个污染物的有效监测数据的算术平均值。自动监测的有效日均浓度应根据 HJ/T 355 和 HJ/T 356 等相关文件确定。

2）手工监测

对于未要求采用自动监测的排放口或污染物，应进行手工监测。按照自行监测方案、监测规范进行手工监测，当日各次监测数据平均值或当日混合样监测数据（除 pH 值外）不超过许可排放浓度限值的，即视为合规。

（2）废气

1）自动监测

按照 HJ/T 75 要求获取的有效自动监测数据计算得到的有效小时浓度均值不超过许可排放浓度限值的，即视为合规。小时浓度均值指“整点 1h 内不少于 45min 的有效数据的算术平均值”。

2）手工监测

按照自行监测方案开展手工监测，计算得到的监测结果不超过许可排放浓度限值的，即视为合规。对于手工监测，小时浓度均值指“1h 内连续采样 45min 以上的监测结果，或等时间间隔采样 3～4 个样品监测结果的算术平均值”。若为间断性排放，且排放时间小于 1h 的，小时均值指“在排放时段内实行连续采样，或在排放时段内等间隔采集 2～4 个样品监测结果的算术平均值”。

3.1.2.6　排放量合规判定

制革工业排污单位污染物许可排放量合规是指：

① 废水总排放口污染物实际排放量满足年许可排放量要求。

② 车间或生产设施废水排放口总铬实际排放量满足年许可排放量要求。

③ 有组织排放废气污染物年实际排放量满足有组织排放年许可排放量要求。

④ 对于特殊时段有许可排放量要求的，特殊时段实际排放量满足特殊时段许可排放量要求。

3.1.2.7　环境管理要求合规判定

环境保护主管部门依据排污许可证中的管理要求，以及制革行业相关技术规范，审核制革工业排污单位环境管理台账记录和许可证执行报告；检查制革工业排污单位是否按照要求运行污染防治设施，并进行维护和管理；是否按照自行监测方案开展自行监测；是否按照排污许可证中环境管理台账要求记录相关内容，记录频次、形式等是否满足要求；是否按照许可证中执行报告要求定期上报，上报内容是否符合要求等；是否按照许可证要求定期开展信息公开；是否满足特殊时段污染防治要求。

3.1.3　排污许可证核发现状

截至 2022 年 1 月 20 日，其中皮革鞣制加工（C191）企业共有 777 家核发排污许可证，209 家执行排污许可登记管理。

3.2 毛皮加工行业

3.2.1 排污许可技术规范的部分内容

3.2.1.1 适用范围

本标准规定了毛皮加工工业排污单位排污许可证申请与核发的基本情况填报要求、许可排放限值确定、实际排放量核算、合规判定的方法，以及自行监测、环境管理台账与排污许可证执行报告等环境管理要求，提出了毛皮加工工业排污单位污染防治可行技术要求。

本标准适用于指导毛皮加工工业排污单位在全国排污许可证管理信息平台填报相关申请信息，适用于指导核发机关审核确定毛皮加工工业排污单位排污许可证许可要求。

本标准适用于毛皮加工工业排污单位排放的水污染物、大气污染物的排污许可管理。毛皮加工工业排污单位中，执行《锅炉大气污染物排放标准》（GB 13271—2014）的产污设施或排放口，适用《排污许可证申请与核发技术规范 锅炉》（HJ 953—2018）。

本标准未作规定，但排放水污染物、大气污染物和国家规定的有毒有害污染物的毛皮加工工业排污单位其他产污设施和排放口，参照《排污许可证申请与核发技术规范 总则》（HJ 942—2018）执行。

3.2.1.2 排污许可申请的部分技术方法

（1）大气污染物许可浓度和排放量确定方法

1）许可排放浓度（速率）

按照污染物排放标准确定毛皮加工工业排污单位许可排放浓度时，应依据《恶臭污染物排放标准》（GB 14554—93）、《大气污染物综合排放标准》（GB 16297—1996）及地方排放标准从严确定。

大气污染防治重点控制区按照《关于执行大气污染物特别排放限值的公告》《关于执行大气污染物特别排放限值有关问题的复函》《关于京津冀大气污染传输通道城市执行大气污染物特别排放限值的公告》和《国务院关于印发打赢蓝天保卫战三年行动计划的通知》等要求执行。

执行不同许可排放浓度（速率）的多台生产设施或排放口采用混合方式排放废气的，混合废气排放口执行相关污染物排放标准中规定的最严格限值。

2）许可排放量

毛皮加工工业排污单位的有组织废气排放口均为一般排放口，不许可排放量。无组织排放也不许可排放量。

（2）水污染物许可浓度和排放量确定方法

1）许可排放浓度

按照污染物排放标准确定毛皮加工工业排污单位许可排放浓度时，依据《制革及毛皮加工工业水污染物排放标准》（GB 30486—2013）确定及地方排放标准从严确定毛皮加工工业排污单位许可排放浓度限值。

毛皮加工工业排污单位采用多种工序、生产多种产品的，其生产设施产生的废水混合排放时，执行相关污染物排放标准中规定的最严格限值。

2）许可排放量

水污染物年许可排放量根据水污染物许可排放浓度限值、单位皮张排水量和设计产能进行核算。

毛皮加工工业排污单位废水中总铬年许可排放量为车间或车间处理设施排放口年许可排放量，化学需氧量、氨氮年许可排放量为企业废水总排放口年许可排放量。

许可排放量分为单一生产工艺及原料皮排放、混合生产工艺或原料皮排放两种核算方法，单一生产工艺及原料皮排放的排污单位依据水污染物许可排放浓度限值、单位皮张排水量和产品产能核算水污染物许可排放量；混合生产工艺或原料皮排放的排污单位依据水污染物许可排放浓度限值、各类皮张排水量和各类产品产能核算水污染物许可排放量。标准张毛皮重量换算见表 3-4，标准张毛皮全厂废水排水量见表 3-5，标准张毛皮含铬废水排水量见表 3-6。

表 3-4 标准张毛皮重量换算

原皮类别	1 标准张重量/kg	
	生皮（以湿皮计）	已鞣毛皮（以湿皮计）
标准张水貂皮	0.45	0.3
标准张狐狸皮	2.2	1.3
标准张貉子皮	2	1.2
标准张兔皮	0.35	0.21
标准张大羊皮①	6.5	4.1
标准张小羊皮②	2	1.2
毛皮褥子（60cm×120cm）	—	1
滩羊褥子（60cm×120cm）	—	1.4

① 大羊皮指皮张面积≥0.6m^2的羊皮。

② 小羊皮指皮张面积<0.6m^2的羊皮，如口羔、猾子、湖羊等品种的羊皮。

注：表中未列出的品种，可参照涨幅接近的皮张进行计算。

表 3-5 标准张毛皮全厂废水排水量 单位：L/标准张生皮或已鞣毛皮

原皮类别	生皮-成品毛皮	生皮-已鞣毛皮	已鞣毛皮-成品毛皮
标准张水貂皮	24	15	9
标准张狐狸皮	115	75	40
标准张貉子皮	60	36	24
标准张兔皮	10	6.5	3.5
标准张大羊皮①	400	240	160

续表

原皮类别	生皮-成品毛皮	生皮-已鞣毛皮	已鞣毛皮-成品毛皮
标准张小羊皮②	100	60	40
毛皮褥子（60cm×120cm）	—	—	24
滩羊褥子（60cm×120cm）	—	—	42

① 大羊皮指皮张面积≥$0.6m^2$的羊皮。

② 小羊皮指皮张面积＜$0.6m^2$的羊皮，如口羔、猾子、湖羊等品种的羊皮。

注：表中未列出的品种，可参照涨幅接近的皮张进行计算。

表 3-6　标准张毛皮含铬废水排水量　　单位：L/标准张生皮或已鞣毛皮

原皮类别	生皮-成品毛皮	生皮-已鞣毛皮	已鞣毛皮-成品毛皮
标准张水貂皮	1.5	—	1.5
标准张狐狸皮	4	—	4
标准张貉子皮	2.5	—	2.5
标准张兔皮	0.7	—	0.7
标准张大羊皮①	58	25	33
标准张小羊皮②	15.4	6.6	8.8
毛皮褥子（60cm×120cm）	—	—	5
滩羊褥子（60cm×120cm）	—	—	9

① 大羊皮指皮张面积≥$0.6m^2$的羊皮。

② 小羊皮指皮张面积＜$0.6m^2$的羊皮，如口羔、猾子、湖羊等品种的羊皮。

注：表中未列出的品种，可参照涨幅接近的皮张进行计算。

（3）合规判定方法

1）废水排放浓度合规性判定

① 正常情况。毛皮加工工业排污单位废气浓度合规是指废水排放口污染物（除 pH 值、色度外）的排放浓度任一监测日的有效日均值满足《制革及毛皮加工工业水污染物排放标准》（GB 30486—2013）及地方排放标准的要求，各项废水污染物监测日的有效日均值可根据执法监测、排污单位自行监测（包括自动监测和手工监测）确定。

其中，在执法监测时，按照监测规范要求获取的执法监测数据超过许可排放浓度限值的，即视为超标。根据《地表水和污水监测技术规范》（HJ/T 91—2002）确定监测要求。

采用自动监测时，按照监测规范要求获取的有效自动监测数据计算得到的有效日均浓度值与许可排放浓度限值进行对比，超过许可排放浓度限值的，即视为不合规。对于应采用自动监测而未采用的排放口或污染物，即视为不合规。有效日均浓度是对应于以每日为一个监测周期，在周期内获得的某个污染物的多个有效监测数据的平均值。在同时监测污水排放流量的情况下，有效日均值是以流量为权重的某个污染物的有效监测数据的加权平均值；在未监测污水排放流量的情况下，有效日均值是某个污染物的有效监测数据的算术平均值。自动监测的有效日均浓度应根据《水污染源在线监测系统（COD_{Cr}、

NH_3-N 等）运行技术规范》（HJ 355—2019）和《水污染源在线监测系统（COD_{Cr}、NH_3-N 等）数据有效性判别技术规范》（HJ 356—2019）等确定。

对于未要求采用自动监测的排放口或污染物，应进行手工监测。按照自行监测方案、监测规范进行手工监测，当日各次监测数据平均值或当日混合样监测数据（除 pH 值外）超过许可排放浓度限值的，即视为不合规。

② 非正常情况。废水处理设施非正常情况下的排水，如无法满足排放标准要求时，不应直接排入外环境，待废水处理设施恢复正常运行后方可排放。如因特殊原因造成污染治理设施未正常运行、超标排放污染物的或偷排偷放污染物的，按产污系数法核算非正常排放期间实际排放量。

2）排放量合规判定

毛皮加工工业排污单位污染物排放量合规是指：废水总排放口污染物实际排放量满足年许可排放量要求；车间或生产设施废水排放口总铬实际排放量满足年许可排放量要求；对于特殊时段有许可排放量要求的，特殊时段实际排放量满足特殊时段许可排放量。

3.2.2 合规判定方法

3.2.2.1 一般原则

合规是指毛皮加工工业排污单位许可事项符合排污许可证规定。排污单位排污口位置和数量、排放方式、排放去向、排放污染物种类、排放限值、环境管理要求符合排污许可证规定。其中，排放限值合规是指排污单位污染物实际排放浓度（速率）和排放量满足许可排放限值要求。环境管理要求合规是指排污单位应按排污许可证规定落实自行监测、台账记录、执行报告、信息公开等环境管理要求。

毛皮加工工业排污单位可通过环境管理台账记录、按时提交执行报告和开展自行监测、信息公开，自证其依证排污，满足排污许可证要求。生态环境主管部门可依据排污单位环境管理台账、执行报告、自行监测记录中的内容，判断其污染物排放浓度和排放量是否满足许可排放限值要求，污染物排放及管理要求是否满足许可要求，也可通过执法监测判断其污染物排放浓度（或排放速率）是否满足许可排放限值要求。

3.2.2.2 废气排放浓度合规判定

毛皮加工工业排污单位废气有组织排放口污染物或厂界无组织污染物排放浓度达标均是指“任一小时浓度均值均满足许可排放浓度要求”。废气污染物小时浓度均值根据排污单位自行监测（包括自动监测和手工监测）、执法监测进行确定。生态环境部发布在线监测数据达标判定方法的，从其规定。小时浓度均值指“小时内连续采样 45min 以上的监测结果，或等时间间隔采样 3～4 个样品监测结果的算术平均值”。若为间断性排放，且排放时间小于 1h 的，小时均值指“在排放时段内实行连续采样，或在排放时段内等间隔采集 2～4 个样品监测结果的算术平均值”。

3.2.2.3 废水排放浓度合规判定

毛皮加工工业排污单位废水排放口污染物（除 pH 值、色度外）的排放浓度合规是指“任一监测日的有效日均值均满足许可排放浓度限值要求”。各项废水污染物监测日的有效日均值可根据执法监测、排污单位自行监测（包括自动监测和手工监测）确定。生态环境部发布在线监测数据达标判定方法的，从其规定。

3.2.2.4 执法监测

按照《地表水和污水监测技术规范》（HJ/T 91—2002）监测要求获取的执法监测数据与许可排放浓度限值对比，超过许可排放浓度限值的，即视为不合规。若同一时段的执法监测数据与排污单位自行监测数据不一致，以该执法监测数据作为优先证据使用。

3.2.2.5 自行监测

（1）废水

1）自动监测

按照监测规范要求获取的有效自动监测数据计算得到有效日均浓度值，与许可排放浓度限值进行对比，超过许可排放浓度限值的，即视为不合规。

对于排放口或污染物应采用自动监测而未采用的，即认为不合规。有效日均浓度是对应于以每日为一个监测周期，在周期内获得的某个污染物的多个有效监测数据的平均值。在同时监测污水排放流量的情况下，有效日均值是以流量为权重的某个污染物的有效监测数据的加权平均值；在未监测污水排放流量的情况下，有效日均值是某个污染物的有效监测数据的算术平均值。

自动监测的有效日均浓度应根据《水污染源在线监测系统（COD_{Cr}、NH_3-N 等）运行技术规范》（HJ 355—2019）和《水污染源在线监测系统（COD_{Cr}、NH_3-N 等）数据有效性判别技术规范》（HJ 356—2019）等确定。

2）手工监测

对于未要求采用自动监测的排放口或污染物，应进行手工监测。按照自行监测方案、监测规范进行手工监测，当日各次监测数据平均值或当日混合样监测数据（除 pH 值外）超过许可排放浓度限值的，即视为不合规。

（2）废气

1）自动监测

按照监测规范要求获取的有效自动监测数据计算得到的有效小时浓度均值超过许可排放浓度限值的，即视为不合规。

2）手工监测

对于未要求采用自动监测的排放口或污染物，应进行手工监测。按照自行监测方案、监测规范要求获取的手工监测数据，计算得到的有效小时浓度均值超过许可排放浓度限值的，即视为不合规。

3.2.2.6 废水排放量合规判定

毛皮加工工业排污单位废水排放口污染物许可排放量合规是指：

① 废水总排放口污染物实际排放量满足年许可排放量要求；

② 车间或生产设施废水排放口总铬实际排放量满足年许可排放量要求；

③ 对于特殊时段有许可排放量要求的，特殊时段实际排放量满足特殊时段许可排放量。

3.2.2.7　环境管理要求合规判定

生态环境主管部门依据排污许可证中的管理要求，以及毛皮行业相关技术规范，审核环境管理台账记录和许可证执行报告；检查排污单位是否落实环境管理要求；是否按照自行监测方案开展自行监测；土壤污染重点监管单位是否进行土壤污染隐患排查，土壤和地下水自行监测等活动中发现地块土壤和地下水存在污染迹象时，排查污染源，查明污染原因，采取措施防止新增污染；是否按照排污许可证中环境管理台账记录要求记录相关内容，记录频次、形式等是否满足许可证要求；是否按照排污许可证中执行报告要求定期报告，报告内容是否符合要求等；是否按照排污许可证要求定期开展信息公开；是否满足特殊时段污染防治要求。

3.2.3　排污许可证核发现状

截至 2024 年 4 月 1 日，毛皮鞣制及制品加工行业共有 129 家企业核发排污许可证，其中毛皮鞣制及制品加工单位核发 10 个企业，毛皮鞣制加工单位核发 117 个企业，其他毛皮制品加工单位核发 2 个企业。各省毛皮鞣制及制品加工行业排污单位排污许可证许可信息公开数量见表 3-7，各省各类型排污许可证许可信息公开数量如图 3-1 所示，毛皮加工企业排污许可证各省信息公开情况如图 3-2 所示。

表 3-7　毛皮加工企业排污许可证许可信息公开数量

行业类别及代码	许可信息公开数量/个		所在省份	所在地市
毛皮鞣制及制品加工 193	1		福建省	莆田市
	1		广东省	江门市
	1		广西壮族自治区	钦州市
	1		河北省	衡水市
	1		河南省	焦作市
	1		黑龙江省	大庆市
	2	1	辽宁省	锦州市
		1		阜新市
	1		宁夏回族自治区	吴忠市
	1		浙江省	嘉兴市
	小计 10		—	—
毛皮鞣制加工 1931	2	1	安徽省	安庆市
		1		阜阳市
	1		甘肃省	临夏回族自治州
	3	2	广东省	江门市
		1		惠州市

续表

行业类别及代码	许可信息公开数量/个		所在省份	所在地市
毛皮鞣制加工 1931	65	1	河北省	保定市
		2		沧州市
		39		衡水市
		4		辛集市
		16		邢台市
		3		张家口市
	13	10	河南省	焦作市
		1		驻马店市
		1		商丘市
		1		新乡市
	2		黑龙江省	大庆市
	1		江西省	吉安市
	9		辽宁省	辽阳市
	1		内蒙古自治区	赤峰市
	4	2	宁夏回族自治区	银川市
		2		吴忠市
	9	1	山东省	菏泽市
		5		临沂市
		1		潍坊市
		1		威海市
		1		滨州市
	7	6	浙江省	嘉兴市
		1		宁波市
	小计 117		—	—
其他毛皮制品加工 1939	2	1	河南省	濮阳市
		1	浙江省	嘉兴市
	小计 2			

截至 2024 年 4 月 1 日，毛皮鞣制及制品加工行业排污许可证登记信息公开共有 2593 家企业，其中毛皮鞣制加工企业 91 个，毛皮服装加工企业 1629 个，其他毛皮制品加工企业 873 个。各省毛皮鞣制及制品加工行业排污单位登记信息公开数量见表 3-8，毛皮加工企业排污许可证各省份登记信息公开情况如图 3-3 所示。

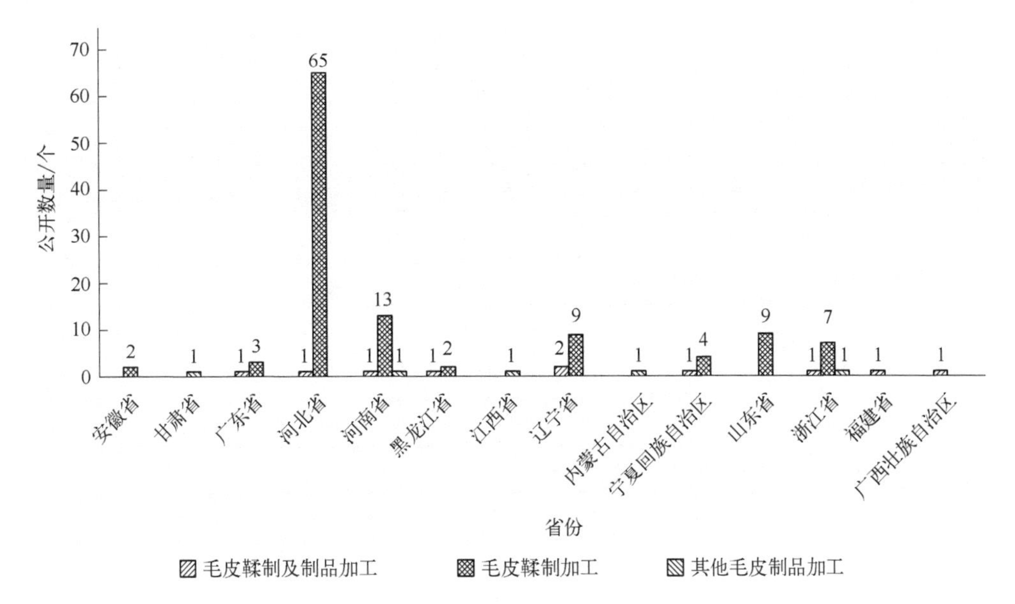

图 3-1　各省各类型排污许可证许可信息公开数量

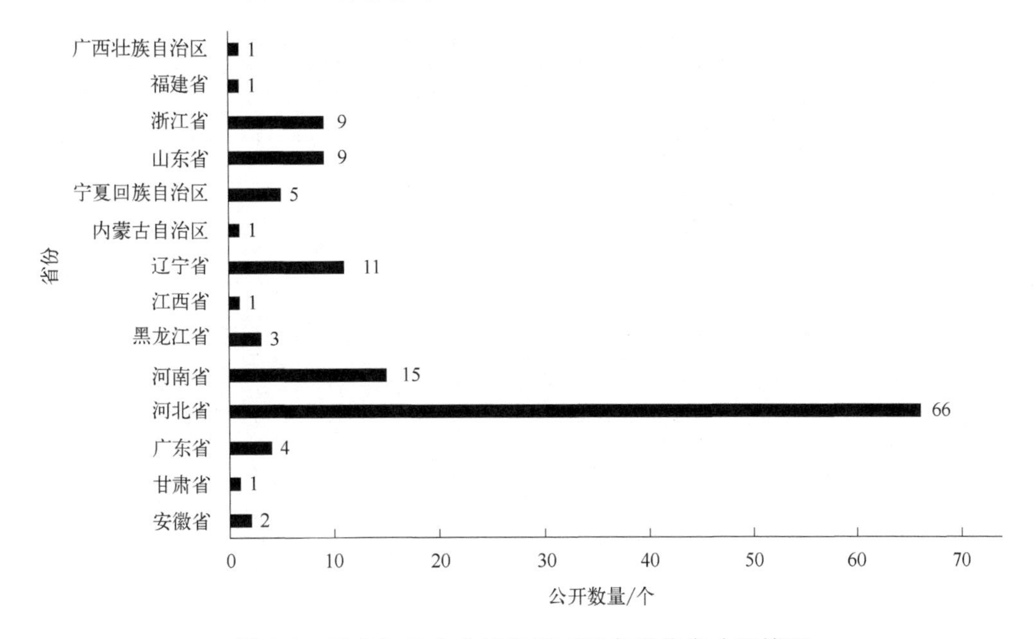

图 3-2　毛皮加工企业排污许可证各省信息公开情况

表 3-8　毛皮鞣制及制品加工行业排污单位登记信息公开数量

行业类别及代码	所在省份	登记信息公开数量/个
毛皮鞣制加工 1931	河北省	40
	内蒙古自治区	1
	辽宁省	2
	江苏省	1
	浙江省	2

续表

行业类别及代码	所在省份	登记信息公开数量/个
毛皮鞣制加工 1931	福建省	1
	山东省	1
	河南省	26
	湖南省	1
	广东省	4
	重庆市	2
	四川省	6
	宁夏回族自治区	3
	新疆维吾尔自治区	1
	小计	91
毛皮服装加工 1932	北京市	4
	天津市	22
	河北省	125
	内蒙古自治区	2
	辽宁省	60
	吉林省	3
	黑龙江省	1
	上海市	3
	江苏省	57
	浙江省	875
	安徽省	57
	福建省	28
	江西省	12
	山东省	74
	河南省	35
	湖北省	12
	湖南省	55
	广东省	182
	广西壮族自治区	1
	重庆市	8
	四川省	4
	贵州省	1

续表

行业类别及代码	所在省份	登记信息公开数量/个
毛皮服装加工 1932	西藏自治区	3
	青海省	1
	宁夏回族自治区	1
	新疆维吾尔自治区	3
	小计	1629
其他毛皮制品加工 1939	北京市	1
	河北省	52
	山西省	1
	内蒙古自治区	1
	辽宁省	21
	吉林省	1
	黑龙江省	3
	上海市	1
	江苏省	27
	浙江省	555
	安徽省	14
	福建省	6
	江西省	3
	山东省	25
	河南省	79
	湖北省	2
	湖南省	4
	广东省	48
	广西壮族自治区	1
	海南省	2
	重庆市	2
	四川省	14
	贵州省	1
	云南省	2
	陕西省	1
	甘肃省	1
	宁夏回族自治区	2
	新疆维吾尔自治区	3
	小计	873

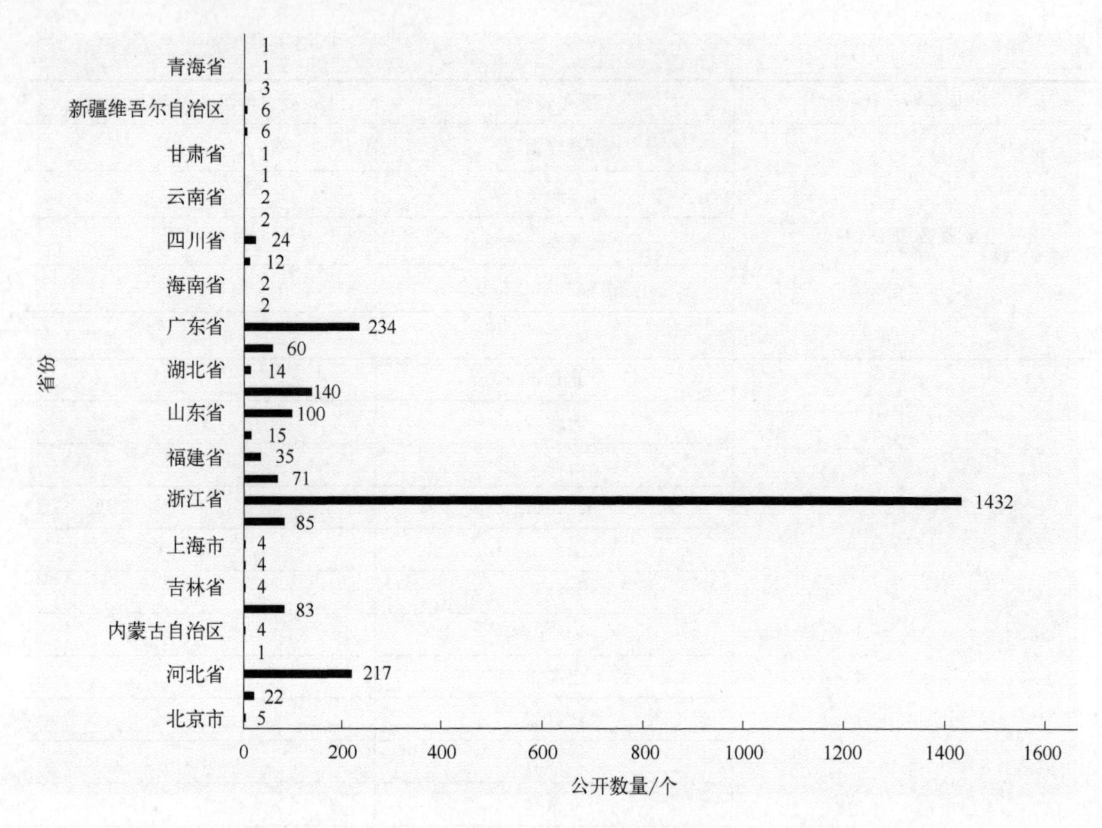

图 3-3　毛皮加工企业排污许可证各省登记信息公开情况

3.3　制鞋行业

3.3.1　排污许可技术规范的部分内容

3.3.1.1　适用范围

本标准规定了制鞋工业排污单位排污许可证申请与核发的基本情况填报要求、许可排放限值确定和合规判定的方法，以及自行监测、环境管理台账与排污许可证执行报告等环境管理要求，提出了制鞋工业排污单位污染防治可行技术参考要求。

本标准适用于指导制鞋工业排污单位在全国排污许可证管理信息平台填报相关申请信息，适用于指导排污许可证核发部门审核确定制鞋工业排污单位排污许可证许可要求。

本标准适用于制鞋工业排污单位排放的大气污染物、水污染物的排污许可管理。制鞋工业排污单位中，执行《锅炉大气污染物排放标准》（GB 13271）的生产设施和排放口，适用于《排污许可证申请与核发技术规范　锅炉》（HJ953）。

本标准未作规定但排放工业废气、废水或国家规定的有毒有害污染物的制鞋工业排污单位的其他生产设施和排放口，参照《排污许可证申请与核发技术规范 总则》(HJ 942)执行。

固体废物运行管理相关要求，待《中华人民共和国固体废物污染环境防治法》规定将固体废物纳入排污许可管理后实施。

3.3.1.2　排污许可申请的部分技术方法

(1) 大气污染物许可浓度和排放量确定方法

1) 许可排放浓度

排污单位应依据GB 14554、GB 16297、GB 27632、GB 31572、GB 37822等污染物排放标准确定大气污染物项目的许可排放浓度限值，有组织许可排放浓度的大气污染物项目主要包括颗粒物、苯、甲苯、二甲苯、挥发性有机物，无组织许可排放浓度的大气污染物项目主要包括颗粒物、挥发性有机物、臭气浓度等。

大气污染防治重点控制区按照《关于执行大气污染物特别排放限值的公告》《关于执行大气污染物特别排放限值有关问题的复函》和《关于京津冀大气污染传输通道城市执行大气污染物特别排放限值的公告》等要求执行。其他执行大气污染物特别排放限值的地域范围、时间，由国务院生态环境主管部门或者省级人民政府规定。

若执行不同许可排放浓度的多台生产设施或排放口采用混合方式排放废气，应在混合前分别对废气进行监测;若可选择的监控位置只能监测混合废气中的大气污染物浓度，则应执行各许可排放限值要求中最严格限值。

2) 许可排放量

本标准对有组织排放废气主要排放口、一般排放口和无组织废气原则上不许可排放量。排污单位如有已分解落实重点污染物排放总量控制指标的，以及地方生态环境主管部门对重点管理排污单位挥发性有机物排放量有许可要求的，可参考推荐性挥发性有机物排放量计算公式。2015年1月1日及以后取得环境影响评价及审批意见的排污单位许可排放量还应满足环境影响评价文件和审批意见确定的排放量要求。

① 挥发性有机物排放量。挥发性有机物年许可排放量计算公式如下：

$$D=W\times a$$

式中　D——挥发性有机物年许可排放量，t/a；

W——设计年产能，双/a；

a——单位产品污染物排放量，6.2×10^{-6}t/双（待《皮革制品和制鞋工业大气污染物排放标准》发布实施后，按其中挥发性有机物浓度限值与基准排气量计算单位产品污染物排放量）。

② 特殊时段排放量核算方法。特殊时段排污单位日许可排放量视具体情况选择适合的方法计算。

地方制定的相关法规中对特殊时段许可排放量有明确规定的，从其规定。国家和地方生态环境主管部门依法规定的其他特殊时段短期许可排放量应在排污许可证当中载明。

年排放量计算公式如下：

$$E=\sum_{i=1}^{n}W_{ai}\times C_{ai}\times R\times(1-\eta)\times10^{-3}+\sum_{i=1}^{n}W_{fi}\times C_{fi}\times R\times(1-\eta)\times10^{-3}$$

式中 E——废气污染物许可排放量，t/a；

W_{ai}——帮底装配单元溶剂型胶粘剂年使用量，t/a；

W_{fi}——帮底装配单元溶剂型处理剂年使用量，t/a；

C_{ai}——帮底装配单元各类溶剂型胶粘剂中挥发性有机物含量，g/kg，根据检测报告取值；

C_{fi}——帮底装配单元各类溶剂型处理剂中挥发性有机物含量，g/kg，根据检测报告取值；

R——集气罩废气收集效率，根据集气罩设计值进行取值，%；

η——有组织排放末端处理设施去除效率，%，根据废气治理设施去除效率设计值进行取值，两种以上技术复合使用取值方法。

$$\eta=1-(1-\eta_1)\times(1-\eta_2)\cdots(1-\eta_i)$$

式中 η_1——第一个有组织排放末端处理设施去除效率，%；

η_2——第二个有组织排放末端处理设施去除效率，%；

η_i——第 n 个有组织排放末端处理设施去除效率，%。

$$E_{日许可}=E_{前一年环统日均排放量}\times(1-\alpha)$$

式中 $E_{日许可}$——排污单位重污染天气应对期间或冬防期间日许可排放量，t；

$E_{前一年环统日均排放量}$——根据排污单位前一年环境统计实际排放量折算的日均值，t；

α——重污染天气应对期间或冬防期间排放量削减比例，%。

（2）水污染物许可浓度和排放量确定方法

1）许可排放浓度

排污单位应依据 GB 8978、GB 27632 确定水污染物项目的许可排放浓度限值。许可排放浓度的水污染物项目主要包括 pH 值、悬浮物、化学需氧量、五日生化需氧量、氨氮、总磷、总氮等。地方污染物排放标准有更严要求的，从其规定。

按照国务院生态环境主管部门或省级人民政府规定执行水污染物特别排放限值的区域，应按照规定的行政区域范围、时间，执行相关排放标准的污染物特别排放限值。

2）许可排放量

标准对废水排放口不许可排放量。

3.3.2 合规判定方法

3.3.2.1 一般原则

合规是指排污单位许可事项符合排污许可证规定。许可事项合规是指排污单位排污口位置和数量、排放方式、排放去向、排放污染物项目、排放限值、环境管理要求符合排污许可证规定。其中，排放限值合规是指排污单位污染物实际排放浓度满足许可排放限值要求。环境管理要求合规是指排污单位按排污许可证规定落实自行监测、台账记录、执行报告、信息公开等环境管理要求。

排污单位可通过环境管理台账记录、按时上报执行报告和开展自行监测、信息公开，自证其依证排污，满足排污许可证要求。生态环境主管部门可依据排污单位环境管理台账、执行报告、自行监测记录中的内容，判断其污染物排放浓度是否满足许可排放限值要求，也可通过执法监测判断其污染物排放浓度是否满足许可排放限值要求。

3.3.2.2 废气排放浓度合规判定

排污单位各废气排放口污染物的排放浓度合规是指“任一小时浓度均值均满足许可排放浓度要求”。废气污染物小时浓度均值根据排污单位自行监测（包括自动监测和手工监测）、执法监测进行确定。国务院生态环境主管部门发布相关合规判定方法的从其规定。

（1）执法监测

按照监测规范要求获取的执法监测数据不超过许可排放浓度限值的，即视为合规。

（2）自行监测

1）自动监测

按照 HJ 1013 要求获取的有效自动监测数据计算得到的有效小时浓度均值不超过许可排放浓度限值的，即视为合规。小时浓度均值指“整点 1h 内不少于 45min 的有效数据的算术平均值”。

2）手工监测

对于未要求采用自动监测的排放口或污染物，应进行手工监测，按照自行监测方案、监测规范要求获取的监测数据计算得到的有效小时浓度均值超过许可排放浓度限值的，即视为不合规。

根据 GB/T 16157 和 HJ/T 397，小时浓度均值是指“除相关标准另有规定，排放口中废气的采样以连续 1h 采样获取平均值，或在 1h 以内等时间间隔采样 3～4 个样品”。

3.3.2.3 废水排放浓度合规判定

排污单位各废水排放口污染物（除 pH 值、色度外）的排放浓度合规是指“任一监测日的有效日均值均满足许可排放浓度限值要求”。各项废水污染物监测日的有效日均值可根据执法监测、排污单位自行监测（包括自动监测和手工监测）确定。国务院生态环境主管部门发布相关合规判定方法的，从其规定。

3.3.2.4 执法监测

按照 HJ/T 91 监测要求获取的执法监测数据不超过许可排放浓度限值的，即视为合规。

3.3.2.5 自行监测

（1）重点管理单位

1）自动监测

按照监测规范要求获取的有效自动监测数据计算得到的有效日均浓度值不超过许

可排放浓度限值的，即视为合规。对于排放口或污染物应采用自动监测而未采用的，即认为不合规。

有效日均浓度是对应于以每日为一个监测周期，在周期内获得的某个污染物的多个有效监测数据的平均值。在同时监测污水排放流量的情况下，有效日均值是以流量为权重的某个污染物的有效监测数据的加权平均值；在未监测污水排放流量的情况下，有效日均值是某个污染物的有效监测数据的算术平均值。

自动监测的有效日均浓度应根据 HJ/T 355 和 HJ/T 356 等相关文件确定。

2）手工监测

对于未要求采用自动监测的排放口或污染物，应进行手工监测。按照自行监测方案、监测规范进行手工监测，当日各次监测数据平均值或当日混合样监测数据（除 pH 值外）不超过许可排放浓度限值的，即视为合规。

（2）简化管理单位

按照自行监测方案、监测规范进行手工监测，当日各次监测数据平均值或当日混合样监测数据（除 pH 值外）不超过许可排放浓度限值的，即视为合规。

3.3.2.6 管理要求合规判定

生态环境主管部门依据排污许可证中的管理要求，以及制鞋工业相关技术规范，审核排污单位环境管理台账记录和排污许可证执行报告；检查排污单位是否按照要求运行污染治理设施，并进行维护和管理；是否按照自行监测方案开展自行监测；土壤污染重点监管单位是否在土壤污染隐患排查、土壤和地下水自行监测等活动中发现地块土壤和地下水存在污染迹象时，排查污染源，查明污染原因，采取措施防止新增污染；是否按照排污许可证中环境管理台账要求记录相关内容，记录频次、形式等是否满足要求；是否按照排污许可证执行报告要求定期上报，上报内容是否符合要求等；是否按照排污许可证要求定期开展信息公开；是否满足特殊时段污染防治要求。

3.3.3 排污许可证核发现状

截至 2023 年 3 月，其中制鞋行业企业共有 13238 家核发排污许可证。各省制鞋行业排污单位排污许可证核发登记情况见表 3-9。

表 3-9 制鞋企业排污许可证核发登记情况　　单位：个

序号	所在省份	核发数量	登记数量
1	天津市	5	14
2	河北省	59	414
3	山西省	2	2
4	内蒙古自治区	1	2
5	辽宁省	4	41
6	吉林省	0	4
7	黑龙江省	0	7

续表

序号	所在省份	核发数量	登记数量
8	上海市	0	23
9	江苏省	36	473
10	浙江省	170	4097
11	安徽省	22	105
12	福建省	365	2122
13	江西省	40	221
14	山东省	29	329
15	河南省	42	737
16	湖北省	27	61
17	湖南省	40	106
18	广东省	68	3090
19	广西省	4	8
20	海南省	0	1
21	重庆市	9	97
22	四川省	40	202
23	贵州省	8	27
24	云南省	3	3
25	西藏自治区	0	2
26	陕西省	1	9
27	甘肃省	2	1
28	宁夏回族自治区	0	1
29	新疆维吾尔自治区	1	12
30	合计	978	12260
		13238	

第 4 章 排污许可证核发要点及常见填报问题

4.1 排污许可证核发要点

4.1.1 材料的完整性审核

排污单位应当在国家排污许可证管理信息平台上填写并提交排污许可证申请，同时向有核发权限的环境保护主管部门提交通过平台印制的书面申请材料，企业提交的排污许可申请材料和守法承诺书是环保部门核发排污许可证的主要依据。

排污单位对申请材料的真实性、合法性、完整性负法律责任。

申报材料的完整性应具备以下条件。

① 排污许可证申请表。主要内容包括：排污单位基本信息；与产排污相关的主要生产装置、设施、设备；废气、废水等产排污环节和污染防治设施；申请的排污口位置和数量；排放方式、排放去向、排放污染物种类、排放浓度和排放量、执行的排放标准。

② 自行监测方案。

③ 由排污单位法定代表人或者主要负责人签字或者盖章的承诺书。主要承诺内容包括：对申请材料真实性、合法性、完整性负法律责任；按排污许可证的要求控制污染物排放；按照相关标准规范开展自行监测、台账记录；按时提交执行报告并及时公开相关信息等。

④ 排污单位按照有关要求进行排污口和监测孔规范化设置的情况说明。

⑤ 建设项目环境影响评价批复文件；或按照《国务院办公厅关于加强环境监管执法的通知》（国办发〔2014〕56 号）要求，经地方政府依法处理、整顿规范并符合要求的相关证明材料。

⑥ 污染物排放总量控制指标的文件和法律文书。申请前信息公开情况说明表，需要注意，仅重点管理排污单位需要提交。

⑦《排污许可管理办法（试行）》实施后（2018 年 1 月 10 日及之后）的新建、改建、扩建项目排污单位存在通过污染物排放等量或者减量替代削减获得重点污染物排放总量控制指标情况的，且出让重点污染物排放总量控制指标的排污单位已经取得排污许可证的，应当提供出让重点污染物排放总量控制指标的排污单位的排污许可证完成变更的相关材料。

⑧ 生产工艺流程图、污水处理工艺流程图、厂区总平面布置图；专门处理电镀废水的污水集中式处理厂除了提交污水处理工艺流程图、厂区总平面布置图外，还应提供纳污范围、纳污企业名单、接纳每个企业的污水量、管网布置、最终排放去向等材料；排污许可证副本（仅办理排污许可证变更或延续的单位需要提交）。

⑨ 未采用推荐的可行技术的相关证明材料。

⑩ 法律法规规章规定的其他材料。

此外，主要生产设施、主要产品产能等登记事项中涉及商业秘密的，排污单位应当进行标注。污水集中处理设施的经营管理单位还应当提供纳污范围、纳污排污单位名单、管网布置、最终排放去向等材料。

对实行排污许可简化管理的排污单位，上述材料可适当简化。

以下 3 种情况不予受理：

① 位于法律法规规定禁止建设区域内的情形。如根据《水污染防治法》第六十四条“在饮用水水源保护区内，禁止设置排污口”。第六十五条～第六十七条给出了饮用水水源一级、二级和准保护区的相关禁止性规定，但各条规定有所差异，实施中需要注意。

《水污染防治法》中饮用水水源保护区部分规定节选

第六十四条　在饮用水水源保护区内，禁止设置排污口。

第六十五条　禁止在饮用水水源一级保护区内新建、改建、扩建与供水设施和保护水源无关的建设项目；已建成的与供水设施和保护水源无关的建设项目，由县级以上人民政府责令拆除或者关闭。

禁止在饮用水水源一级保护区内从事网箱养殖、旅游、游泳、垂钓或者其他可能污染饮用水水体的活动。

第六十六条　禁止在饮用水水源二级保护区内新建、改建、扩建排放污染物的建设项目；已建成的排放污染物的建设项目，由县级以上人民政府责令拆除或者关闭。

在饮用水水源二级保护区内从事网箱养殖、旅游等活动的，应当按照规定采取措施，防止污染饮用水水体。

第六十七条　禁止在饮用水水源准保护区内新建、扩建对水体污染严重的建设项目；改建建设项目，不得增加排污量。

② 属于国务院经济综合宏观调控部门会同国务院有关部门发布的产业政策目录中明令淘汰或者立即淘汰的落后生产工艺装备、落后产品的情形。

③ 法律法规规定不予许可的其他情形。

4.1.2 材料的规范性审核

本节仅对排污许可证申请表的规范性进行说明。

排污许可证申请表主要核查企业基本信息，主要生产装置、产品及产能信息，主要原辅材料及燃料信息，废气、废水等产排污环节，排放污染物种类及污染治理设施信息，执行的排放标准，许可排放浓度和排放量，申请排放量限值计算过程，自行监测及记录信息，环境管理台账记录等。

4.1.2.1 排污单位基本信息表

在填写排污单位基本信息表时，应注意以下 5 个方面。

① 应注意“行业类别”填写是否准确。如毛皮鞣制及制品加工企业应填写“毛皮鞣制加工”，而非填写“毛皮鞣制及制品加工”。根据《国民经济行业分类》（GB/T 4754—2017），皮革鞣制加工、毛皮鞣制及制品加工、制鞋业分类如表 4-1 所列。

表 4-1 皮革鞣制加工、毛皮鞣制及制品加工、制鞋业分类

代码		类别名称	说明
中类	小类		
191	1910	皮革鞣制加工	指动物生皮经脱毛、鞣制等物理和化学方法加工，再经涂饰和整理，制成具有不易腐烂、柔韧、透气等性能的皮革生产活动
193		毛皮鞣制及制品加工	
	1931	毛皮鞣制加工	指带毛动物生皮经鞣制等化学和物理方法处理后，保持其绒毛形态及特点的毛皮（又称裘皮）的生产活动
	1932	毛皮服装加工	指用各种动物毛皮和人造毛皮为面料或里料，加工制作毛皮服装的生产活动
	1939	其他毛皮制品加工	指用各种动物毛皮和人造毛皮为材料，加工制作上述类别未列明的其他各种用途毛皮制品的生产活动
195		制鞋业	指纺织面料鞋、皮鞋、塑料鞋、橡胶鞋及其他各种鞋的生产活动
	1951	纺织面料鞋制造	用各种纺织面料、木材、棕草等原料缝制、模压或编制各种鞋的生产活动
	1952	皮鞋制造	指全部或大部分用皮革、人造革、合成革为面料，以橡胶、塑料或合成材料等为外底，按缝绱、胶黏、模压、注塑等工艺方法制作各种皮鞋的生产活动
	1953	塑料鞋制造	指以聚氯乙烯、聚乙烯、聚氨酯和乙烯醋酸乙烯等树脂为原料生产发泡或不发泡的塑料鞋类制品的活动
	1954	橡胶鞋制造	指以橡胶作为鞋底、鞋帮的运动鞋及其他橡胶鞋和橡胶鞋部件的生产活动
	1959	其他制鞋业	

② “投产日期”一栏，以 2015 年 1 月 1 日为节点，依据企业填写的具体投产日期

判别企业的许可排放限值是否需要考虑环评批复中的要求。

③ “是否有环评批复文件”及“环境影响评价批复文号（备案编号）”填写是否齐全，应列出所有的批复文号。

④ “是否有地方政府对违规项目的认定或备案文件”及“认定或备案文件文号”是否填写。若既无环评批复文件，又无违规项目认定备案文件，原则上不予核发排污许可证。

⑤ “是否有主要污染物总量分配计划文件”及“总量分配文件文号及指标”是否填写。总量指标包括地方政府或环保部门发文确定的总量控制指标、环评批复文件中的总量控制指标、现有排污许可证中载明的总量控制指标、通过排污权有偿使用和交易确定的总量控制指标等地方政府或环保部门与排污单位以一定形式确认的总量控制指标。

4.1.2.2　主要产品及产能信息表

在填报主要产品及产能信息表时，应注意以下 6 个方面。

① 生产单元、生产工艺及生产设施填写是否准确，应按技术规范填报，不应混填、漏填。

② 若有多台相同的设备，则应逐台填报，以合并填报并采取备注数量的方式不符合填报要求。

③ 对于多条生产线共用的工艺环节、同一生产线中共用的生产设备，则在对应的备注中加以说明后填报一次即可，无需重复填报。

④ 若企业余热锅炉发电系统产生的电除自用外还并网，则还应填写余热锅炉发电系统的产品，若自用则无需填写。

⑤ 产品名称是否与环评批复一致。

⑥ 生产能力填写是否准确。生产能力为主要产品设计产能，不包括国家或地方政府予以淘汰或取缔的产能。

4.1.2.3　主要原辅材料及燃料信息表

在填写主要原辅材料及燃料信息表时应注意以下 5 个方面。

① 原辅料种类是否填写完整。除了生产中用到的原辅料之外，还应填写污染治理设施运行用到的药剂。制革、毛皮加工与制鞋排污单位原辅料使用情况如表 4-2 所列。

表 4-2　制革、毛皮加工与制鞋排污单位原辅料使用情况

行业类别	原料	辅料
制革	牛皮（生皮、蓝湿革或坯革）、羊皮（生皮、蓝湿革或坯革）、猪皮（生皮、蓝湿革或坯革）、水等	渗透剂、杀菌剂、脱脂剂、助剂、纯碱、硫化钠、硫氢化钠、石灰、脱灰剂、软化剂、工业盐、甲酸、硫酸、草酸、防霉剂、铬鞣剂、染料、颜料膏、中和剂、单宁、复鞣剂、蛋白填料、加脂剂、涂饰树脂、涂饰填料、阳离子、PAM、PAC、硫酸亚铁、氢氧化钠、臭氧、双氧水等
毛皮加工	水貂皮（生皮或已鞣毛皮）、狐狸皮（生皮或已鞣毛皮）、貉子皮（生皮或已鞣毛皮）、兔皮（生皮或已鞣毛皮）、羊皮（生皮或已鞣毛皮）、其他	工业盐、酸、铬鞣剂、含铬复鞣剂、含铬媒染剂、溶剂型染料等化学品；废水、废气污染治理过程中添加的硫酸亚铁、氢氧化钠、聚丙烯酰胺（PAM）、聚合氯化铝（PAC）、臭氧、双氧水等化学品

续表

行业类别	原料	辅料
制鞋业	鞋帮：皮料、革料（如PVC、PU、超纤等）、布料等； 鞋底：橡胶、EVA、TPR、PVC、PU等	胶粘剂、处理剂、清洗剂、硬化剂等（皮鞋）天然橡胶、钛白粉、轻钙、氧化锌、硫磺、白炭黑、胶粘剂、防老剂、橡胶添加剂、促进剂、硬脂酸、氨水等（硫化鞋）

② 主要原辅材料，尤其是胶粘剂、处理剂等主要原辅材料中挥发性有机物含量，可参照检测报告填报，按照《鞋和箱包用胶粘剂》（GB 19340—2014）要求，溶剂型胶粘剂中总挥发性有机物≤750g/L。制革行业还应填写原料、辅料中铬元素、硫元素占比。

③ 燃料包括燃煤、天然气、柴油、重油等，燃料成分主要是燃料的灰分、硫分、挥发分、热值。填报值应以收到基为基准。

④ 排污单位应填写备用燃料。备用燃料若与日常使用燃料产生污染物不一致的，也应将备用燃料产生的污染物进行填报并加以备注说明。

⑤ 对于原辅材料及燃料的年最大使用量，已投运排污单位的年最大使用量按近三年实际使用量的最大值填写，未投运排污单位的年最大使用量按设计使用量填写。

4.1.2.4 废气产排污节点、污染物及污染治理设施信息表

废气产排污节点、污染物及污染治理设施包括对应产排污环节名称、污染物种类、排放形式（有组织、无组织）、污染治理设施、是否为可行技术、有组织排放口编号、排放口设置是否符合要求、排放口类型。

（1）制革行业

制革工业排污单位的废气产生主要在锅炉、生皮库、涂饰车间、磨革车间、使用硫化物的脱毛车间以及污水处理设施等几个环节。应按照技术规范要求进行填报，确保生产设施、对应产排污环节名称、污染物种类应填写完整，生产设施作为基础信息，如填写不完整会导致产排污环节漏项。

对于污染物种类，锅炉根据《锅炉大气污染物排放标准》（GB 13271—2014）确定污染因子，有地方排放标准要求的，按照地方排放标准确定；生皮库污染因子主要为臭气浓度、氨；使用溶剂型涂饰材料的涂饰车间污染因子为苯、甲苯、二甲苯、非甲烷总烃等；磨革车间和使用硫化物的脱毛车间污染因子主要分别为颗粒物和硫化氢；污水处理设施（集水池、调节池、污泥处理系统）污染因子为臭气浓度、氨和硫化氢。

制革工业排污单位废气治理设施包括除尘系统、脱硫系统、脱硝系统、有组织废气收集处理系统等。

废气包括除尘设施（袋式除尘器、电式除尘器、其他）、脱硫设施（湿法脱硫、半干法脱硫、干法脱硫、其他）、脱硝设施（低氮燃烧技术、SCR、SNCR、其他）、有组织废气收集处理设施（活性炭吸附、生物滤塔、喷淋吸收、催化燃烧、强氧化、其他）等。

（2）毛皮加工行业

产污环节包括生皮库、干整饰车间、污水处理设施等。

毛皮加工工业排污单位大气污染控制项目依据《大气污染物综合排放标准》（GB

16297—1996)、《恶臭污染物排放标准》(GB 14554—2018)确定。地方有更严格排放标准要求的，从其规定。

废气污染治理设施包括有组织收集除尘系统、有机废气收集处理系统等。污染治理设施编号可填写排污单位内部编号，或根据《排污单位编码规则》(HJ 608—2017)进行编号并填报。废气污染治理工艺包括除尘设施（袋式除尘器、电式除尘器、其他），有机废气处理设施（冷凝、喷淋、吸附、吸收、燃烧、生物法、其他）等。可行技术参照技术规范第 6 部分“污染防治可行技术要求”填报。

（3）制鞋行业

排污单位废气产排污节点、污染物及污染治理设施应填报对应的产排污环节名称、主要污染物项目、排放形式（有组织、无组织）、污染治理设施名称及工艺、有组织排放口编号及名称、排放口设置是否符合要求、排放口类型。

废水产排污节点、污染物及污染治理设施应填报对应的废水类别、主要污染物项目、污染治理设施名称及工艺、排放去向、排放方式、排放规律、排放口编号及名称、排放口设置是否符合要求、排放口类型。

排污单位大气主要污染物项目应依据 GB 14554、GB 16297、GB 27632、GB 31572、GB 37822 等确定，主要包括颗粒物、苯、甲苯、二甲苯、挥发性有机物等，使用非甲烷总烃作为废气排放口挥发性有机物排放的综合控制指标，地方污染物排放标准有更严要求的，从其规定。

4.1.2.5　废水类别、污染物及污染治理设施信息表

（1）制革行业

主要分为含铬废水、其他生产废水、生活污水等。生活污水未单独排放的情况，不用单独填报。含铬废水、全厂废水（含铬废水除铬后上清液、其他生产废水、生活污水）均为主要排放口，污染物种类根据《制革及毛皮加工工业水污染物排放标准》(GB 30486—2013)中的规定确定；有地方排放标准要求的，按照地方排放标准确定。

《制革及毛皮加工工业水污染物排放标准》(GB 30486—2013)要求对总铬在含铬废水单独处理车间进行监测，因此制革含铬废水必须单独处理。故而治理设施包括含铬废水处理系统、其他生产废水处理系统等。

制革废水为高浓度有机废水，一般采用多级生化处理工艺，包括一级处理（过滤、沉淀、气浮、其他)、二级处理（A/O、变型 A/O、SBR、氧化沟、生物接触氧化、其他)，深度处理（超滤/纳滤、反渗透、吸附过滤、氧化塘、生物滤池、芬顿、其他）等。

制革工业排污单位的废水排放分直接排放和间接排放，还有的废水在生产加工过程汇总进行循环使用。因此，排放去向分为不外排；进入厂内综合污水处理站；直接进入海域；直接进入江河、湖、库等水环境；进入城市下水道（再入江河、湖、库)；进入城市下水道（再入沿海海域)；进入城市污水处理厂；进入工业废水集中处理设施；进入其他单位；其他（包括回喷、回灌、回用等)。

（2）毛皮加工行业

产污环节包括准备工段、鞣制工段、湿整饰工段等。废水类别分为含铬废水、其他

生产废水、生活污水等。毛皮加工工业排污单位废水污染物种类依据《制革及毛皮加工工业水污染物排放标准》（GB 30486—2013）确定，地方有更严格排放标准要求的，从其规定。

废水污染治理设施包括含铬废水处理系统、全厂废水（包括含铬废水除铬后上清液、其他生产废水和生活污水）处理系统等。污染治理设施编号填写排污单位内部编号，或根据《排污单位编码规则》（HJ 608—2017）进行编号并填报。

废水污染治理工艺分为物理处理、化学处理、二级生化处理和深度处理。其中，物理处理包括筛滤截留、重力分离、离心分离、其他；化学处理包括化学混凝、中和、其他；二级生化处理包括活性污泥法（氧化沟、SBR、厌氧处理、A/O、AAO 等），生物膜法（生物滤池、生物转盘、接触氧化、流化床等），其他；深度处理包括超滤/纳滤、反渗透、吸附过滤、氧化塘、生物滤池、芬顿、其他。

可行技术参照技术规范第 6 部分“污染防治可行技术要求”填报。

毛皮加工工业排污单位应明确废水排放去向及排放规律。

排放去向分为不外排，车间废水处理设施，厂内生产废水处理设施，厂内综合污水处理站，直接进入江河、湖、库等水环境，直接进入海域，进入城市下水道（再入江河、湖、库），进入城市下水道（再入沿海海域），进入城市污水处理厂，进入工业废水集中处理设施，进入市政管网，进入其他单位，其他。

当废水直接或间接进入环境水体时填写排放规律，不外排时不用填写。废水排放规律类别参见《废水排放规律代码（试行）》（HJ 521—2009）。

（3）制鞋行业

主要分为综合污水（生产污水、生活污水、冷却污水等）和雨水两类。没有生活污水单独排放情形的，不用单独一行填报。综合污水排放口和雨水排放口均为一般排放口。

注意合理区分排放去向和排放方式。特别是排污单位将污水排入并非该单位所拥有的工业污水集中处理设施时，排放去向填写“进入工业废水集中处理设施”，排放方式填写“间接排放”，单独排入公共污水处理设施的生活污水仅说明排放去向，不许可排放浓度和排放量。

应填报污染治理设施相关信息，包括编号、名称和工艺，并与技术规范中的附录 F 进行对比，判断是否为可行技术。对于未采用技术规范中推荐的最佳可行技术的，应填写“否”，并提供相关证明材料（如已有监测数据；对于国内外首次采用的污染治理技术，还应当提供中试数据等说明材料），证明可达到与污染防治可行技术相当的处理能力。无污染治理设施的，相关信息画“/”。

可在表中填报雨水相关信息，雨水排放口视作一般排放口，污染物项目填写化学需氧量和悬浮物，并按技术规范要求填报雨水排放口编号和名称；地方有更严格管理要求的，按地方要求执行。

4.1.2.6　大气排放口基本情况表

注意排放口编号、名称以及排放污染物信息应前后保持一致。排气筒高度应满足国家和地方污染物排放标准的要求。

4.1.2.7　废气污染物排放执行标准表

① 执行的污染物排放标准名称及污染物排放浓度限值填写是否正确。应注意若存在地方标准的，需要根据国家标准及地方标准从严确定。

② 污染物种类是否符合技术规范要求。

③ 环评批复、认定或备案文件要求应以数据+单位的形式填报。

4.1.2.8　大气污染物有组织排放表

① 申请的许可排放浓度是否为国家标准及地方标准对比之后的最小值。

② 应明确申请许可排放量的计算过程，计算结果是否准确，基准排气量的选择、浓度的选择是否准确。申请的许可排放量是否为总量控制指标及标准规定方法的最小值。2015 年 1 月 1 日（含）后取得环境影响评价文件批复的，申请的许可排放量还应同时满足环境影响评价文件和批复要求。

③ 对于技术规范中无许可量要求的一般排放口及污染物，应根据地方环保部门的要求判断是否需要申请排污许可量。

4.1.2.9　大气污染物无组织排放表

① 污染物种类填写是否齐全。制革及皮毛加工业无组织废气识别过程中，建有生皮库的排污单位厂界污染物为臭气浓度、氨，建有使用硫化物脱毛车间的排污单位厂界污染物为臭气浓度、硫化氢，建有磨革车间的排污单位厂界污染物为颗粒物，建有涂饰车间排污单位厂界污染物为苯、甲苯、二甲苯、非甲烷总烃，建有煤场的排污单位厂界污染物为颗粒物。填报时应根据以上情况进行填写。

② 执行的污染物排放标准名称及污染物排放浓度限值填写是否正确。

③ 企业无组织管控现状应结合企业实际情况填报，不可复制无组织排放管控要求。

4.1.2.10　企业大气排放总许可量

企业大气排放总许可量是否为总量控制指标及标准规定方法的最小值。2015 年 1 月 1 日（含）后取得环境影响评价文件批复的，申请的许可排放量还应同时满足环境影响评价文件和批复要求。

4.1.2.11　废水直接排放口基本情况表

受纳自然水体信息填写是否完整、准确，受纳水体功能目标填写是否准确。

4.1.2.12　废水间接排放口基本情况表

受纳污水处理厂信息填写是否完整、准确。受纳污水处理厂具体名称是否填写，污染物种类是否填写齐全，受纳污水处理厂执行的排放标准是否填写准确。

4.1.2.13　废水污染物排放执行标准表

① 执行的污染物排放标准名称及污染物排放浓度限值填写是否正确。应注意若存在地方标准的，需要根据国家标准及地方标准从严确定。

② 污染物种类是否符合技术规范要求。

4.1.2.14　废水污染物排放

① 申请的许可排放浓度是否为国家标准及地方标准对比之后的最小值。

② 对于废水技术规范中无许可量要求，应根据地方环保部门的要求判断是否需要申请排污许可量。

4.1.2.15 自行监测及记录信息表

① 应按照污染源类别分别填写废水、有组织废气、无组织废气三类污染源的自行监测内容。

② 监测内容填写是否完整、准确。对于有组织燃烧类废气监测内容应为“氧含量、烟气流速、烟气温度、烟气含湿量、烟气量”；非燃烧类应为“烟气流速、烟气温度、烟气量”；无组织废气应为“风向、风速”；废水应为“流量”。

③ 监测的污染物种类是否齐全，是否包含技术规范规定的全部污染物。使用重油、煤焦油、石油焦的，还应在废气、废水排放口监测重金属污染物。对于废水中的重金属，还应根据是否属于一类污染物确定监测点位。

④ 最低监测频次应至少满足技术规范中的要求。

⑤ 对于采用自动监测设施的排放口，手工监测频次应填写技术规范中自动监测设施不能正常运行期间的手工监测频次，即每天不少于 4 次。

⑥ 除常规排放口的监测外，还应按照技术规范中的要求填写雨水排放口的相关监测内容。

⑦ 使用备用燃料，且备用燃料产生的污染物与正常生产时使用的燃料产生的污染物不一致的，还应填写使用备用燃料时的监测内容。

⑧ 若企业存在非正常情况下的旁路，且旁路已按照技术规范要求安装在线监测系统，则旁路烟囱也应填报自行监测的相关信息。若企业旁路尚未安装在线监测系统，除填报自行监测的相关信息外还应在改正措施中明确安装在线监测系统的改正时间等相关内容。

4.1.2.16 环境管理台账信息表

① 台账的类别是否分为生产设施台账及治理设施台账。生产设施台账应包括基本信息和生产设施运行管理信息，污染治理设施台账应包括基本信息、污染治理设施运行管理信息、监测记录信息、其他环境管理信息等内容。

② 因相关技术规范中对各类环保设施的运行台账记录频次不同，填报时应根据记录频次要求分类填报，填报的记录内容和频次不得低于相关技术规范的要求。

③ 记录形式应选择“电子台账+纸质台账”，同时备注“台账保存期限不少于三年”。

4.1.2.17 工艺流程图与总平面布置图

① 工艺流程图应包括主要生产设施（设备）、主要原料和燃料流向、生产工艺流程等内容。

② 平面布置图应包括主要工序、厂房、设备位置关系，尤其应注明厂区污水收集和运输走向等内容。

4.1.2.18 许可排放量计算过程

许可排放量计算过程应清晰完整，且列出计算方法及取严过程。按照相关技术规范计算时，应详细列出计算公式，各参数选取原则、选取值及计算结果；明确给出污染物排放总量指标来源及具体数值，环评文件及其批复要求；最终按取严原则确定申请的污染物许可排放量。

4.2 典型案例分析

4.2.1 排污单位概况

4.2.1.1 排污单位基本信息

案例企业属于皮革鞣制加工业，用地面积 17336.12m²，建筑面积 39509.77m²，共有 3 条生产线，主体建筑包括至各车间、原料仓库、成品库等，同时配套喷浆废气、磨革粉尘、废水站恶臭废气净化处理设施，含铬废水、综合废水处理系统，建设符合标准要求的危险废物暂存间，并且配套水、电、气以及安全等措施。纳入本次发证范围内的生产线的基本情况如表 4-3 所列。

表 4-3 符合发证条件的生产线基本情况

生产线	设计产能/万张	投产达到产能/万张
高档鞋面革	170	119
高档服装革	125	87

4.2.1.2 主要生产工艺流程

该企业生产工艺主要为蓝湿革至成品革。

羊皮制革生产工序包括蓝湿皮、组批、压水滚糠、削均、回软、水洗、中和、水洗、填充、水洗、加脂、水洗、染色、水洗、挂晾、回潮、振软、干燥、修边、干削（磨革）、刷灰、涂饰、烫皮、分级、成品入库。

4.2.2 排污许可证申请组织和材料准备

4.2.2.1 排污单位基本情况

需要准备的材料包括：企业经营许可证（营业执照、组织机构代码证等）、全部项目环评报告表（书）及其批复文件、地方政府对违规项目的认定或备案文件（若有）、主要污染物总量分配计划文件。经梳理后该企业基本资料如表 4-4 所列。

表 4-4 企业基本资料

项目	有无	数量	备注
营业执照	有	1	—
环评报告表（书）	有	2	—
环评批复	有	2	—

续表

项目	有无	数量	备注
地方政府对违规项目的认定或备案文件	无	—	—
主要污染物总量分配计划文件	有	2	—

4.2.2.2 主要产品及产能

需要准备的材料包括行业排污许可申请与核发技术规范、各生产设施设计文件、环境影响评价文件、产能确定文件、《固定污染源（水、大气）编码规则》、各生产设备、环保设备说明书等材料。

该企业结合各生产系统负责人，梳理出企业生产单元、主要工艺、生产设施、生产能力等信息，部分信息如表 4-5 所列。

表 4-5 生产设施梳理信息（部分）

生产单元	主要工艺	生产设施	产品	生产能力/万张	备注
羊皮制革	羊皮制革生产工艺	量革机	羊皮制革	295	—
		真空机			—
		削均机			—
		挤水伸展机			—
		木转鼓			—
		挂晾干燥线			—
		回潮机			—
		磨革机			—
		喷浆机			—
		抛光机			—
		压花机			—
		烫平机			—
		伸展机			—
		干削机			—
		绷板机			—
		铲软机			—
		刷灰机			—
		打光机			—
		辊油机			—
		辊纹机			—
		压缩机			—
公用单元	辅助系统	研发车间	—	—	—
		办公楼			—
		污水处理站			—

4.2.2.3　主要原辅材料及燃料

需要准备的材料包括设计文件、生产统计报表、生产工艺流程图、生产厂区总平面布置图、原辅燃料购买合同。

4.2.2.4　产排污节点、污染物及污染治理设施

需要准备的材料包括生产设施、污染治理设施个数、对应的排放口信息、有组织排放口编号（优先使用环保部门已核定的编号）、行业排污许可申请与核发技术规范。

该企业结合各生产系统负责人及环保专员，结合技术规范要求，梳理了产排污节点及污染治理设施关系。有组织排放关系如表 4-6 所列，无组织排放关系如表 4-7 所列，废水排放关系如表 4-8 所列。

表 4-6　有组织排放关系（部分）

工艺	对应生产设施	对应污染治理设施	排气筒编号
羊皮制革	喷浆机	水喷淋+UV 光催化+水喷淋	DA001
	磨革机	布袋除尘	DA002
公共单元	污水处理站	水喷淋	DA003

表 4-7　无组织排放关系（部分）

生产线	无组织源	控制措施
羊皮制革	生皮库	封闭贮存
	污水处理站	封闭措施

表 4-8　废水排放关系（部分）

<table>
<tr><th>生产线</th><th>废水类别</th><th>对应污染治理设施</th><th>排放去向</th></tr>
<tr><td rowspan="2">羊皮制革</td><td>含铬废水</td><td>含铬废水处理设施</td><td rowspan="4">经总排口进入下游某某污水处理厂</td></tr>
<tr><td>车间地面冲洗废水</td><td>无</td></tr>
<tr><td rowspan="4">公共单元</td><td>生活污水</td><td>化粪池</td></tr>
<tr><td>废气喷淋吸收废水</td><td>无</td></tr>
<tr><td>设备循环冷却水</td><td>无</td><td rowspan="2">循环利用</td></tr>
<tr><td>蒸汽冷凝水</td><td>无</td></tr>
</table>

4.2.2.5　大气污染物排放信息-排放口

需要准备的材料包括：环保管理台账，排气筒经纬度统计表，国家、地方及行业排放标准。

该企业废气执行地方《大气污染物综合排放标准》（GB 16297—1996）、《恶臭污染物排放标准》（GB 14554—93）。

4.2.2.6　大气污染物排放信息-有组织排放信息

需要准备的材料包括环境影响评价文件、总量控制指标文件、行业排污许可申请与核发技术规范。

4.2.2.7 大气污染物排放信息-无组织排放信息

需要准备的材料包括国家、地方及行业排放标准，现场无组织源管控的措施梳理统计表，行业排污许可申请与核发技术规范。

4.2.2.8 大气污染物排放信息-企业大气排放总许可量

需要准备的材料包括：排污单位基本信息表已填写，由系统自动带入。

4.2.2.9 水污染物排放信息-排放口

需要准备的材料包括：国家、地方及行业污染物排放标准，排放口信息，受纳自然水体，污水处理厂信息以及污水处理厂的排放限值。

该企业废水执行《制革及毛皮加工工业水污染物排放标准》(GB 30486—2013)、《工业企业废水氮、磷污染物间接排放限值》(DB 33/887—2013)。

4.2.2.10 水污染物排放信息-申请排放信息

需要准备的材料包括环境影响评价文件、总量控制指标文件、行业排污许可申请与核发技术规范。

4.2.2.11 环境管理要求-自行监测要求

需要准备的材料包括自行监测方案、行业排污许可申请与核发技术规范、《排污单位自行监测技术指南 制革及毛皮加工工业》(HJ 946—2018)。

4.2.2.12 环境管理要求-环境管理台账记录要求

需要准备的材料包括行业排污许可申请与核发技术规范、企业现有的环保管理台账。

4.2.2.13 地方环保部门依法增加的内容

需要准备的材料包括：可不填写，由地方环保部门补充相关内容。

4.2.2.14 相关附件

守法承诺书（法人签字）、排污许可证申领信息公开情况说明表、符合建设项目环境影响评价程序的相关文件或证明材料、通过排污权交易获取排污权指标的证明材料、排放去向及下游城市污水处理厂的纳管协议（若有）、排污口和监测孔规范化设置情况说明材料、自行监测相关材料、地方规定排污许可证申请表文件（如有）。

4.2.3 排污许可证平台填报及注意事项

4.2.3.1 排污单位基本信息

排污单位基本信息填报内容如表 4-9 所列。

表 4-9 排污单位基本信息

单位名称	XX 公司	注册地址	XX 省 XX 市 XX 镇 XX 路 XX 号
生产经营场所地址	XX 省 XX 市 XX 镇 XX 路 XX 号	邮政编码①	XXXXXX
行业类别	皮革鞣制加工	是否投产	是
投产日期②	19XX-XX-XX		
生产经营场所中心经度	XX°XX′XX″	生产经营场所中心纬度	XX°XX′XX″

续表

组织机构代码[③]		统一社会信用代码[③]	XXXXXXXXXXXXXXXXXX
技术负责人	XXX	联系电话	XXXXXXXXXXX
所在地是否属于重点控制区域[④]	是		
是否有环评批复文件	是	环境影响评价批复文号（备案编号）[⑤]	《XX 公司环境影响现状调查报告》备案意见（X 环建函〔2011〕XX 号）
			《XX 公司环境影响现状调查报告整改工作验收意见》（X 环建函〔2011〕XX 号）
是否有地方政府对违规项目的认定或备案文件	否	认定或备案文件文号	
是否有主要污染物总量分配计划文件[⑥]	否	总量分配计划文件文号	

① 邮政编码：指生产经营场所地址所在地邮政编码。

② 投产日期：指已投运的排污单位正式投产运行的时间，对于分期投运的排污单位，以先期投运时间为准。该企业最早投产生产线为 1 线，因此投产日期填写了 1 线的投产日期。

③ 组织机构代码/统一社会信用代码：根据企业组织机构代码证或企业营业执照中的相关代码填写。该企业根据营业执照中的统一社会信用代码，填写该栏。

④ 所在地是否属于重点控制区域：指根据《关于执行大气污染物特别排放限值的公告》（2013 年第 14 号）确定。该企业在此范围中，因此选择“是”。

⑤ 环境影响评价批复文号：包括分期建设项目，技改扩建项目。该企业 5 条生产线涉及 4 份环评批复文件，因此逐一填写该栏。

⑥ 是否有主要污染物总量分配计划文件：对于有主要污染物总量控制指标计划的排污单位，须列出相关文件文号（或其他能够证明排污单位污染物排放总量控制指标的文件和法律文书），并列出上一年主要污染物总量指标。

排污单位基本信息填报易错问题汇总

① 是否投产一项，要注意时间节点避免错填。2015 年 1 月 1 日起，正在建设过程中，或已建成但尚未投产的，选“否”；已经建成投产并产生排污行为的，选“是”。

② 组织机构代码、统一社会信用代码栏中，若无统一社会信用代码，填写组织机构代码，若有统一社会信用代码的企业，仅填写统一社会信用代码。

③ 针对是否属于重点区域，企业未经核实而随意性填报，导致错填。

④ 属于重点区域的排污单位分辨不出重点控制区和一般控制区，导致许可排放限值填报错误。

⑤ 环境影响评价批复文号一项，要填写所有环境影响评价批复文件号，容易填漏。

⑥ 未能按照环评文件取得时间判断新源和现有源，导致许可限值、污染因子的管控填报错误。

⑦ 总量分配文件选取错误，填报了环评文件或不填报。

4.2.3.2　主要产品及产能

主要产品及产能填报内容如表 4-10 所列。

表 4-10 主要产品及产能信息（部分内容）

序号	主要生产单元编号	主要生产单元名称①	主要生产工艺名称②	生产设施名称③	生产设施编号④	设施参数⑤				其他设施信息	产品名称⑥	生产能力⑦	计量单位⑦	设计年生产时间⑧/h	其他产品信息	其他工艺信息
						参数名称	设计值	计量单位	其他设施参数信息							
1	1	牛皮生产线	生皮至成品革	去肉机	MF0005	功率	2.5	kW	—	—	成皮革	150	万张	8760	—	—
2				削均机	MF0007	功率	3	kW	—	—						
3				量革机	MF0008	功率	5	kW	—	—						
4				挤水机	MF0011	功率	5	kW	—	—						
5				拉软机	MF0015	功率	3	kW	—	—						
6	2	羊皮生产线	生皮至成品革	去肉机	MF0021	功率	2.5	kW	—	—	成皮革	1500	万张	8760	—	—
7				削均机	MF0022	功率	2.5	kW	—	—						
8				量革机	MF0025	功率	5	kW	—	—						
9				挤水机	MF0027	功率	5	kW	—	—						
10				拉软机	MF0028	功率	3	kW	—	—						

注：根据制革工业排污单位的实际情况确定排污单位应填报主要生产单元、主要生产工艺、主要生产设施、主要生产设施编号、设施参数、产品名称、生产能力及计量单位、设计年生产时间及其他。

① 主要生产单元名称：制革加工阶段一般按原料皮划分生产单元，原料皮有牛皮、羊皮、猪皮等之分，此外还有污水处理系统、锅炉供热系统等公共单元，因此将生产单元分为牛皮生产线、羊皮生产线、猪皮生产线、其他生产线、公用单元等。

按照技术规范要求，该企业主要生产单元名称规范为牛皮生产线和羊皮生产线。

② 主要生产工艺名称：按照制革实际情况分为生皮至成品革（坯革）、生皮至蓝湿革、蓝湿革至成品革（坯革）、坯革至成品革等。公共单元包括锅炉供热系统、贮存系统、供水处理系统等。

③ 生产设施名称：不同的生产工艺设施不同，因此将生产设施按从生皮至成品革（坯革）、生皮到蓝湿革、蓝湿革到成品革（坯革）、坯革到成品革进行分别填报。同时在不同的生产工艺中，分必填项和选填项，必填项为能表征产能或者能产生污染物的生产设施，而对不会产生污染物的生产设施为选填项。

根据以上原则，不同生产工艺设施必填项、选填项如下：

a. 生皮至成品革（坯革）生产工艺必填项包括：准备工段转鼓（划槽），鞣制工段转鼓，湿整饰工段转鼓，车间废液循环设施，干整饰工段喷浆机、辊涂机、磨革机等。选填项包括去肉机、片皮机、削匀机等。

b. 生皮至蓝湿革生产工艺必填项包括：准备工段转鼓（划槽），鞣制工段转鼓，车间废液循环设施。选填项包括去肉机、片皮机等。

c. 蓝湿革至成品革（坯革）生产工艺必填项包括：湿整饰工段转鼓，干整饰工段喷浆机、辊涂机、磨革机等。选填项包括片皮机、削匀机等。

d. 坯革到成品革生产工艺必填项包括：干整饰工段喷浆机、辊涂机、磨革机等。

e. 公共单元必填项包括：锅炉供热系统（燃煤锅炉、燃油锅炉、燃气锅炉、生物质锅炉、电锅炉、其他）。贮存系统（原料皮库、化学品库、成品库、煤场、油罐、气罐、其他），辅助系统（污水处理设施、危险废物储存间、灰库、渣仓、灰渣场、其他）。选填项包括：供水处理系统（清水制备系统、软化水制备系统、其他）等。

该企业根据已准备的“生产设施梳理表”填写表 4-12。

④ 生产设施编号：按排污单位填报内部生产设施编号填写，按环境影响评价文件及批复或地方政府对违规项目的认定或备案文件中的年生产时间填写。

⑤ 设施参数：根据行业实际情况，分为参数名称、设计值、计量单位等，必填项包括准备工段转鼓（划槽）、鞣制工段转鼓、湿整饰工段转鼓的设计投料量（t/鼓）、干整饰工段喷浆机、辊涂机的设计速率（m/min）；磨革机的设计速率（m/min）；选填项包括设备规格或型号等。

⑥ 产品名称：分为蓝湿革、成品革（包括鞋面革、服装革、包袋革、沙发革、汽车革等）、坯革或其他。

⑦ 生产能力及计量单位：生产能力为主要产品设计产能，不包括国家或地方政府予以淘汰或取缔的产能，生产能力需标明计量单位。

⑧ 设计年生产时间：按环境影响评价文件及批复或地方政府对违规项目的认定或备案文件中的年生产时间填写。

表 4-10 中主要产品及产能信息填报易错问题汇总如下：

① 主要工艺及生产设施填报不完整，缺少辊涂机、磨革机、片皮机和削均机等设备。

② 主要生产单元中，针对存在多条生产线的，企业未对生产单元编号识别。

③ 生产设施名称及编号中，针对存在同型号多台设备时，企业未对生产设备分别编号识别。

④ 设施参数填报不全，要求填报两个参数的仅填报一个。

⑤ 生产设施的生产能力，企业未与环评批复文件保持一致。

⑥ 容易漏填产生无组织的生皮库、涂饰车间、磨革车间等内容。

4.2.3.3　主要原辅材料及燃料

主要原辅材料及燃料填报内容如表 4-11 所列。

表 4-11　主要原辅材料及燃料信息

原料及辅料							
序号	种类	名称	年最大使用量	计量单位	硫元素占比/%	有毒有害成分及占比/%	其他信息
1	原料	原牛皮	150	万张	—	—	盐湿皮
2	原料	原羊皮	1500	万张	—	—	盐湿皮、山羊皮占总量的 10%，其余为绵羊皮
3	原料	水	290	10^4t/a			
4	辅料	工业盐	7500	t/a	—	—	
5	辅料	纯碱	350	t/a	—	—	
6	辅料	石灰粉	4000	t/a	—	—	
7	辅料	硫酸	420	t/a	—	—	92.5%
8	辅料	脱脂剂	2700	t/a	—	—	
9	辅料	铬鞣剂	7000	t/a	—	11	
10	辅料	复鞣剂	2000	t/a	—	—	
11	辅料	加脂剂	2000	t/a	—	—	
12	辅料	涂饰树脂	800	t/a	—	—	
13	辅料	氢氧化钠	850	t/a	—	—	
14	辅料	聚丙烯酰胺	320	t/a	—	—	絮凝剂

续表

燃料							
序号	燃料名称	灰分/%	硫分/%	挥发分/%	热值/（MJ/kg、MJ/m^3）	年最大使用量/（10^4t/a、10^4m^3/a）	其他信息
1	燃煤	3.67	0.15	33	26.28	24	
2	天然气	—	0.000	—	38.0708	5110	硫分 0.6ppm（1ppm=10^{-6}）

注：1. 主要原辅材料及燃料包括名称、年最大使用量、硫元素占比、铬元素占比等。

2. 制革原料主要分为牛皮、羊皮、猪皮等。此外，制革是在水中进行，同时污染物也主要为水污染物，因此把水也作为原料。鉴于原料对于排污量的计算很重要，因此为必填项。

3. 辅料主要为制革过程中及末端污水处理过程中使用的化工材料，主要包括：渗透剂、杀菌剂、脱脂剂、助剂、纯碱、硫化钠、硫氢化钠、石灰、脱灰剂、软化剂、工业盐、甲酸、硫酸、草酸、防霉剂、铬鞣剂、染料、颜料膏、中和剂、单宁、复鞣剂、蛋白填料、加脂剂、涂饰树脂、涂饰填料、阳离子、PAM、PAC、硫酸亚铁、氢氧化钠、臭氧、双氧水等。鉴于化工材料繁多，将能产生特征污染物的铬鞣剂、硫化钠/硫氢化钠、工业盐以及加工过程中使用量较大的化学品，如复鞣剂、加脂剂、涂饰树脂等也作为必填项。废水、废气污染治理过程中添加化学品，因为其能够一定程度地反应污染治理效果以及工艺运行是否有效，因此也作为必填项；其余为选填项。

4. 原辅料成分应填写主要原辅材料中铬元素占比、硫元素占比，如使用溶剂型涂饰材料进行涂饰的排污单位，需填写涂饰材料溶剂占比。填报值以收到基为基准。

5. 制革锅炉供热系统使用的燃料主要为燃煤、天然气、柴油、重油等。燃料成分主要是燃料的灰分、硫分、挥发分、热值。填报值以收到基为基准。

6. 对于原辅材料及燃料的年最大使用量，已投运排污单位的年最大使用量按近三年实际使用量的最大值填写，未投运排污单位的年最大使用量按设计使用量填写。

表 4-11 中主要原辅材料及燃料信息填报易错问题汇总如下：

① 原料容易遗漏水。

② 辅料种类较多，容易遗漏，辅料应包括制革过程中及末端污水处理过程中使用的化工材料。

③ 燃料数值与单位不对应导致错填，热值单位为“MJ/kg、MJ/m^3”，年最大使用量单位为 10^4t/a、10^4m^3/a。

④ 主要原辅材料成分容易遗漏。

4.2.3.4 废气产排污节点、污染物及污染治理设施

废气产排污节点、污染物及污染治理设施填报内容如表 4-12 所列。

表 4-12 中废气产排污节点、污染物及污染治理设施信息填报易错问题汇总如下：

① 生产设施对应的污染物种类选填有误，污染物种类选填不全。

② 主要排放口和一般排放口分辨不清。

③ 未采用可行技术却选择“是”。

④ 对应关系填写混乱，1 台生产设施对应多台污染治理设施时，多台生产设施对应 1 台污染治理设施时，企业容易遗漏。

⑤ 排放形式为“无组织”时，“污染治理设施名称”及“可行技术”漏填。

⑥ 针对排放形式为“无组织”时，需要注意仅针对生皮库、使用硫化物的脱毛车间、磨革车间、涂饰车间、煤场等，不针对具体设备。

表 4-12 废气产排污节点、污染物及污染治理设施信息（部分内容）

序号	生产设施编号①	生产设施名称①	对应产污环节名称②	污染物种类③	排放形式	污染治理设施				有组织排放口编号⑥	排放口设置是否符合要求⑦	排放口类型⑧	其他信息
						污染治理设施编号	污染治理设施名称	是否为可行技术④	污染治理设施其他信息⑤				
1	MF0060	原皮库	生皮库	臭气浓度、氨	有组织	TA0001	活性炭吸附	是	—	DA0001	是	一般排放口	
2	MF0063	喷浆机	喷浆	苯、甲苯、二甲苯、非甲烷总烃	有组织	TA0002	活性炭吸附	是	—	DA0002	是	一般排放口	
3	MF0068	辊涂机	涂饰	苯、甲苯、二甲苯、非甲烷总烃	有组织	TA0003	UV+活性炭吸附	是	—	DA0003	是	一般排放口	
4	MF0070	磨革机	磨革	颗粒物	有组织	TA0004	布袋除尘器	是	—	DA0004	是	一般排放口	
5	MF0071	转鼓	烫毛	非甲烷总烃	有组织	TA0005	UV+活性炭吸附	是	—	DA0005	是	一般排放口	
6	MF0085	污水处理设施	污水处理设施	硫化氢、氨、臭气浓度	有组织	TA0006	活性炭吸附	是	—	DA0005	是		

① 生产设施编号、生产设施名称系统自动带入。

② 对应产污环节名称需参照技术规范中相关要求填写。

③ 污染物种类：锅炉根据 GB 13271 确定污染因子，有地方排放标准要求的，按照地方排放标准确定；生皮库污染因子主要为臭气浓度、氨；使用溶剂型涂饰材料的涂饰车间污染因子为苯、甲苯、二甲苯、非甲烷总烃等；磨革车间和使用硫化物的脱毛车间污染因子主要分别为颗粒物和硫化氢；污水处理设施（集水池、调节池、污泥处理系统）污染因子为臭气浓度、氨和硫化氢。

④ 是否为可行技术：需对照技术规范中“制革工业排污单位废气污染防治可行技术参照表”填写。

⑤ 污染治理设施编号：可填写制革工业排污单位内部编号，若无内部编号，则根据《固定污染源（水、大气）编码规则（试行）》（环水体〔2016〕189 号）中附件4进行编号并填报。

⑥ 有组织排放口编号：应填写地方环境保护主管部门现有编号，若地方环境保护主管部门未对排放口进行编号，则根据《关于开展火电、造纸行业和京津冀试点城市高架源排污许可证管理工作的通知》（环水体〔2016〕189 号）附件4《固定污染源（水、大气）编码规则（试行）》进行编号并填写。

⑦ 排放口设置是否符合要求：根据《排污口规范化整治技术要求（试行）》等相关文件的规定，结合实际情况填报排放口设置是否符合规范化要求。有地方要求的，应符合地方要求。

⑧ 排放口类型：根据制革工业各废气排放口污染物排放特点及排放负荷，将废气排放口分为主要排放口和一般排放口。主要排放口是指锅炉供热系统烟囱，其余废气排放口均为一般排放口。

4.2.3.5 废水类别、污染物及污染治理设施信息

废水类别、污染物及污染治理设施信息填报内容如表 4-13 所列。

表 4-13 废水类别、污染物及污染治理设施信息（部分内容）

序号	废水类别①	污染物种类②	排放去向③	排放规律	污染治理设施				排放口编号⑥	排放口设置是否符合要求⑦	排放口类型⑧	其他信息
					污染治理设施编号	污染治理设施名称④	是否为可行技术⑤	污染治理设施其他信息				
1	含铬废水	总铬、六价铬	进入厂区污水处理系统	间断排放，排放期间流量不稳定且无规律，但不属于冲击型排放	无	三级碱沉淀池	是	—	DW001	是	主要排放口	—
2	全厂废水	pH 值、色度、悬浮物、化学需氧量、五日生化需氧量、氨氮、总磷、总氮、硫化物、动植物油、氯离子	进入城市污水处理厂	间断排放，排放期间流量不稳定且无规律，但不属于冲击型排放	TW001	生物接触氧化+反渗透	是	—	DW001	是	主要排放口	—
3	雨水	化学需氧量	进入城市污水处理厂	间断排放，排放期间流量不稳定且无规律，但不属于冲击型排放	无			—	DW002	是	一般排放口	—

① 废水类别：根据制革废水特点分为含铬废水、其他生产废水、生活污水等。

② 污染物种类：根据 GB 30486 中的规定确定；有地方排放标准要求的，按照地方排放标准确定。

③ 排放去向：制革工业排污单位的废水排放分直接排放和间接排放，还有的废水在生产加工过程汇总进行循环使用。因此，排放去向分为不外排；进入厂内综合污水处理站；直接进入海域；直接进入江河、湖、库等水环境；进入城市下水道（再入江河、湖、库）；进入城市下水道（再入沿海海域）；进入城市污水处理厂；进入工业废水集中处理设施；进入其他单位；其他（包括回喷、回灌、回用等）。

④ 污染治理设施名称：GB 30486 要求对总铬在含铬废水单独处理车间进行监测，因此制革含铬废水必须单独处理。故而治理设施包括含铬废水处理系统、其他生产废水处理系统等。

⑤ 是否为可行技术：需对照技术规范中“制革工业排污单位废水污染防治可行技术参照表”填写。

⑥ 排放口编号：填写地方环境保护主管部门现有编号，若无相关编号可按照《固定污染源（水、大气）编码规则（试行）》中的排放口编码规则编写，如 DW001，不可使用企业内部编号。

⑦ 排放口设置是否符合要求：指排放口设置是否符合排污口规范化整治技术要求等相关文件的规定。

⑧ 排放口类型：含铬废水、全厂废水为主要排放口，雨水为一般排放口。

表 4-13 中废水类别、污染物及污染治理设施信息填报易错问题汇总如下：

① 废水类别填报不全，含铬废水未单独填报等。

② 选填污染物种类不全。

③ 废水污染治理设施不符合可行技术却选择“是”。

④ 排放去向选填错误，如存在排放量较小、偶尔外排的废水，也应选填“进入污水处理厂”等，不应选择“不外排”。

⑤ 废水排放去向选择了“不外排”，但是却仍填写了排放规律。

⑥ 针对生活废水的废水类别，如有化粪池应填写相关信息，企业容易遗漏。

4.2.3.6　大气排放口基本情况

大气排放口基本情况填报内容如表 4-14 所列。

表 4-14　大气排放口基本情况（部分内容）

序号	排放口编号	污染物种类	排放口地理坐标①		排气筒高度/m	排气筒出口内径②/m	其他信息
			经度	纬度			
1	DA001	氨（氨气）	—	—	15	0.5	—
2	DA001	臭气浓度	—	—	15	0.5	—
3	DA002	氮氧化物	—	—	15	0.5	—
4	DA002	二氧化硫	—	—	15	0.5	—
5	DA002	林格曼黑度	—	—	15	0.5	—
6	DA002	颗粒物	—	—	15	0.5	—
7	DA003	氮氧化物	—	—	15	0.5	—
8	DA003	二氧化硫	—	—	15	0.5	—
9	DA003	林格曼黑度	—	—	15	0.5	—
10	DA003	颗粒物	—	—	15	0.5	—

① 排放口地理坐标：指排气筒所在地经纬度坐标，可通过点击“选择”按钮在 GIS 地图中点选后自动生成。

② 排气筒出口内径：对于不规则形状排气筒，填写等效内径。

4.2.3.7　大气污染物排放执行标准

大气污染物排放执行标准填报内容如表 4-15 所列。

表 4-15　大气污染物排放执行标准（部分内容）

序号	排放口编号①	污染物种类①	国家或地方污染物排放标准②			环境影响评价批复要求③	承诺更加严格排放限值④	其他信息
			名称	浓度限值	速率限值/(kg/h)			
1	DA001	氨（氨气）	大气污染物综合排放标准 GB*****—****	—	—	—	—	—
2	DA001	臭气浓度	大气污染物综合排放标准 GB*****—****	2000	—	—	—	—

续表

序号	排放口编号[①]	污染物种类[①]	国家或地方污染物排放标准[②]			环境影响评价批复要求[③]	承诺更加严格排放限值[④]	其他信息
			名称	浓度限值	速率限值/（kg/h）			
3	DA002	氮氧化物	锅炉大气污染物排放标准 GB *****—****	200mg/L	—	—	—	—
4	DA002	二氧化硫	锅炉大气污染物排放标准 GB *****—****	50mg/L	—	—	—	—
5	DA002	林格曼黑度	锅炉大气污染物排放标准 GB *****—****	1 级	—	—	—	—
6	DA002	颗粒物	锅炉大气污染物排放标准 GB *****—****	20mg/L	—	—	—	—
7	DA003	氮氧化物	锅炉大气污染物排放标准 GB *****—****	200mg/L	—	—	—	—
8	DA003	二氧化硫	锅炉大气污染物排放标准 GB *****—****	50mg/L	—	—	—	—
9	DA003	林格曼黑度	锅炉大气污染物排放标准 GB *****—****	1 级	—	—	—	—
10	DA003	颗粒物	锅炉大气污染物排放标准 GB *****—****	20mg/L	—	—	—	—

① 排放口编号及污染物种类系统自动带入。

② 国家或地方污染物排放标准：填写企业执行标准及浓度限值、速率限值，该企业执行国家相关标准。

③ 环境影响评价批复要求：新增污染源必填，应在“环境影响评价批复要求”中以数值+单位的形式填写环评及批复中要求的排放口浓度限值。

④ 承诺更加严格排放限值：地方有更加严格排放限值的，填写在此项，并将相关文件文号填写在“其他信息”。

表 4-15 中大气污染物排放执行标准信息填报易错问题汇总如下：

①“浓度限值”填写错误，未与执行标准对应。

② 新增污染源未填报“环境影响评价文件和批复要求”的限值。

③ 地方环保部门存在更加严格排放限值时，容易漏填。

4.2.3.8 大气污染物有组织排放信息

大气污染物许可排放量计算方法如下。

（1）已有排污许可证许可量

该制革企业所在地区环保主管部门未向该制革企业发放排污许可证，为首次申请排污许可证，因此无排污许可证许量。

（2）是否有环评批复总量

该制革企业投产时间为 2015 年 1 月 1 日之后，因此在核算许可排放量时要考虑环评批复总量。若有在 2015 年前的环评文件，无需考虑环评批复总量。

根据 2021 年环评批复文件内容，企业废水污染物化学需氧批复排放量 500t，氨氮批复排放量 80t。

（3）按照技术规范计算排放量

① 产能的确定。根据环境影响评价文件，公司批复产能为年产 150 万张牛皮、1500 万张羊皮成皮革。

② 年运行时间确定。企业所有生产线年生产时间为 365 天。

③ 废气排放量的确定。对照《排污许可证申请与核发技术规范 制革及毛皮加工工业—制革工业》（HJ 859.1—2017）表 5 锅炉废气基准烟气取值表，确定企业基准烟气量。

④ 污染物许可排放浓度的确定。企业各项污染物执行《大气污染物综合排放标准》（GB 16297—1996）、《锅炉大气污染物排放标准》（GB 13271—2014）、《恶臭污染物排放标准》（GB 14554—93）、《饮食业油烟排放标准（试行）》（GB 18483—2001），根据各项标准限值要求，有组织废气中臭气浓度许可排放浓度为 2000，锅炉废气中氮氧化物许可排放浓度为 200mg/m^3，二氧化硫许可排放浓度为 50mg/m^3，颗粒物许可排放浓度为 20mg/m^3，林格曼黑度 1 级，无组织废气汇总厂界硫化氢许可排放浓度为 0.06mg/m^3，臭气浓度许可排放浓度为 20，氨（氨气）许可排放浓度为 1.5mg/m^3，油烟许可排放浓度为 2mg/m^3。

⑤ 许可排放量的确定。根据技术规范要求，公司废气均为一般排放口，不需要核算许可排放量。如需确定废气污染物许可排放量的企业，根据技术规范要求，锅炉废气污染物年许可排放量依据废气污染物许可排放浓度限值、基准烟气量和设计燃料用量核算。根据《排污许可证申请与核发技术规范 制革及毛皮加工工业—制革工业》（HJ 859.1—2017）中以下公式进行核算。

燃煤或燃油锅炉废气污染物许可排放量计算公式如下：

$$D = R \times Q \times \rho \times 10^{-6}$$

燃气锅炉废气污染物许可排放量计算公式如下：

$$D = R \times Q \times \rho \times 10^{-9}$$

式中　D——废气污染物许可排放量，t/a；

R——设计燃料用量，t/a 或 m^3/a；

ρ——废气污染物许可排放浓度限值，m^3/a；

Q——基准烟气量（标态），m^3/kg 燃煤（燃油）或 m^3/m^3 天然气。

大气污染物有组织排放信息填报内容如表 4-16 所列。

表 4-16　大气污染物有组织排放（部分内容）

排放口编号①	污染物种类①	申请许可排放浓度限值①	申请许可排放速率限值/(kg/h)	申请年许可排放量限值/(t/a)②					申请特殊排放浓度限值/(mg/Nm^3)③	申请特殊时段许可排放量限值③
				第一年	第二年	第三年	第四年	第五年		
DA001	氨（氨气）	—	4.9	—	—	—	—	—	—	—
DA001	臭气浓度	2000	—	—	—	—	—	—	—	—
DA002	氮氧化物	200mg/Nm^3	—	—	—	—	—	—	—	—
DA002	二氧化硫	50mg/Nm^3	—	—	—	—	—	—	—	—
DA002	林格曼黑度	1级	—	—	—	—	—	—	—	—
DA002	颗粒物	20mg/Nm^3	—	—	—	—	—	—	—	—
DA003	颗粒物	20mg/Nm^3	—	—	—	—	—	—	—	—
DA003	二氧化硫	50mg/Nm^3	—	—	—	—	—	—	—	—
DA003	氮氧化物	200mg/Nm^3	—	—	—	—	—	—	—	—
DA003	林格曼黑度	1级	—	—	—	—	—	—	—	—
DA004	氮氧化物	200mg/Nm^3	—	—	—	—	—	—	—	—
DA004	二氧化硫	50mg/Nm^3	—	—	—	—	—	—	—	—
DA004	颗粒物	20mg/Nm^3	—	—	—	—	—	—	—	—
DA004	林格曼黑度	1级	—	—	—	—	—	—	—	—
DA005	臭气浓度	2000	—	—	—	—	—	—	—	—
DA005	硫化氢	—	0.33	—	—	—	—	—	—	—
DA005	氨（氨气）	—	4.9	—	—	—	—	—	—	—
主要排放口合计	颗粒物			—	—	—	—	—	—	—
	二氧化硫			—	—	—	—	—	—	—
	氮氧化物			—	—	—	—	—	—	—
	VOCs			—	—	—	—	—	—	—

① 排放口编号、污染物种类、申请许可排放浓度限值系统自动带入。

② 申请年许可排放量限值：需根据规范计算的方法，总量控制文件、环评中的总量数值[2015 年 1 月 1 日(含)]取严后确定，首次申请仅申请三年。

③ 申请特殊排放浓度限值、申请特殊时段许可排放量限值根据地方环保主管部门要求填写。

4.2.3.9　大气污染物无组织排放信息

大气污染物无组织排放信息填报内容如表 4-17 所列。

表 4-17　大气污染物无组织排放（部分内容）

序号	无组织排放编号[①]	产污环节	污染物种类[②]	主要污染防治措施	国家或地方污染物排放标准		其他信息	年许可排放量限值/（t/a）					申请特殊时段许可排放量限值
					名称	浓度限值/（mg/Nm^3）		第一年	第二年	第三年	第四年	第五年	
1	MF0001	使用硫化物的脱毛车间	硫化氢	脱毛、浸灰、脱灰等工序使用的转鼓进行加盖密闭处理	恶臭污染物排放标准 GB 14554—93	—	—	—	—	—	—	—	—
2	MF0001	使用硫化物的脱毛车间	臭气浓度	脱毛、浸灰、脱灰等工序使用的转鼓进行加盖密闭处理	恶臭污染物排放标准 GB 14554—93	—	—	—	—	—	—	—	—
3	厂界		硫化氢	其他	恶臭污染物排放标准 GB 14554—93	0.06	—	—	—	—	—	—	—
4	厂界		臭气浓度	其他	恶臭污染物排放标准 GB 14554—93	20	—	—	—	—	—	—	—
5	厂界		氨（氨气）	其他	恶臭污染物排放标准 GB 14554—93	1.5	—	—	—	—	—	—	—

① 无组织排放编号：填写厂界、生皮库、污水处理设施、煤场、磨革车间、使用硫化物的脱毛车间。

② 污染物种类：生皮库识别臭气浓度、氨，污水处理设施识别臭气浓度、氨、硫化氢，煤场识别颗粒物，磨革车间识颗粒物，使用硫化物的脱毛车间识别臭气浓度、硫化氢。

表4-17中大气污染物无组织排放信息填报易错问题汇总如下：

① 未按照要求填报厂界、生皮库、污水处理设施、煤场、磨革车间，使用硫化物的脱毛车间周边无组织污染物。

② 纳入排污许可管理的无组织废气产生设施未填写执行标准，填写浓度限值，应填写执行标准，不填写浓度限值。

4.2.3.10 大气排放总许可量

大气排放总许可量填报内容如表4-18所列。

表4-18 企业大气排放总许可量

序号	污染物种类	第一年/(t/a)	第二年/(t/a)	第三年/(t/a)	第四年/(t/a)	第五年/(t/a)
1	颗粒物	—	—	—	—	—
2	SO_2	—	—	—	—	—
3	NO_x	—	—	—	—	—
4	VOCs	—	—	—	—	—
企业大气排放总许可量备注信息						

注：全厂合计时“全厂有组织排放总计”与“全厂无组织排放总计”之和数据、全厂总量控制指标数据两者取严。此数据为系统自动计算，需根据全厂总量控制指标数据对“全厂合计”值进行核对与修改。

4.2.3.11 废水直接排放口基本情况

废水直接排放口基本情况填报内容如表4-19所列。

表4-19 废水直接排放口基本情况

序号	排放口编号	排放口地理坐标①		排放去向	排放规律	间歇排放时段	受纳自然水体信息②		汇入受纳自然水体处地理坐标③		其他信息
		经度	纬度				名称	受纳水体功能目标	经度	纬度	

① 排放口地理坐标：对于直接排放至地表水体的排放口，指废水排出厂界处经纬度坐标。

② 受纳自然水体信息包括名称及水体功能目标，可咨询地方环境主管部门确定。

③ 汇入受纳自然水体处地理坐标：对于直接排放至地表水体的排放口，指废水汇入地表水体处经纬度坐标；废水向海洋排放的，应当填写岸边排放或深海排放。深海排放的，还应说明排污口的深度与岸线直线距离。在“其他信息”列中填写。该企业无废水直接排放口，故此处不进行填写。

4.2.3.12 废水间接排放口基本情况

废水间接排放口基本情况填报内容如表4-20所列。

表4-20 废水间接排放口基本情况（部分内容）

序号	排放口编号	排放口地理坐标①		排放去向	排放规律	间歇排放时段	受纳污水处理厂信息		
		经度	纬度				名称②	污染物种类	国家或地方污染物排放标准浓度限值③
1	DW004	—	—	进入城市污水处理厂	间断排放，排放期间流量不稳定，但有周期性规律	—	XX市污水处理厂	pH值	6～9

续表

序号	排放口编号	排放口地理坐标[1]		排放去向	排放规律	间歇排放时段	受纳污水处理厂信息		
		经度	纬度				名称[2]	污染物种类	国家或地方污染物排放标准浓度限值[3]
2	DW001	—	—	进入城市污水处理厂	间断排放，排放期间流量不稳定，但有周期性规律	—	XX 市污水处理厂	五日生化需氧量	20mg/L
3	DW001	—	—	进入城市污水处理厂	间断排放，排放期间流量不稳定，但有周期性规律	—	XX 市污水处理厂	动植物油	3mg/L
4	DW001	—	—	进入城市污水处理厂	间断排放，排放期间流量不稳定，但有周期性规律	—	XX 市污水处理厂	化学需氧量	60mg/L
5	DW001	—	—	进入城市污水处理厂	间断排放，排放期间流量不稳定，但有周期性规律	—	XX 市污水处理厂	氨氮（NH_3-N）	15mg/L
6	DW001	—	—	进入城市污水处理厂	间断排放，排放期间流量不稳定，但有周期性规律	—	XX 市污水处理厂	悬浮物	20mg/L
7	DW001	—	—	进入城市污水处理厂	间断排放，排放期间流量不稳定，但有周期性规律	—	XX 市污水处理厂	总磷（以 P 计）	1mg/L
8	DW001	—	—	进入城市污水处理厂	间断排放，排放期间流量不稳定，但有周期性规律	—	XX 市污水处理厂	总氮（以 N 计）	20mg/L
9	DW001	—	—	进入城市污水处理厂	间断排放，排放期间流量不稳定，但有周期性规律	—	XX 市污水处理厂	硫化物	—
10	DW001	—	—	进入城市污水处理厂	间断排放，排放期间流量不稳定，但有周期性规律	—	XX 市污水处理厂	色度	30 个/100ml
11	DW001	—	—	进入城市污水处理厂	间断排放，排放期间流量不稳定，但有周期性规律	—	XX 市污水处理厂	氯化物（以 Cl^- 计）	—

① 排放口地理坐标：对于排至厂外城镇或工业污水集中处理设施的排放口，指废水排出厂界处经纬度坐标。

② 受纳污水处理厂名称：指厂外城镇或工业污水集中处理设施名称，如酒仙桥生活污水处理厂、宏兴化工园区污水处理厂等。

③ 受纳污水处理厂执行标准，可咨询地方环境主管部门。

4.2.3.13 废水污染物排放执行标准

废水污染物排放执行标准填报内容如表4-21所列。

表4-21 废水污染物排放执行标准（部分内容）

序号	排放口编号	污染物种类	国家或地方污染物排放标准①		其他信息
			名称	浓度限值	
1	DW001	pH值	《制革及毛皮加工工业水污染物排放标准》（GB 30486—2013）	6～9	
2	DW001	五日生化需氧量	《制革及毛皮加工工业水污染物排放标准》（GB 30486—2013）	80mg/L	
3	DW001	动植物油	《制革及毛皮加工工业水污染物排放标准》（GB 30486—2013）	30mg/L	
4	DW001	化学需氧量	《制革及毛皮加工工业水污染物排放标准》（GB 30486—2013）	300mg/L	
5	DW001	氨氮（NH_3-N）	《制革及毛皮加工工业水污染物排放标准》（GB 30486—2013）	70mg/L	
6	DW001	悬浮物	《制革及毛皮加工工业水污染物排放标准》（GB 30486—2013）	120mg/L	
7	DW001	总磷（以P计）	《制革及毛皮加工工业水污染物排放标准》（GB 30486—2013）	4mg/L	
8	DW001	总氮（以N计）	《制革及毛皮加工工业水污染物排放标准》（GB 30486—2013）	140mg/L	
9	DW001	硫化物	《制革及毛皮加工工业水污染物排放标准》（GB 30486—2013）	1mg/L	
10	DW001	色度	《制革及毛皮加工工业水污染物排放标准》（GB 30486—2013）	100	
11	DW001	氯化物（以Cl^-计）	《制革及毛皮加工工业水污染物排放标准》（GB 30486—2013）	4000mg/L	
12	DW003	六价铬	《制革及毛皮加工工业水污染物排放标准》（GB 30486—2013）	0.2mg/L	
13	DW003	总铬	《制革及毛皮加工工业水污染物排放标准》（GB 30486—2013）	1.5mg/L	

① 国家或地方污染物排放标准：指对应排放口须执行的国家或地方污染物排放标准的名称及浓度限值。该企业执行《制革及毛皮加工工业水污染物排放标准》（GB 30486—2013）表1现有企业水污染排放浓度限值及单位产品基准排水量中间接排放限值。

表4-21中废水污染物排放执行标准填报易错问题汇总如下：

① 未能正确选取应执行的标准。

② 未根据国家标准和地方标准从严确定许可限值。

4.2.3.14 废水污染物排放信息

废水污染物排放信息填报内容如表4-22所列。

表 4-22　废水污染物排放

序号	排放口编号	污染物种类	申请排放浓度限值	申请年排放量限值/（t/a）					申请特殊时段排放量限值
				第一年	第二年	第三年	第四年	第五年	
主要排放口									
1	DW001	pH 值	6～9	—	—	—	—	—	
2	DW001	五日生化需氧量	80mg/L	—	—	—	—	—	
3	DW001	动植物油	30mg/L	—	—	—	—	—	
4	DW001	化学需氧量	300mg/L	—	—	—	—	—	
5	DW001	氨氮（NH_3-N）	70mg/L	—	—	—	—	—	
6	DW001	悬浮物	120mg/L	—	—	—	—	—	
7	DW001	总磷（以 P 计）	4mg/L	—	—	—	—	—	
8	DW001	总氮（以 N 计）	140mg/L	—	—	—	—	—	
9	DW001	硫化物	1mg/L	—	—	—	—	—	
10	DW001	色度	100	—	—	—	—	—	
11	DW001	氯化物（以 Cl^- 计）	4000mg/L	—	—	—	—	—	
12	DW003	六价铬	0.2mg/L	—	—	—	—	—	
13	DW003	总铬	1.5mg/L	—	—	—	—	—	
主要排放口合计		氨氮		90.32	90.32	90.32	90.32	90.32	
		COD_{Cr}		550.51	550.51	550.51	550.51	550.51	
一般排放口									
1	DW002	悬浮物	400mg/L	—	—	—	—	—	
2	DW002	总磷（以 P 计）	—	—	—	—	—	—	
3	DW002	动植物油	100mg/L	—	—	—	—	—	
4	DW002	pH 值	6～9	—	—	—	—	—	
5	DW002	硫化物	2mg/L	—	—	—	—	—	
6	DW002	氯化物	—	—	—	—	—	—	
7	DW002	化学需氧量	500mg/L	—	—	—	—	—	
8	DW002	氨氮（NH_3-N）	—	—	—	—	—	—	
9	DW002	五日生化需氧量	300mg/L	—	—	—	—	—	
10	DW002	色度	—	—	—	—	—	—	
11	DW002	总氮（以 N 计）	—	—	—	—	—	—	
12	DW003	化学需氧量	—	—	—	—	—	—	

注：废水污染物的总量指标，根据环评文件［2015 年 1 月 1 日（含）之后］及地方总量控制文件取严确定，若地方环境主管部门有更加严格要求，根据地方环境管理部门确定。

4.2.3.15 自行监测及记录信息

自行监测及记录信息填报内容如表 4-23 所列。

表 4-23 自行监测及记录信息（部分内容）

污染源类别	排放口编号	监测内容[①]	污染物名称	监测设施	自动监测是否联网	自动监测仪器名称	自动监测设施安装位置	自动监测设施是否符合安装、运行、维护等管理要求	手工监测采样方法及个数[②]	手工监测频次[③]	手工测定方法[④]
废水	DW001	流量	氨氮	自动		氨氮在线检测仪	总排口	是	混合采样，至少 3 个混合样	4 次/日	《水质 氨氮的测定 流动注射-水杨酸分光光度法》（HJ 666—2013）等
废水	DW001	流量	pH 值	自动		pH 在线监测仪	总排口	是	瞬时采样 至少 3 个瞬时样	4 次/日	《水质 pH 值的测定 玻璃电极法》GB 6920—1986
废水	DW001	流量	化学需氧量	自动		COD 在线监测仪	总排口	是	瞬时采样 至少 3 个瞬时样	4 次/日	《水质 化学需氧量的测定 重铬酸盐法》HJ 828—2017
废水	DW001	流量	总磷（以 P 计）	手工					瞬时采样 至少 3 个瞬时样	1 次/季	《水质 磷酸盐和总磷的测定 连续流动-钼酸铵分光光度法》HJ 670—2013
废水	DW001	流量	悬浮物	手工					瞬时采样 至少 3 个瞬时样	1 次/季	《水质 悬浮物的测定 重量法》GB 11901—1989
废气[⑤]	DA001	烟道截面积、氧含量、烟气流速、烟气温度、烟气压力、烟气含湿量	颗粒物	手工					非连续采样至少 3 个	1 次/年	《固定污染源排气中颗粒物测定与气态污染物采样方法》GB/T 16157—1996
			林格曼黑度	手工					非连续采样至少 3 个	1 次/年	《固定污染源排放烟气黑度的测定 林格曼烟气黑度图法》HJ/T 398—2007
			氮氧化物	手工					非连续采样至少 3 个	1 次/月	《固定污染源排气 氮氧化物的测定 酸碱滴定法》HJ 675—2013 代替 GB/T 13906—1992
			二氧化硫	手工					非连续采样至少 3 个	1 次/年	《固定污染源排气中二氧化硫的测定 定电位电解法》HJ 57—2017

① 监测内容：有组织燃烧类废气应为“烟道截面积、氧含量、烟气流速、烟气温度、烟气压力、烟气含湿量”；非燃烧类废气应为“烟气流速、烟气温度、烟气压力、烟气含湿量、烟道截面积”；无组织废气应填写“风速、风向”；废水应填写“流量”。

② 监测设施选择“自动”的污染物，在“手工监测采样方法及个数”“手工监测频次”“手工测定方法”栏中，填写自动设备故障时的要求。

③ 手工监测频次：指一段时期内的监测次数要求，如 1 次/周、1 次/月等。

④ 手工测定方法：指污染物浓度测定方法，如“测定化学需氧量的重铬酸钾法”“测定氨氮的水杨酸分光光度法”等。应选取污染物执行标准中的检测方法。

⑤ 无组织相关监测内容需在“其他自行监测及记录信息”中填写。

表 4-23 中自行监测及记录信息填报易错问题汇总如下：

① 监测内容填报成污染物或填写不完全。

② 监测频次填报低于技术规范要求。

③ 厂界无组织监测漏填。

④ 废水污染物填写不全。

4.2.3.16　环境管理台账

环境管理台账填报内容如表 4-24 所列。

表 4-24　环境管理台账信息（部分内容）

序号	设施类别①	操作参数②	记录内容③	记录频次④	记录形式⑤	其他信息
1	基本信息	基本信息	基本信息：污染防治设施主要技术参数及设计值；对于防渗漏、防泄漏等污染防治措施，还应记录落实情况及问题整改情况等	无变化时 1 次/年；有变化时及时记录	电子台账+纸质台账	至少保存五年
2	生产设施	运行管理信息	生产设施运行管理信息（正常工况）：运行状态（是否正常运行，主要参数名称及数值），生产负荷（主要产品产量与设计生产能力之比），主要产品产量（名称、产量），原辅料［名称、用量、硫元素占比、VOCs 成分占比（如有）、有毒有害物质及成分占比（如有）］，燃料（名称、用量、硫元素占比、热值等），其他（用电量等）等。对于无实际产品、燃料消耗的相关生产设施，仅记录正常工况下的运行状态和生产负荷信息	运行状态 1 次/日或批次，生产负荷 1 次/日或批次，产品产量 1 次/日，原辅料燃料 1 次/批	电子台账+纸质台账	至少保存五年
3	污染防治设施	运行管理信息	污染防治设施运行管理信息（正常情况）：运行情况（是否正常运行；治理效率、副产物产生量等），主要药剂添加情况［添加（更换）时间、添加量等］等	运行情况 1 次/日，主要药剂添加情况 1 次/日或批次	电子台账+纸质台账	至少保存五年
4	污染防治设施	运行管理信息	污染防治设施运行管理信息（异常情况）：起止时间、污染物排放浓度、异常原因、应对措施、是否报告等	1 次/异常情况期	电子台账+纸质台账	至少保存五年

① 设施类别：包括生产设施和污染防治设施等。

② 操作参数：包括基本信息、污染治理措施运行管理信息、监测记录信息、其他环境管理信息等。

③ 记录内容：根据规范及地方环境主管部门填写。

④ 记录频次：指一段时间内环境管理台账记录的次数要求，如 1 次/时、1 次/日等。

⑤ 记录形式：指环境管理台账记录的方式，包括电子台账、纸质台账等。

表 4-24 中环境管理台账信息填报易错问题汇总如下：

① 未按照技术规范的要求填报记录内容及对应的记录频次。

② 记录形式填报错误，未按照技术规范要求采用“电子台账+纸质台账”形式。

4.3 常见填报问题说明

4.3.1 排污许可分类管理要求

《固定污染源排污许可分类管理名录（2019年版）》（生态环境部令第11号）提出：国家根据排放污染物的企业事业单位和其他生产经营者污染物产生量、排放量、对环境的影响程度等因素，实行排污许可重点管理、简化管理和登记管理。制革、毛皮加工与制鞋行业排污许可分类管理要求如表4-25所列。

表4-25 制革、毛皮加工与制鞋行业排污许可分类管理要求

序号	行业类别	重点管理	简化管理	登记管理
1	皮革鞣制加工191、毛皮鞣制及制品加工193	有鞣制工序的	皮革鞣制加工191（无鞣制工序）	毛皮鞣制及制品加工193（无鞣制工序的）
2	制鞋业 195	纳入重点排污单位名录的	除重点管理以外的年使用10t及以上溶剂型胶粘剂或者3t及以上溶剂型处理剂的	其他①

① 指在工业建筑中生产的排污单位。工业建筑的定义参见《工程结构设计基本术语标准》（GB/T 50083—2014），是指提供生产用的各种建筑物，如车间、厂前区建筑、生活间、动力站、库房和运输设施等。

4.3.2 行业类别选取

制革行业排污单位应选择“皮革鞣制加工业（C191）”，皮毛加工业排污单位应选择“皮毛鞣制制品加工（C193）”中的“皮毛鞣制加工（C1931）”；制鞋行业排污单位应选择“制鞋业（C195）”中的“纺织面料鞋制造（C1951）、皮鞋制造（C1952）、塑料鞋制造（C1953）、橡胶鞋制造（C1954）、其他制鞋业（C1959）”。

4.3.3 污染物排放口填报

排污许可技术文件将废气有组织排放口分为主要排放口和一般排放口；明确了主要排放口应规定许可排放的浓度和排放量；一般排放口则简化管理要求，仅规定许可排放浓度。现行排污许可技术规范对排污口类型的规定如表4-26所列。

表4-26 现行排污许可技术规范对排污口类型的规定

序号	标准名称	污染物排放口规定
1	《排污许可证申请与核发技术规范 制革及毛皮加工工业—制革工业》（HJ 859.1—2017）	含铬废水为主要排放口；全厂废水（含铬废水除铬后上清液、其他生产废水、生活污水）为主要排放口；雨水为一般排放口。 各种燃料锅炉为主要排放口；污水处理设施、喷浆设施废气为一般排放口

续表

序号	标准名称	污染物排放口规定
2	《排污许可证申请与核发技术规范 制革及毛皮加工工业—毛皮加工工业》(HJ 1065—2019)	含铬废水为主要排放口；全厂废水（含铬废水除铬后上清液、其他生产废水、生活污水）为主要排放口。 生皮库、喷浆、喷染设施、涂饰车间、烫毛车间、污水处理设施废气均为一般排放口
3	《排污许可证申请与核发技术规范 制鞋工业》(HJ 1123—2020)	重点管理排污单位的帮底装配单元中挥发性有机物排放的排放口为主要排放口，其他废气排放口为一般排放口

排污单位应根据《排污口规范化整治技术要求（试行）》（环监〔1996〕470 号），以及排污单位执行的排放标准中有关排放口规范化设置的规定，填报废气、废水排放口设置是否符合规范化要求。

4.3.4 排放因子和排放限值填报

应选用国家和地方的排放标准中的污染因子和排放限值。排污单位的排放口排放单股废气时，有行业标准的污染物优先执行行业排放标准，其他污染源执行综合排放标准。排污单位的排放口存在多种类型废气混合排放的情况时，应按照“交叉从严”的原则确定排放标准。

部分企业在申报中未深入研究排污许可技术规范，照搬技术规范上给定的污染物或随意减少污染物的种类，导致排放种类与实际情况不符。其实每个行业的排污许可证技术规范均对各类情况的污染物排放种类进行了详细的规定。例如皮毛加工业，建有生皮库的排污单位应识别臭气浓度、氨污染物，建有涂饰车间的排污单位应识别苯、甲苯、二甲苯、非甲烷总烃污染物。

4.3.5 许可排放量填报

(1) 制革行业

明确制革工业排污单位对锅炉废气中颗粒物、二氧化硫、氮氧化物按技术规范确定许可排放量，备用锅炉不再单独许可排放量。

对于执行 GB 13223 的制革工业排污单位，颗粒物、二氧化硫、氮氧化物许可排放量参照《火电行业排污许可证申请与核发技术规范》执行；对于执行 GB 13271 的制革工业排污单位，颗粒物、二氧化硫、氮氧化物许可排放量核算方法参照技术规范执行，待锅炉工业排污许可证申请与核发技术规范发布后从其规定。

锅炉废气污染物年许可排放量依据废气污染物许可排放浓度限值、基准烟气量和设计燃料用量核算。特殊时段制革工业排污单位日许可排放量按以下公式计算。地方制定的相关法规中对特殊时段许可排放量有明确规定的，从其规定。国家和地方环境保护主管部门依法规定的其他特殊时段短期许可排放量应在排污许可证当中载明。

$$E_{日许可} = E_{前一年环统日均排放量} \times (1-\alpha)$$

式中　$E_{日许可}$——制革工业排污单位重污染天气应对期间或冬防期间日许可排放量，t；

$E_{前一年环统日均排放量}$——根据制革工业排污单位前一年环境统计实际排放量计算的日均值，t；

α——重污染天气应对期间或冬防期间排放量消减比例，%。

明确制革工业排污单位对化学需氧量、氨氮、总铬，以及收纳水体环境质量超标且列入 GB 30486 中的其他污染物项目年许可排放量。对位于《“十三五”生态环境保护规划》及生态环境部正式发布的文件中规定的总氮、总磷控制区域内的制革工业排污单位，还应申请总氮、总磷年许可排放量。地方环境保护主管部门另有规定的，从其规定。

按照技术规范要求，制革工业排污单位的生产工艺将年许可排放量分单一生产工艺排放和混合工艺排放两种核算方法。采用单一生产工艺（例如全部产品为从蓝湿革加工到成品革）的制革工业排污单位，其水污染物许可排放量依据水污染物许可排放浓度限值、单位原料皮基准排水量和产品产能核算。采用两种或两种以上生产工艺（例如一部分产品从生皮加工到成品革，另一部分产品从蓝湿革加工到成品革），其水污染物许可排放量依据水污染物许可排放浓度限值、采用不同生产工艺的单位原料皮基准排水量和采用不同生产工艺的产品产能核算。

（2）毛皮加工业

毛皮加工工业排污单位的有组织废气排放口均为一般排放口，不许可排放量。无组织排放也不许可排放量。

水污染物年许可排放量根据水污染物许可排放浓度限值、单位皮张排水量和设计产能进行核算。毛皮加工工业排污单位废水中总铬年许可排放量为车间或车间处理设施排放口年许可排放量，化学需氧量、氨氮年许可排放量为企业废水总排放口年许可排放量。

按照技术规范要求，皮毛加工业排污单位的生产工艺将年许可排放量分单一生产工艺排放和混合工艺排放两种核算方法。采用单一生产工艺及原料皮（例如全部产品为从水貂生皮至水貂成品毛皮）的毛皮加工工业排污单位，其水污染物许可排放量依据水污染物许可排放浓度限值、单位皮张排水量和产品产能核算。采用两种或两种以上生产工艺或原料皮（例如一部分产品从生皮加工到成品毛皮，另一部分产品从生皮加工到已鞣毛皮；或者一部分原料皮是水貂皮，另一部分原料皮是狐狸皮），其水污染物许可排放量依据水污染物许可排放浓度限值、采用不同生产工艺或不同种原料皮的单位原料皮基准排水量和采用不同生产工艺或不同种原料皮的产品产能核算。

（3）制鞋行业

制鞋工业排污单位的有组织废气排放口分为主要排放口和一般排放口，其中重点管理排污单位的帮底装配单元中挥发性有机物排放的排放口为主要排放口，其他废气排放口为一般排放口。

技术规范中对有组织排放废气主要排放口、一般排放口和无组织废气原则上不许可排放量。排污单位如有已分解落实重点污染物排放总量控制指标的，以及地方生态环境主管部门对重点管理排污单位挥发性有机物排放量有许可要求的，可参考《排污许可证申请与核发技术规范 制鞋工业》（HJ 1123—2020）中附录 E 中的推荐性挥发性有机物排放量计算公式。2015 年 1 月 1 日及以后取得环境影响评价及审批意见的排污单位许可排放量还应满足环境影响评价文件和审批意见确定的排放量的要求。

技术规范中对废水排放口不许可排放量。

4.3.6　自行监测及记录信息表填报

填写自行监测内容时应注意以下事项：

① 根据国家或地方排放标准、环境影响评价文件及其审批意见和其他环境管理要求并且严格按照技术规范标准申报中各项废气、废水、固体废物污染源和对应的污染物指标。

② 梳理企业现有固定污染源及大气污染源在线监测系统是否完备。确认自动监测设施是否符合在线监测系统安装、运行、维护等管理要求。若不符合，则需备注整改。对于已按规范建立平台并完成验收、实现数据上传的在线监测系统，还需统计在线监测数据的缺失率，判断自动监测数据能否作为核算实际排放量的依据，无法取用的需说明理由。在线监测注意不要遗漏故障时手工监测方法。

第 5 章 排污许可证后监管

5.1 证后监管总体要求

《环评与排污许可监管行动计划（2021—2023 年）》（环办环评函〔2020〕463 号）对固定污染源排污许可证核发和执行情况抽查提出如下要求。

（1）固定污染源排污许可证核发情况抽查

① 检查对象。生态环境部对重点区域、重点流域内的重点行业排污许可证核发情况进行抽查。地方生态环境部门及其他核发部门按相关要求开展排污许可证核发，公开未依法申领排污许可证的排污单位信息；省级生态环境部门对本行政区域重点行业排污许可证核发情况进行抽查。

② 检查内容。按照《固定污染源排污许可分类管理名录》规定，检查全覆盖情况，即是否存在“应发未发”“应登未登”排污单位；检查管理类别准确性，即是否存在发证类违规降为登记类、发证类重点管理违规降为简化管理等情况；检查发证登记质量，包括排污许可证中企业执行标准、污染物种类、许可排放量、许可排放限值、自行监测、台账记录、执行报告以及环境管理要求等内容规范性，排污登记表质量情况。

（2）固定污染源排污许可证执行情况抽查

① 检查对象。生态环境部对重点区域、重点流域内重点行业已发证排污单位的排污许可证执行情况进行抽查。地方生态环境部门对本行政区内已发证的排污单位排污许可证执行情况进行抽查，省级生态环境部门对本行政区域重点行业排污许可证执行情况进行抽查。

② 检查内容。重点检查排污许可证提出的自行监测、台账记录、环境管理等要求落实情况，执行报告提交频次及内容等要求落实情况；排污限期整改通知书中整改要求落实情况。

5.2 证后监管主要问题

我国根据《火电、造纸行业排污许可证执法检查工作方案》，开展了两个行业排污许可证执法检查。随后，又相继出台了《关于在京津冀及周边地区、汾渭平原强化监督工作中加强排污许可证执法监管的通知》等多个排污许可监管执法规范性文件，对证后监管作出部署，推动排污许可与行政执法相衔接，但能够实质开展的检查内容主要局限在打击无证排污、查处超标排污、督促企业落实自行监测要求等现行法律法规已明确且有相应罚则的环境管理要求上。持证企业不按证排污，不落实排污许可管理要求的情况普遍存在，企业主体责任未能得到全面有效落实。《排污许可管理条例》出台后，加强了依证监管法律依据，但要推动证后监管落实落地还面临诸多问题。

（1）“全覆盖”有待拓展深化，证后监管基础薄弱

固定污染源排污许可管理“全覆盖”是证后监管的基础和依托。我国于 2020 年底基本完成“全覆盖”工作，但其数量和质量有待进一步提升。

① 排污许可内容暂不满足“一证式”管理目标要求。现阶段排污许可管理“全覆盖”主要针对《固定污染源排污许可分类管理名录》（以下简称《名录》），但现行《名录》的制定有其历史局限性，固体废物、噪声等环境管理要素暂未全面纳入排污许可管理范围。

② 排污许可证内容及其执行情况未达到全面规范要求。核发排污许可证不要求审批部门必须开展现场检查，仅需对申请材料进行审查，申报内容的真实性由企业负责，在大幅提高核发效率的同时，也给证后监管埋下了隐患。容易出现填报内容与企业实际情况不符的问题，甚至存在许可事项与规定不符的情况，导致企业按证执行脱离实际，生态环境主管部门依证监管基础不牢。

③ 台账记录、执行报告等环境管理要求有待全面落实。核查台账记录、执行报告是依证监管的重要途径，但由于技术指导和制度约束，相关环境管理要求未得到有效落实。

（2）基层环境执法部门依证监管意识和能力不足

环境执法部门前期少有参与排污许可审批，加之基层技术力量不足、未接受系统培训和缺乏相关经验，依证监管意识和能力普遍欠缺。

① 地方环境执法部门对排污许可制在固定污染源监管制度体系中的核心地位普遍认识不足，认为排污许可证较为复杂，依证监管缺乏经验和操作性指导，环境执法思路和形式未发生根本转变。

② 环境执法人员和技术能力不足，部分地方环境执法队伍专业化程度和技术能力难以支撑排污许可精细化管理需求。

③ 依证监管不到位，影响了排污许可证的权威性，导致部分企业持证按证排污意识欠缺，环境执法部门对证后监管重视程度不够，反过来又给依证监管增加了压力，形成了不良循环。

（3）证后监管缺乏系统的操作性指导和规制

排污许可依证监管工作技术要求高、管理界面宽、信息量庞杂，但目前缺乏系统配套的管理和技术支撑，依证监管工作难以落实。

① 缺乏相关管理规制，依证监管执法的方式、流程、内容等亟待统一规范。

② 缺乏重点行业依证监管技术指导。不同行业排污许可内容和监管技术要点差异较大，在依证监管基础薄弱、经验不足、行业众多、专业性强等现实条件下，如无操作性技术指导，依证监管难以深入开展。

③ 现有达标判定规定不一致，影响了监管效能。排污许可技术规范与排放标准之间，以及排放标准本身，都存在对于监测数据合规性判定不一致的情况，如两者均有直接或间接明确废水排放口污染物的排放浓度达标是指任一有效日均值均满足排放浓度限值要求，但在有些排放标准中又有“可以将现场即时采样或监测的结果，作为判断排污行为是否符合排放标准以及实施相关环境保护管理措施的依据”的相关规定，部分行业技术规范还明确了豁免时段，但执行排放标准中并未规定，导致在实际监管中地方环境执法人员在将监测数据用于监督执法时存在困惑和质疑。

（4）依证监管亟需清理诸多历史遗留问题和欠账

在排污许可证核发过程中，暴露出诸多环境管理的历史遗留问题和欠账，迟滞了依托排污许可制改革将排污单位全面纳入法治化、规范化管理的进程。例如，企业位于禁止建设区域、“未批先建”“批建不符”、超总量控制指标排污等问题。为此，《排污许可管理办法（试行）》（以下简称《办法》）第六十一条专门进行了规定，明确可以核发带“改正方案”的排污许可证，将此类存在环境问题的企业纳入监管范围，但其法律效力较弱，地方落实情况不佳。生态环境部后又发布了《关于固定污染源排污限期整改有关事项的通知》，明确排污单位存在“不能达标排放”“手续不全”、未按规定安装使用自动监测设备和设置排污口三类情形的，不予核发排污许可证，下达排污限期整改通知书。《条例》实施后，将环评手续作为核发排污许可证的前置和必要条件，并明确对《条例》实施前已实际排污，但暂不符合许可条件的单位，下达排污期限整改通知书。虽然清理历史遗留问题的管理要求逐步优化调整，效力层级也得到提升，但因牵扯法律红线、体制机制、民生保障、经济基础等，如何避免“一刀切”，分类妥善清算历史欠账，依然是将排污单位全面纳入管理范围，全面实施依证监管，亟待解决的关键和难点问题。

（5）各项生态环境管理制度未形成有效监管合力

排污许可制改革是固定污染源监管体系的整体变革，但目前各相关环境管理制度的衔接整合滞后，尚未形成监管合力。

① 排污许可证核发部门不参与监管执法，环境执法部门对核发要求不熟悉，监管执法与排污许可审批脱节，增加了依证监管实施的难度。

② 现阶段排污许可排放限值的确定主要依据污染物排放标准，但部分行业执行的污染物排放标准已难以满足现状条件下排污许可精细化监督管理要求。

③ 以排污许可统一污染物排放数据尚未完成，固定污染源信息平台未实现有效的整合梳理和数据交互，数出多门、重复申报的情况依然存在。

④ 污染源监督性监测难以支撑依证监管执法，虽然监测部门获取了大量监测数据，但由于缺乏问题和目标导向，监管执法部门需要的数据却又不足，两者协同管理机制尚不健全。

⑤ 公众参与不深入，排污许可证所载信息量大、专业性强，一般公众难以具备识别企业是否持证按证排污的能力，环保组织虽有一定的技术力量且有参与和提起环境公益诉讼的权利，但缺乏具体机制、详细规制和宣传引导，公众参与排污许可监督的作用未能发挥。

5.3 自行监测监管技术要求

5.3.1 检查内容

主要包括是否开展自行监测，以及自行监测的点位、因子、频次是否符合排污许可证要求。重点检查以下内容：

① 排污许可证中载明的自行监测方案与相关自行监测技术指南的一致性；

② 排污单位自行监测开展情况与自行监测方案的一致性；

③ 自行监测行为与相关监测技术规范要求的符合性，包括自行开展手工监测的规范性、委托监测的合规性和自动监测系统安装和维护的规范性；

④ 自行监测结果信息公开的及时性和规范性。

根据《关于印发〈2020 年排污单位自行监测帮扶指导方案〉的通知》（环办监测函〔2020〕388 号）相关要求，排污单位自行监测现场评估部分内容如表 5-1 所列。

表 5-1　排污单位自行监测现场评估部分内容

<table>
<tr><th>序号</th><th>分项内容</th><th colspan="2">单项内容</th></tr>
<tr><td rowspan="10">1</td><td rowspan="10">监测方案制定情况</td><td colspan="2">（1）监测方案的内容是否完整，包括：单位基本情况、监测点位及示意图、监测指标、执行标准及其限值、监测频次、采样和样品保存方法、监测分析方法和仪器、质量保证与质量控制</td></tr>
<tr><td colspan="2">（2）监测点位及示意图是否完整</td></tr>
<tr><td colspan="2">（3）监测点位数量是否满足自行监测要求</td></tr>
<tr><td colspan="2">（4）监测指标是否满足自行监测的要求</td></tr>
<tr><td colspan="2">（5）监测频次是否满足自行监测的要求</td></tr>
<tr><td colspan="2">（6）执行的排放标准是否正确</td></tr>
<tr><td colspan="2">（7）样品采样和保存方法选择是否合理</td></tr>
<tr><td colspan="2">（8）监测分析方法选择是否合理</td></tr>
<tr><td colspan="2">（9）监测仪器设备（含辅助设备）选择是否合理</td></tr>
<tr><td colspan="2">（10）是否有相应的质控措施（包括空白样、平行样、加标回收或质控样、仪器校准等）</td></tr>
<tr><td rowspan="3">2</td><td rowspan="3">自行监测开展情况</td><td rowspan="3">基础考核</td><td>（1）排污口是否进行规范化整治，是否设置规范化标识，监测断面及点位设置是否符合相应监测规范要求</td></tr>
<tr><td>（2）是否对所有监测点位开展监测</td></tr>
<tr><td>（3）是否对所有监测指标开展监测</td></tr>
</table>

续表

序号	分项内容	单项内容	
2	自行监测开展情况	基础考核	（4）监测频次是否满足要求
		委托手工监测	（1）检测机构的能力项能否满足自行监测指标的要求
			（2）排污单位是否能提供具有 CMA 资质印章的监测报告
			（3）报告质量是否符合要求
			（4）采用的监测分析方法是否符合要求
		排污单位手工自测	（1）采用的监测分析方法是否符合要求
			（2）监测人员是否具有相应能力（如技术培训考核等自认定支撑材料），是否具备开展自行监测相匹配的采样、分析及质控人员
			（3）实验室设施是否能满足分析基本要求，实验室环境是否满足方法标准要求；是否存在测试区域监测项目相互干扰的情况
			（4）仪器设备档案是否齐全，记录内容是否准确、完整；是否张贴唯一性编号和明确的状态标识；是否存在使用检定期已过期设备的情况
			（5）是否能提供仪器校验/校准记录；校验/校准是否规范，记录内容是否准确、完整
			（6）是否能提供原始采样记录；采样记录内容是否准确、完整，是否至少 2 人共同采样和签字；采样时间和频次是否符合规范要求
			（7）是否能提供样品分析原始记录；对原始记录的规范性、完整性、逻辑性进行审核
			（8）是否能提供质控措施记录；记录是否齐全，记录内容是否准确、完整
		废水自动监测	（1）自动监测设备的安装是否规范：是否符合《水污染源在线监测系统（COD_{Cr}、NH_3-N 等）安装技术规范》（HJ 353—2019）等的规定，采样管线长度应不超过 50m，流量计是否校准
			（2）水质自动采样单元是否符合《水污染源在线监测系统（COD_{Cr}、NH_3-N 等）安装技术规范》（HJ 353—2019）等规范要求，应具有采集瞬时水样、混合水样、混匀及暂存水样、自动润洗、排空混匀桶及留样功能等
			（3）监测站房应不小于 $15m^2$，监测站房应做到专室专用，监测站房内应有合格的给水、排水设施，监测站房应有空调和冬季采暖设备、温湿度计、灭火设备等
			（4）设备使用和维护保养记录是否齐全，记录内容是否完整
			（5）是否定期进行巡检并做好相关记录，记录内容是否完整
			（6）是否定期进行校准、校验并做好相关记录，记录内容是否完整，核对校验记录结果和现场端数据库中记录是否一致
			（7）标准物质和易耗品是否满足日常运维要求，是否定期更换、在有效期内，并做好相关记录，记录内容是否清晰、完整
			（8）设备故障状况及处理是否做好相关记录，记录内容是否清晰、完整
			（9）对缺失、异常数据是否及时记录，记录内容是否完整
			（10）核对标准曲线系数、消解温度和时间等仪器设置参数是否与验收调试报告一致
		废气自动监测	（1）自动监测设备的安装是否规范：是否符合《固定污染源烟气（SO_2、NO_x、颗粒物）排放连续监测技术规范》（HJ 75—2017）的规定，采样管线长度原则上不超过 70m，不得有“U”形管路存在

续表

序号	分项内容	单项内容	
2	自行监测开展情况	废气自动监测	（2）自动监测点位设置是否符合《固定污染源烟气（SO_2、NO_x、颗粒物）排放连续监测技术规范》（HJ 75—2017）等规范要求，手工监测采样点是否与自动监测设备采样探头的安装位置吻合
			（3）监测站房是否满足要求，是否有空调、温湿度计、灭火设备、稳压电源、UPS 电源等，监测站房应配备不同浓度的有证标准气体，且在有效期内，标准气体一般包含零气和自动监测设备测量的各种气体（SO_2、NO_x、O_2）的量程标气
			（4）设备使用和维护保养记录是否齐全，记录内容是否完整
			（5）是否定期进行巡检并做好相关记录，记录内容是否完整
			（6）是否定期进行校准、校验并做好相关记录，记录内容是否完整，核对校验记录结果和现场端数据库中记录是否一致
			（7）标准物质和易耗品是否满足日常运维要求，是否定期更换、在有效期内，并做好相关记录，记录内容是否清晰、完整
			（8）设备故障状况及处理是否做好相关记录，记录内容是否清晰、完整
			（9）对缺失、异常数据是否及时记录，记录内容是否完整
			（10）自动监测设备伴热管线设置温度、冷凝器设置温度、皮托管系数、速度场系数、颗粒物回归方程等仪器设置参数是否与验收调试报告一致，量程设置是否合理
3	信息公开情况	（1）自行监测信息是否按要求公开（自行监测方案、自行监测结果等）	
		（2）公开的排污单位基本信息是否与实际情况一致	
		（3）公开的监测结果是否与监测报告（原始记录）一致	
		（4）监测结果公开是否及时	
		（5）监测结果公开是否完整（包括全部监测点位、监测时间、污染物种类及浓度、标准限值、达标情况、超标倍数，污染物排放方式及排放去向、未开展自行监测的原因、污染源监测年度报告等）	

5.3.2　检查方法

在线检查主要包括监测情况与监测方案的一致性，监测频次是否满足许可证要求、监测结果是否达标等。

现场检查主要为资料检查，包括：自动监测、手工监测记录，环境管理台账，自动监测设施的比对、验收等文件。对于自动监测设施，可现场查看运行情况、标准气体有效期限等。

5.3.3　问题及建议

目前，排污单位自行监测工作逐步规范，但仍存在以下几方面问题：

（1）在自行监测方案制定方面

① 存在采用的质控措施不规范；

② 监测方案内容不完整，如缺少监测点位示意图；

③ 监测指标不满足自行监测指南的要求，如缺少噪声、水和废气监测指标等；

④ 监测分析方法选择不合理，未采用国家或行业标准分析方法。

（2）在自行监测信息公开方面

① 监测结果公开不完整，如缺少污染物排放方式和排放去向、未开展自行监测的原因、未公开污染源监测年度报告等内容；

② 公开的监测结果和监测报告不一致。

（3）在企业手工监测方面

① 采样记录、交接记录、分析记录等不规范、不完整；

② 质控措施记录内容不准确、不完整；

③ 仪器设备档案不齐全，未张贴唯一性编号和明确的状态标识，存在使用鉴定期已过期设备的情况。

（4）在企业自动监测方面

① 异常数据未及时记录、记录内容不完整；

② 缺乏设备故障状况及处理相关记录。

针对上述问题，提出建议如下。

（1）排污单位落实自行监测的主体责任

① 制定监测方案。自行监测工作的核心是监测点位、监测指标和监测频次的确定。制革、皮毛加工及制鞋企业应结合《排污单位自行监测技术指南 总则》（HJ 819—2017）、《排污单位自行监测技术指南 制革及皮毛加工工业》（HJ 946—2018）相关规定，制定适合自身特点的监测方案。

② 开展监测并做好质量控制。排污单位应按照监测方案开展监测活动。企业应按照污染源废水、废气、土壤和地下水等国家现行监测技术规范，根据自身条件和能力，利用自有人员、场所和设备开展监测；也可委托其他有资质的检（监）测机构开展监测。开展自行监测时，排污单位应做好质量控制工作，保证监测数据质量。承担监测活动的监测机构、人员、仪器设备、监测辅助设施和实验室环境都应符合具体监测活动的要求。应开展监测方法技术能力验证，确保具体监测人员实际操作能力可以满足自行监测工作需求。

③ 记录和保存监测信息。排污单位应记录和保存完整的原始记录、监测报告，以备管理部门检查和社会公众监督。完整的原始记录，有助于还原监测活动开展情况，从而对监测数据真实性、可靠性进行评估。监测信息应与相关管理台账同步记录，从而可以实现监测数据与生产、污染治理相关信息的交叉验证，增强监测数据和相关台账的关联性。企业应按照制革、皮毛加工、制鞋行业技术规范等相关国家环境保护标准中对监测信息记录、管理台账记录的要求，开展信息记录，以备检查核验。

④ 公开监测结果。公开监测数据，接受公众监督，既是排污单位应尽的法律责任，也是提升监测数据质量的重要手段。排污单位应按照信息公开要求，拓宽公开形式和渠道，除生态环境主管部门门户网站公开外，要探索企业网站以及微信、微博等新兴媒体公开形式，及时全面公开监测结果。

（2）生态环境管理部门应进一步强化监管责任

① 做好监测方案审核备案工作。生态环境监测部门将关口前移，采用分级审核备案方式，省级负责综合评价排污单位开展自行监测情况，提出完善自行监测及质量控制的相关建议，市级负责审核备案自行监测方案，重点审核监测方案全面性和完整性。

② 加大自行监测监督检查。生态环境管理部门结合日常管理工作，可以采用网络抽查和现场检查相结合方式，定期对辖区内重点排污单位开展自行监测质量核查，核查内容包括监测过程规范性（监测指标、执行标准、监测频次、采样和样品保存方法等）、信息记录全面性和监测结果合理性等方面。

③ 探索建立自动监测设备性能综合评价机制。选取高质量自动监测设备，排污单位、自动监测运营人员、自动监测设备同行和生态环境监管人员建立定期反馈机制，综合评价设备性能质量，包括自动监测设备准确性、稳定性和可维护性等指标。加强自动监测设备现场端的运维管理，出台运维有关技术规范，明确排污单位、运营公司等各自职责，建立健全管理制度，督促运营公司做好监控设施的日常巡检、维护保养和校准校验。

④ 加强第三方检测机构监管生态环境部门要与市场监管部门建立健全联勤联动机制，加大对社会化监测机构的检查力度，对监督检查发现的问题，按相关法律法规，依法处理。对于体系建立不规范等能够自行整改的，应关注其整改的时效性与有效性；对于分包检测不规范等要责令限期改正的，要立即督促其改正；对于超范围检验检测、非授权签字人签发报告等违法情节严重的，要责令整改并处罚款，整改期间不得出具检验检测数据、结果和报告。

⑤ 建立自动监测数据异常数据报警机制。利用大数据平台建设，统筹建立重点排污单位污染排放自动监测监视系统，提高在线监测设备运行异常等信息追踪、捕获与报警能力。改变传统仅采集自动监测数据模式，将监测设备工作状态、运行参数和自动监测数据和现场视频等信息同时上传至生态环境监控平台。利用大数据监控平台，分析各个监控因子关联关系，建立智能寻踪报警。针对不同行业、不同规模、不同治污工艺的自动监测数据进行驯化，实现对监测设备工作状态、运行参数和监测数据的多维度分析，自动识别监测设备的异常情形，并根据异常情形对监测数据的影响程度推送不同级别的报警事件，实现平台端自动监管和远程控制，全方位监控监测设备工作和运行情况，提高自动监测设备数据质量。

⑥ 加大自行监测数据应用。监测数据应用是开展自行监测工作的最终目的。一方面自行监测数据应用于环境执法，监测部门发现自行监测超标数据、异常数据及时移送执法部门，执法部门采取现场检查、调查取证和问询等方式，核实自行监测数据真实性、有效性，建立自行监测超标、异常数据处罚机制。另一方面，生态环境部门与税务部门建立涉税信息共享机制。生态环境部门将排污单位的排污许可、污染物排放数据、环境违法和受行政处罚情况等环境保护相关信息共享给税务部门。税务部门按照环境保护税法等法律法规依法增加或减免排污单位环境保护税，税务部门及时反馈排污单位税款入库、减免税额、欠缴税款、涉税违法和受行政处罚等信息。

5.4 执行报告监管技术要求

5.4.1 检查内容

执行报告上报频次、时限和主要内容是否满足排污许可证要求。执行报告的编制应符合《排污许可证申请与核发技术规范　制革及毛皮加工工业—制革工业》（HJ 859.1—2017）、《排污许可证申请与核发技术规范　制革及毛皮加工工业—毛皮加工工业》（HJ 1065—2019）等行业排污许可技术规范或《排污单位环境管理台账及排污许可证执行报告技术规范 总则（试行）》（HJ 944—2018）。执行报告内容应包括基本生产信息、遵守法律法规情况、污染防治设施运行情况、自行监测情况、台账管理情况、实际排放情况及合规判定分析、排污费（环境保护税）缴纳情况、信息公开情况、排污单位内部环境管理体系建设与运行情况、其他排污许可证规定的内容执行情况、其他需要说明的问题、结论等。

5.4.2 检查方法

在线或现场查阅排污单位执行报告文件及上报记录。核实执行报告污染物排放浓度、排放量是否真实，是否上传污染物排放量计算过程。

5.4.3 问题及建议

5.4.3.1 企业重视程度不够

部分企业对排污许可执行报告的填报工作重视不够，企业申领完排污许可证后，就认为许可证相关工作已经完成。然而，申领到排污许可证只是第一步，后期证后监管的环节也至关重要。企业轻视了执行报告填报的重要性，填报过程中缺乏主动性和积极性，导致未能及时提交执行报告。

5.4.3.2 监管脱节，处罚不到位

证后监管重视不够，处罚依据尚不健全。对于已核发排污许可证企业证后监管力度不足，缺乏持续有效的监管。对于企业未能及时提交执行报告及报告内容填写不规范等情况，基层监督部门督促其整改后，未能及时再次复核。同时，执行报告上载明的超标排放情况缺乏有效的处罚依据，降低了排污许可对企业的约束。

5.4.3.3 宣传力度不够

排污许可证核发工作难度大、任务重，生态环境主管部门往往重视前期的核发工作，而忽视证后监管，缺少证后监管填报的相关培训，以及向企业宣传执行报告等证后监管重要性方面尚有不足，间接导致部分企业误认为拿到许可证即可，缺乏依证排污的法律意识，出现执行报告未按要求填报等情况。

5.5 环境管理台账监管技术要求

5.5.1 检查内容

主要包括是否有环境管理台账，环境管理台账是否符合相关规范要求。

主要检查生产设施的基本信息、污染防治设施的基本信息、监测记录信息、运行管理信息和其他环境管理信息等的记录内容、记录频次和记录形式。

企业环境管理台账档案部分清单如表 5-2 所列。

表 5-2　企业环境管理台账档案部分清单

档案类型	文件资料
静态管理档案	（1）企业营业执照复印件； （2）法人机构代码证、法人代表、环保负责人、污染防治设施运营主管等的身份证及工作证复印件； （3）环保审批文件； （4）排污许可证； （5）污染防治设施设计及验收文件； （6）环保验收监测报告； （7）在线监测（监控）设备验收意见； （8）工业固体废物及危险废物收运合同； （9）危险废物转移审批表； （10）清洁生产审核报告及专家评估验收意见； （11）排污口规范化登记表； （12）生产废水、生活污水、回用水、清下水管道和生产废水、生活污水、清下水排放口平面图； （13）固定污染源排污登记表； （14）环境污染事故应急处理预案； （15）生态环境部门的其他相关批复文件等
动态管理档案	（1）污染防治设施运行台账； （2）原辅材料管理台账； （3）在线监测（监控）系统运行台账； （4）环境监测报告； （5）排污许可证管理制度要求建立的排污单位基本信息记录、生产设施运行管理信息记录、监测信息记录等各种台账记录及执行报告； （6）危险废物管理台账及转移联单； （7）环境执法现场检查记录、检查笔录及调查询问笔录； （8）行政命令、行政处罚、限期整改等相关文书及相关整改凭证等

5.5.2 检查方法

现场查阅环境管理台账，对比排污许可证要求，核查台账记录的及时性、完整性、真实性。

5.5.3 问题及建议

管理部门对企业的环境执法监管越来越日常化、精细化，监管手段也逐渐从末端监管走向过程监管。环境管理台账作为环境监管的主要手段之一，主要表现为对企业内部基础数据的有效管理、了解污染防治设施运行维护情况等。目前仍有部分企业仍存在重结果达标而轻过程管理的现象。因此，如何更好地监管企业环境管理台账是今后需要不断解决和完善的问题。

（1）建章立制

在日常监管充分运用法律法规的基础上，不断完善地方性法规条例，完善环境管理台账技术规范，明确管理要求。在法律法规的保障下，企业高度重视并迅速建设完善了环境管理台账，为污染源系统监管、排污许可证发放和证后监管等工作打下坚实基础。

（2）明确主体

强化企业主体意识，通过前期宣传和执法监管，强调环境治理的过程化管控。企业应建立环境管理文件和档案管理制度，明确责任部门、人员、流程、形式、权限及各类环境管理档案保存要求等，确保企业环境管理规章制度和操作规程编制、使用、评审、修订符合有关要求，应保持环境管理资料齐全。

（3）政府参与

长期以来，政府一直在管理模式上不断创新，探索建设优质的服务型政府是根本初衷。针对企业自身专业能力不足、建立规范化环境管理台账难度大等问题，当地生态环境部门应给予大力指导。如通过政府竞标等手段购买社会第三方服务，向大、中型企业发放了标准统一、内容规范的环境管理台账，上门开展服务。针对小型企业，由当地政府部门牵头，生态环境部门介入指导，积极开展业务培训，确保工作做实、做细。

5.6 信息公开情况检查

5.6.1 检查内容

《企业环境信息依法披露管理办法》（生态环境部令　第 24 号）规定：企业是环境信息依法披露的责任主体。企业应当建立健全环境信息依法披露管理制度，规范工作规程，明确工作职责，建立准确的环境信息管理台账，妥善保存相关原始记录，科学统计归集相关环境信息。

主要核查信息公开的公开方式、时间节点、公开内容与排污许可证要求相符性。公开内容包括但不限于：

① 企业基本信息，包括企业生产和生态环境保护等方面的基础信息；

② 企业环境管理信息，包括生态环境行政许可、环境保护税、环境污染责任保险、环保信用评价等方面的信息；

③ 污染物产生、治理与排放信息，包括污染防治设施，污染物排放，工业固体废物和危险废物产生、贮存、流向、利用、处置，自行监测等方面的信息；

④ 碳排放信息，包括排放量、排放设施等方面的信息；

⑤ 生态环境应急信息，包括突发环境事件应急预案、重污染天气应急响应等方面的信息；

⑥ 生态环境违法信息；

⑦ 本年度临时环境信息依法披露情况；

⑧ 法律法规规定的其他环境信息。

5.6.2　检查方法

在线检查通过企业公开网址进行信息公开内容检查。现场检查为现场查看信息亭、电子屏幕、公示栏等场所。

5.7　排污许可证现场执法检查案例

5.7.1　现场检查要点清单

以制革、毛皮加工行业为例，排污许可证现场执法检查要点清单如表 5-3 所列。

表 5-3　制革、毛皮加工企业排污许可证现场执法检查要点清单

检查环节	检查要点	
基本情况合规性检查	信息准确性检查	单位名称，地理位置，注册地址，位置与许可证生产经营场所是否一致，许可证是否有涂改行为，行业类别与许可证是否一致，是否有出租、出借、买卖或者其他方式非法转让行为，重点生产车间，设施有无等情况
有组织废气排放合规性检查	排放口合规性检查	废气主要排放口、一般排放口基本情况，包括采样孔、采样监测平台、排气口规范设置等
	治理设施合规性检查	排污许可证载明治理措施与实际治理措施的一致性
	治理设施运行合规性检查	治理设施是否正常运行，是否适时开展废气处理设备维护保养
	污染物达标检查	自行监测频次、数据合规性检查，执法监测数据合规性检查
无组织废气排放合规性检查	治理设施合规性检查	排污许可证载明治理措施与实际治理措施的一致性
	污染物达标检查	自行监测频次、数据合规性检查
废水污染治理设施合规性检查	排放口合规性检查	排污许可证排放去向与实际排放去向一致性检查
	治理设施合规性检查	排污许可证载明治理措施与实际治理措施的一致性
	污染物达标检查	自行监测频次、数据合规性检查，执法监测数据合规性检查
	实际排放量与许可排放量一致性检查	化学需氧量、氨氮的实际排放量是否符合年许可排放量的要求
环境管理执行情况合规性检查	自行监测情况检查	是否编制自行监测方案，以及自行监测点位、指标、频次、方案是否符合排污许可证要求等
	环境管理台账执行情况检查	环境管理台账（内容、形式、频次等）是否符合排污许可证要求

续表

检查环节	检查要点	
环境管理执行情况合规性检查	执行报告上报执行情况检查	执行报告内容和上报频次等是否符合排污许可证要求
	信息公开情况检查	排污许可证中涉及的信息公开事项等是否公开
其他合规性检查	固体废物及危险废物管理合规性检查	固体废物及危险废物是否协议签订、分开贮存、固定地点堆放等，排污许可证载明有关要求是否落实

5.7.2 合规性检查

5.7.2.1 一般原则

合规是指排污单位许可事项符合排污许可证规定。许可事项合规是指排污单位排污口位置和数量、排放方式、排放去向、排放污染物项目、排放限值、环境管理要求符合排污许可证规定。其中，排放限值合规是指排污单位污染物实际排放浓度满足许可排放限值要求。环境管理要求合规是指排污单位按排污许可证规定落实自行监测、台账记录、执行报告、信息公开等环境管理要求。

排污单位可通过环境管理台账记录、按时上报执行报告和开展自行监测、信息公开，自证其依证排污，满足排污许可证要求。生态环境主管部门可依据排污单位环境管理台账、执行报告、自行监测记录中的内容，判断其污染物排放浓度是否满足许可排放限值要求，也可通过执法监测判断其污染物排放浓度是否满足许可排放限值要求。

5.7.2.2 基本信息合规性

现场核对单位名称，地理位置，注册地址，位置与许可证生产经营场所是否一致，许可证是否有涂改行为，行业类别与许可证是否一致，是否有出租、出借、买卖或者其他方式非法转让行为等，检查是否有原料皮库、硫化物脱毛车间、磨革车间、涂饰车间等重点生产车间。

5.7.2.3 有组织废气排放合规性

（1）排放口合规性检查

现场核实喷涂、喷浆设施、涂饰车间、烫毛设施、污水处理设施等有组织废气排放口（主要排放口和一般排放口）地理位置、数量、内径、高度与排放污染物种类等与许可要求的一致性。根据《排污口规范化整治技术要求（试行）》（环监〔1996〕470 号）等国家和地方相关文件要求，检查废气排放口、采样口、环境保护图形标志牌、排污口标志登记证是否符合规范要求。例如：排气筒应设置便于采样、监测的采样口，采样口的设置应符合相关监测技术规范的要求；排污单位应按照《环境保护图形标志——排放口（源）》（GB 15562.1—1995）的规定，设置与之相适应的环境保护图形标志牌等。

（2）治理设施合规性检查

现场核实排污许可证载明有组织废气治理措施与实际治理措施的一致性，包括名称、工艺、设施参数等必须符合排污许可证的登记内容。对废气治理设施是否属于污染防治可行技术进行检查，利用可行技术判断企业是否具备符合规定的污染防治设施或污染物处理能力。在检查过程中发现废气治理设施不属于可行技术的，需在后续的执法中关注排污情况，重点对达标情况进行检查。

（3）治理设施运行合规性检查

现场核实各废气治理设施是否正常运行，以及运行和维护情况。主要从以下几个方面进行检查。

① 检查各废气治理设施是否同步运行；

② 检查是否设有非必要旁路；

③ 检查吸附剂、吸收剂、催化剂、蓄热体、过滤棉等治理设施耗材是否定期更换，废过滤棉、废催化剂、废吸附剂、废吸收剂、废有机溶剂等是否及时处置；

④ 现场根据风量、治理设施的有效作用体积测算有机废气在治理设施中的停留时间，是否符合设计规范的要求；

⑤ 检查燃烧设施的运行温度是否在设计值范围内，是否具有助燃燃料的管道等。对于采用将有机废气引入高温炉、窑进行焚烧的，检查有机废气是否作为燃料气通过火嘴或助燃空气引入火焰区，是否同步运行，是否存在旁路系统。

⑥ 检查吸附设施吸附剂是否存在破损以及是否及时更换，吸附床是否存在积水、积灰、堵塞等现象；

⑦ 检查冷凝温度是否在设计值的范围内，检查一定时期内回收液体量的变化情况；

⑧ 检查吸收循环泵是否正常开启，吸收剂是否按时、足量更换。

（4）污染物达标检查

现场核实喷浆设施、烫毛设施、污水处理设施等产生的苯、甲苯、二甲苯、非甲烷总烃、臭气浓度、氨、硫化氢等污染因子的自行监测频次是否满足要求，监测数据是否达标，执法监测数据是否达标。排放浓度以资料核查为主，通过登录在线检测系统查看废气排放口自动检测数据，结合执法监测数据、自行监测数据进一步判断排放口的达标情况。

5.7.2.4 无组织废气排放合规性

（1）治理设施合规性检查　现场核实生皮库、污水处理站设施、涂饰车间、露天堆煤场、磨革车间等产物环节的恶臭、挥发性有机物、颗粒物无组织废气治理措施的合规性。

（2）污染物达标检查　现场核实无组织废气的恶臭、挥发性有机物、颗粒物等污染因子自行监测频次是否满足要求，监测数据是否达标，执法监测数据是否达标。排放浓度以资料核查为主，结合执法监测数据、自行监测数据进一步判断排放口的达标情况。

5.7.2.5 废水污染治理设施合规性检查

（1）排放口合规性检查　现场核实排污许可证排放去向与实际排放去向是否一致，核实废水排放口地理位置、数量等信息与排放污染物种类等与许可要求的一致性。根据《排污口规范化整治技术要求（试行）》（环监〔1996〕470号）等国家和地方相关文件要求，检查废水排放口、采样口、环境保护图形标志牌、排污口标志登记证是否符合规范要求。

（2）治理设施合规性检查　现场核实排污许可证载明各类废水治理措施与实际治理措施的一致性，包括名称、工艺、设施参数等必须符合排污许可证的登记内容。对废水治理设施是否属于污染防治可行技术进行检查，利用可行技术判断企业是否具备符合规定的污染防治设施或污染物处理能力。在检查过程中发现废水治理设施不属于可行技术的，需在后续的执法中关注排污情况，重点对达标情况进行检查。

（3）污染物达标检查　现场核实化学需氧量、氨氮、总氮、总磷等污染因子的自行监测频次是否满足要求，监测数据是否达标，执法监测数据是否达标。排放浓度以资料核查为主，通过登录在线检测系统查看废水排放口自动检测数据，结合执法监测数据、自行监测数据进一步判断排放口的达标情况。

（4）实际排放量与许可排放量一致性检查　采用实测法根据监测数据核算化学需氧量、氨氮、总铬、总氮、总磷实际排放量，判断是否满足年许可排放量要求。实测法适用于有自动监测数据或手工采样监测数据的制革工业排污单位要求采用自动监测的排放口或污染物项目而未采用的，采用产排污系数法核算化学需氧量、氨氮、总铬、总氮、总磷排放量，按直排进行核算。

5.7.2.6　环境管理执行情况合规性检查

（1）自行监测情况检查　主要核查排污单位是否按《排污单位自行监测技术指南制革及毛皮加工工业》（HJ 946—2018）等相关要求严格执行大气、废水污染物监测制度，以及是否自行监测大气污染物的产生情况，是否按照排污许可证的要求确定污染物的监测点位、监测因子与监测频次。尤其是废水自动监控设施的检查，按照《水污染源在线监测系统（COD_{Cr}、NH_3-N 等）安装技术规范》（HJ 353—2019）、《水污染源在线监测系统（COD_{Cr}、NH_3-N 等）验收技术规范》（HJ 354—2019）、《水污染源在线监测系统（COD_{Cr}、NH_3-N 等）数据有效性判别技术规范》（HJ 356—2019）、《水污染源在线监测系统（COD_{Cr}、NH_3-N 等）运行技术规范》（HJ 355—2019）、《污染源自动监控设施现场监督检查技术指南》（环办〔2012〕57 号）等标准和相关文件的要求，结合在线监测设施的运维记录，核查废水污染源在线自动监控设施的安装、联网以及定期校核等运维情况、水污染物在线监测数据的达标情况等。

（2）环境管理台账执行情况检查　主要检查企业环境管理台账的执行情况，包括是否有专人记录环境管理台账，环境管理台账记录内容的及时性、完整性、真实性以及记录频次、形式的合规性。重点检查产生污染物的生产设施的基本信息、治理设施的基本信息、监测记录信息、运行管理信息和其他环境管理信息等。

（3）执行报告上报执行情况检查　查阅排污单位执行报告文件及上报记录。检查执行报告上报频次和主要内容是否满足排污许可证要求。企业应根据《排污许可证申请与核发技术规范　制革及毛皮加工工业—毛皮加工工业》（HJ 1065—2019）、《排污许可证申请与核发技术规范　制革及毛皮加工工业—毛皮加工工业》（HJ 859.1—2017）相关规定，编制执行报告。报告分年度执行报告、半年执行报告、月度/季度执行报告。

（4）信息公开情况检查　主要包括是否开展了信息公开，信息公开是否符合相关规范要求。主要核查信息公开的公开方式、时间节点、公开内容与排污许可证要求相符性。

公开内容应包括但不限于废水、废气污染物排放浓度、排放量、自行监测结果等。

5.7.2.7　其他合规性检查

固体废物及危险废物管理合规性检查。现场核对固体废物及危险废物是否与有相关资质单位签订处置协议，合同是否在有效期内，合同处置内容与实际产生情况是否一致，核对固体废物与危险废物是否分开贮存，识别标识是否符合规范，危险废物转移联单是否严格落实到位，排污许可证载明有关要求是否落实。

5.8　强化排污许可证后监管的对策

5.8.1　加强政策的整合与细化

① 衔接整合相关环境管理制度，统一要求、规范标准。《国务院办公厅关于印发控制污染物排放许可制实施方案的通知》（国办发〔2016〕81 号）已有明确要求：实现从污染预防到污染治理和排放控制的全过程监管必须充分衔接环境影响评价制度与排污许可制，新建项目必须在发生实际排污行为之前申领排污许可证，环境影响评价文件及批复中与污染物排放相关的主要内容应当纳入排污许可证；加强排污许可证与污染物排放总量控制制度的有效融合，逐步实现由行政区域污染物排放总量控制向企事业单位污染物排放总量控制转变，控制的范围逐渐统一到固定污染源。

② 提请职能部门研究细化证后监管中难以落地、执行困难的管理要求，提升按证守法、依证执法的可操作性，形成精简高效、衔接顺畅权责清晰的监管体系，解决目前存在的重发证、轻监管问题。

5.8.2　完善监管支撑体系建设

① 建立互联网+监管系统，通过地方证后监管平台与国家排污许可证信息对接、持证排污单位“一源一档”，建立监管和许可等信息共享、过程留痕、闭环管理的新模式。

② 强化部门协同，提升管理效能，进一步明确监管任务流程以及监管、监测和执法部门的职责分工，制定科学化、精确化的证后监管执法机制，实现排污许可证后管理、监测和执法的有效衔接与部门联动。

③ 制定行业的证后监管执法与现场检查指南性文件，规范重点监管、专项执法、常规执法的现场检查要求，为监管效能的提高提供技术支撑。

④ 加强对监管执法人员与企业环境管理人员的岗位培训，通过双向反馈，及时发现问题与总结经验，保障证后监管工作更加规范。

（1）强化督察考核及监督机制

① 建立对证后监管工作的监督和稽查机制和帮扶工作机制。上级生态环境主管部

门对下级部门要加强政策指导，提供技术支持，帮助解决重点难点问题。定期对监管情况进行调度、通报、督办及问责，推动监管工作落实。

② 按照“谁核发、谁监管”原则，积极推进依证监管。以日常检查或专项检查的形式，梳理建设单位填报信息和生态环境部门监管信息，对排污单位落实排污许可证管理要求及排污许可限期整改要求进行检查。

③ 实现排污许可证信息公开，不仅申领、核发、监管流程全过程公开，而且污染物排放和监管执法信息也公开，为推动按证守法、按证执法和社会监督创造条件。

（2）加强新建项目排污许可证核发工作

① 在项目环评时要明确排污许可证相关要求及企业主体责任，在企业自主环保设施竣工验收前落实排污许可证发证工作。

② 核发部门应充分听取各职能部门、监测部门和执法部门的相关意见，确保排污许可证内容的合理性与可操作性，让排污许可证发得正确用得也顺手。

③ 开展核发质量评估工作。通过审核排污许可证文本及现场抽查，检查许可证核发流程的规范性、核对企业填报信息的真实性和准确性，及时发现问题，督促落实整改，提升许可证的质量。

（3）加强环境管理能力建设

排污许可证“全覆盖”和“一证式”管理要求，不论是对监管部门还是对企业都是很高的技术要求，对监管及管理人员的专业能力也是很大的考验。除了加强员工职业培训提升现有人员的专业水平，通过引进专业技术人才、购买第三方技术服务或选用“环保管家”模式，可以快速提高排污许可证核发与管理水平，保障企业按证排污的执行力。

5.9 执行报告审查案例

5.9.1 执行报告填报内容不完整

某毛皮加工工业排污单位《2021 年度排污许可证执行报告》中信息公开情况填报内容如图 5-1 所示，该单位信息公开情况表中实际情况一栏填报内容为“空白”，小结内容未填写，判断为排污许可证执行报告中执行报告填报内容不完整。

5.9.2 污染防治设施运行情况填报不完整

某毛皮加工工业排污单位《2022 年度排污许可证执行报告》中污染防治设施运行情况填报内容如图 5-2 所示，该单位污水污染治理设施正常运行情况表中污水处理站的数量一栏内容为“空白”，判断为排污许可证执行报告中污染防治设施运行情况填报内容不完整。

七、信息公开情况

(一)信息公开情况报表

表8-1 信息公开情况表

序号	分类	许可证规定内容	实际情况	是否符合排污许可证要求	备注
1	公开方式	国家排污许可信息公开系统，当地报刊、广播、电视等便于公众知晓的方式		是	
	时间节点	按照《排污许可管理办法》(试行)、《企业事业单位环境信息公开办法》的要求执行		是	
	公开内容	1. 基础信息，包括单位名称、组织机构代码、法定代表人、生产地址、联系方式，以及生产经营和管理服务的主要内容、产品及规模；2. 排污信息，包括主要污染物及特征污染物的名称、排放方式、排放口数量和分布情况、排放浓度和总量、超标情况，以及执行的污染物排放标准、核定的排放总量；3. 防治污染设施的建设和运行情况；4. 建设项目环境影响评价及其他环境保护行政许可情况；5. 突发环境事件应急预案；6. 排污许可证执行报告中全部相关内容；7. 其他应当公开的环境信息		是	

(二)小结

图 5-1　某排污单位执行报告截图

三、污染防治设施运行情况

(一)污染治理设施正常运转信息

废水污染治理设施正常运转情况表

序号	设施名称	设施编号	参数	数量	单位	备注
1	综合污水处理站	TW001	废水防治设施运行时间		h	
			污水处理量		t	
			污水回用量		t	
			污水排放量		t	
			耗电量		kWh	
			药剂使用量		kg	
			污染物处理效率		%	
			运行费用		万元	

图 5-2　某排污单位执行报告截图

5.9.3　污染物监测频次不满足要求

某毛皮加工工业排污单位《2022 年度排污许可证执行报告》中无组织废气污染物排放浓度监测数据统计情况如图 5-3 所示，监测时间和浓度监测结果一栏内容为“空白”。根据《排污单位自行监测技术指南　制革及毛皮加工工业》(HJ 946—2018)，某毛皮加工工业排污单位无组织废气监测频次要求纳入无组织管理的污水处理设施的臭气浓度、氨、硫化氢 3 项监测指标最低监测频次为 1 次/年，而该企业臭气浓度、氨、硫化氢等污染物监测频次不满足要求。

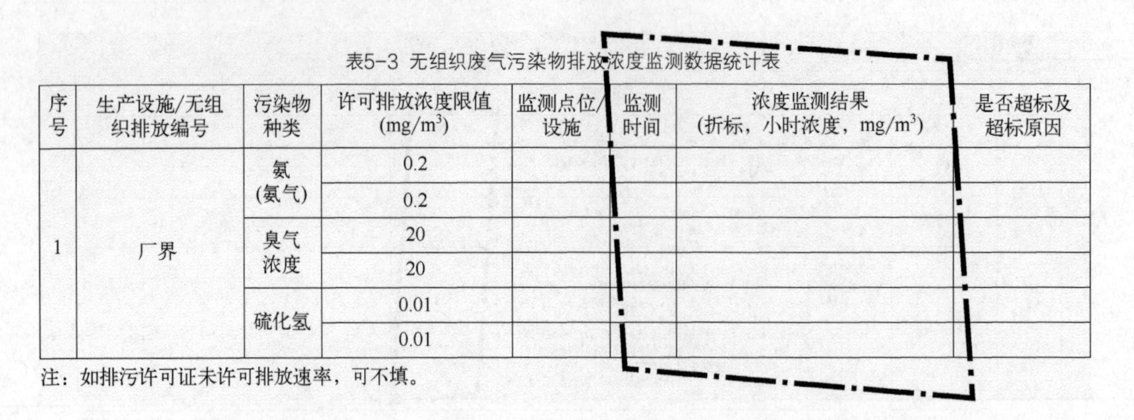

表5-3 无组织废气污染物排放浓度监测数据统计表

序号	生产设施/无组织排放编号	污染物种类	许可排放浓度限值（mg/m^3）	监测点位/设施	监测时间	浓度监测结果（折标，小时浓度，mg/m^3）	是否超标及超标原因
1	厂界	氨（氨气）	0.2				
			0.2				
		臭气浓度	20				
			20				
		硫化氢	0.01				
			0.01				

注：如排污许可证未许可排放速率，可不填。

图 5-3　某排污单位无组织废气污染物排放浓度监测数据统计截图

第6章 污染防治可行技术

6.1 制革行业

6.1.1 一般要求

制革行业污染防治可行性技术可依据《排污许可证申请与核发技术规范　制革及毛皮加工工业—制革工业》（HJ 859.1—2017），制革工业排污单位废水、废气污染防治可行技术如表6-1和表6-2所列。

表6-1　制革工业排污单位废水污染防治可行技术

废水类别	污染物种类	可行技术
含铬废水	总铬、六价铬	结合生产工艺采用铬减量化和封闭循环利用或碱沉淀、过滤、吸附及深度处理等技术，经处理总含铬废水总铬、六价铬铬、六价铬满足限值要求后排至污水处理站进一步处理
全厂废水	pH值、色度、五日生化需氧量、悬浮物、化学需氧量、氨氮、总氨、总碱、动植物油、硫化物、氯离子	排至污水处理站经一级物化、二级生化、深度处理或全生化工艺后回用或经总排放口达标外排： ①一级物化：隔油、气浮、混凝、沉淀等； ②二级生化：A/O、变型AVO、氧化沟、AVB、BR、生物接触氧化、BAF、MBR、厌氧等，以及相应组合工艺； ③深度处理：氧化塘、芬顿氧化臭氧氧化、生物滤池、膜技术（微滤/超滤反渗透）、吸附等

表6-2　制革工业排污单位废气污染防治可行技术

生产装置或设施	污染物种类	可行技术
锅炉	二氧化硫	湿法脱硫（石灰石法、氧化镁法、氯法、氢氧化钠法）、半干法脱硫、干法脱硫

续表

生产装置或设施	污染物种类	可行技术
锅炉	氮氧化物	低氮燃烧技术（低氮燃烧器、空气分级燃烧、燃料分级燃烧）、选择性催化还原法（SCR）、选择性非催化还原法（SNCR）
	颗粒物	袋式除尘技术、电除尘技术
污水处理设施	硫化氢、氨、臭气浓度	集中收集后采用喷淋吸收、生物滤塔、活性炭吸附、强氧化等技术
喷浆设施	苯、甲苯、二甲苯、非甲烷总烃	集中收集后采用喷淋、过滤、吸附等技术

6.1.2 清洁生产技术

6.1.2.1 原皮保藏清洁生产技术

（1）少盐保藏法

传统的盐腌法会造成环境的盐污染，但盐腌法成本相对较低，防腐效果明显，目前还无法完全淘汰盐腌法。而少盐保藏法是在传统工艺基础上进行优化，采用食盐、杀菌剂、抑菌剂、脱水剂等结合使用，既可以减少食盐用量，降低盐污染，又能达到中短期防腐保藏的目的。

由南非研究人员研发的少盐保藏法是一种把杀菌剂粉末涂在肉面后，折叠堆置的少盐短期保藏法。杀菌剂由25%的EDTA钠盐、40%的NaCl、35%的中粗锯木屑组成，每张绵羊皮用量约为150g，每张牛皮用量约为3kg。皮中的水分可起到稀释、扩散杀菌剂的作用，处理后的皮张重量轻，易于堆放运输。该少盐工艺通过工厂试生产证明技术是可行的，虽然其成本比传统的盐腌法略高，但可以减少约20%的盐用量，相应的皮中盐含量减少30%～40%。综合考虑生产成本、污水处理及环境效益等各方面因素，该工艺是一种值得应用及推广的清洁生产技术，只是在室温下的保藏期为4周，不如盐腌法长，适用于短期保藏。需要注意的是如果有 Ca^{2+}、Mg^{2+}等离子存在（硬水中含量较高），会削弱EDTA钠盐的抑菌效果。

还可以采用杀藻胺与盐共同作用的方法，将油脂工业的副产品精油饼应用到原皮保藏工艺中，这种油渣饼中含有天然的杀菌物质，可辅助食盐（13%）进行防腐，保藏期在15d以上。研究表明，牛皮的长期保藏中在使用5%的食盐和杀菌剂的情况，用硫酸钠部分替代食盐，以皮重25%的混合粉末（其中80%Na_2SO_4、20%NaCl）涂于肉面，原料皮在夏季可保藏1.5个月，冬季则能达到2.5个月。以上几种方法尽管可达到防腐的目的，但因操作较复杂或成本太高，不太可能在工业规模推广，而且使用这些方法时，要注意选用高效、低毒的防腐剂，否则可能给环境造成新的污染问题。国外大多数制革企业都有专门的防腐剂产品，国内在这方面的专用产品较少，还需要加大开发力度。

（2）硅酸盐保藏法

硅酸盐保藏法是采用硅酸钠代替食盐的保藏方法。研究结果表明，该工艺处理过的原料皮具有极好的储藏性，且浸水废液中的TDS和盐含量相比传统方法都明显减少。另外，用含硅酸盐的浸水液代替纯水灌溉，能促进植物的生长，提高产量。硅酸钠应用于防腐有两种方法，具体如下：

1）转鼓法

原皮首先在含有5%～30%水玻璃（硅酸钠）的水溶液中浸泡，2～5h后控干水分，多采用柠檬酸中和原皮，pH值调节至5.0～5.5，处理后的原皮可保藏数月。尽管采用这种防腐法的原皮干燥后类似于羊皮纸，但是浸水后仍然能够制成高品质皮革。但由于剥皮过程需要转鼓等设备，因此屠宰场和原皮商一般不采用该方法。

2）粉末法

将硅酸钠溶液（水玻璃）用甲酸和硫酸中和，水洗干燥后研磨成粉，成品为白色细粉末，直接涂抹在原皮肉面。与传统方法相比，硅酸钠用量可减少50%（原皮重的20%～25%，而盐腌法的食盐用量为40%），防腐效果优良。

质量方面，无论是转鼓法还是粉末法，原料皮都大量脱水。常规盐腌皮的水分含量约为30%，而硅酸盐防腐皮仅含有10%～15%的水分，所以用硅酸盐防腐的原皮质地坚硬。但原皮回水没有任何问题，成革在外观和手感上与传统方法处理的原皮没有差异，成革品质和物理性能也未受影响。

环境方面，能经过6个月的长期存放后，常规盐腌保藏与硅酸盐保藏的原料皮上的细菌繁殖数没有明显的差异，但硅酸盐防腐皮浸水液的细菌数比盐腌皮浸水液的细菌数更大。硅酸钠代替食盐应用于原皮保藏，其防腐皮浸水液的TDS要低很多，这是因为硅酸盐（与食盐相反）几乎不溶解。

经济方面，根据成本估算，硅酸盐粉末的产品价格是食盐的两倍。但是，用硅酸盐防腐可以减少很多废水处理的费用，因为硅酸盐有更强的脱水性，使原皮更轻，原料皮的运输费用也会降低，因此硅酸盐保存原料皮在经济上是可行的。

目前，硅酸盐保藏法存在的问题如下：

① 硅酸盐粉末如吸入体内过多会导致硅沉着病。

② 硅酸盐必须进行中和，否则防腐效果不佳。只有一定颗粒尺寸的硅酸盐才能起到较好的防腐效果，粉末太细会造成结块并会减弱防腐作用，颗粒太大又会导致分布不均匀，而硅酸盐的良好分布是原皮保藏所必须的条件。

3）硅胶法

硅胶和杀菌剂PCMC（对氯间甲酚）按照原皮重量的10%和0.1%配比，可用于原皮短期保藏。硅胶是一种很强的脱水剂，从而抑制细菌的生长，达到防腐的目的。该方法在实验室阶段已经取得了不错的效果，实验温度31℃下原料皮可保藏至少2周。该方法中所用硅胶的制备方法为：用浓硫酸处理偏硅酸钠，在pH值为5.5的条件下使其凝聚，然后分离、干燥，粉碎至0.01mm左右的粒径即可。可以说，这种硅胶是一种绿色材料，对环境几乎不造成附加污染，容易实现工业生产，成本亦不太高。用此硅胶加少量杀菌剂的保藏方法具有工业化应用前途。

（3）KCl保藏法

KCl保藏法是采用浓度在4mol/L以上KCl溶液替代食盐防腐，过程中需要加入抑菌剂，避免葡萄球菌可以在 KCl 防腐皮上生长，产生能破坏蛋白质的酶，损伤粒面，使用 KCl 处理的生皮保藏期可达 3 个月，但该技术的投入成本较高，同时 KCl 溶解度受温度影响较大，温度的变化可能会导致 KCl 溶液浓度变化，从而影响产品质量。

（4）冷冻法

冷冻法是在生皮从动物体上剥离后迅速降低温度，并于冷库内贮存，可以有效抑制生皮中细菌繁殖，达到防腐保藏的目的，同时大幅度降低了水中的 TDS 含量，且保藏的生皮与鲜皮性质相近。具体方法如下：

1）冷气法

冷气法是将生皮悬挂于传送带上，通过冷空气降温，在 48h 内冷却到 5℃后可贮存 5d，但该技术需要特殊的冷藏库及连续生产线，投资成本高，适用范围受到限制。

2）加冰法

加冰法是将刚剥下的生皮放入盛有冰块的容器中进行降温，2h 内温度可降到 10℃，贮存时间约为 24h。这种方法比较简单，成本仅为盐腌法的 1/10，在瑞士、德国、奥地利等国已得到大规模使用，但保藏期太短，只适合少量加工，而且所使用的冰量是有限度的，需要考虑冰融化产生的水分，原皮通过吸收水分，重量显著增加。

3）干冰法

干冰法是将粉状干冰喷洒到原皮肉面上进行快速降温，温度可在短时间内降到-35℃，该技术无回湿和冰块融化的问题，冷却均匀，至少可保藏 48h。每千克皮约需要 60g 干冰，皮革重量不增加，易于搬运，成本低于冷气法，但在操作时应注意避免 CO_2 引起的窒息，同时也要考虑制冷条件和贮存时 CO_2 高压的处理。

（5）辐射法

辐射法是使用一定能量的电子束或 Y 射线照射，可以杀死原料皮表面的细菌，达到防腐的目的，又能很好地保持鲜皮特性，整个过程包括两个主要步骤。

1）辐射前准备阶段

将原料皮置于转鼓或划槽中，加入杀菌剂 0.3%、水 100%，转动 1h 进行预杀菌。随后经过挤水，原料皮被送上传送带进行分级、修边和折叠。

2）电子束辐射过程

原料皮经辐射处理后，原料皮继续由传送带送往无菌冷藏室，按重量和品质分类贮存。实验表明，15～30kGy 的辐射剂量可使原料皮保存完好，用 10MV 的电子束照射已折为四层的生皮，如果密封包装不与外界接触，可保藏 6 个月以上。

该技术处理后的皮革外观与物理性质与盐腌皮制得的产品无明显区别，生产效率更高，同时可以有效减少污染物产生，该技术由于设备的特殊性，投资较大。

（6）干燥法

干燥法分为露天晾晒和干燥设备进行去湿干燥，降低原皮湿度，使细菌繁殖能力下降，从而达到防腐的目的。露天晾晒干燥时间较长同时受天气影响较大，目前一般采用干燥设备进行干燥，如锅炉蒸汽烘干机或电烘干机等。该技术在生产过程中不使用盐和其他化学品，没有环境污染，成本较低。

（7）其他无盐保藏法

1）亚硫酸钠醋酸

亚硫酸钠醋酸可有效防腐，通过缓慢释放的 SO_2 来抑制细菌生长，经该技术处理的原皮保藏期为4周左右，且产生的少量 SO_2 被皮完全吸收，没有逸出现象。其操作过程包括转鼓法（鼓中加入1%亚硫酸钠、1%醋酸和20%水）、桶浸泡法、池浸湿法（在流水线上用钩子吊住原皮通过溶液池）等。

2）印楝叶

采用印楝叶中提取的具有杀菌功效的植物制剂进行防腐，原皮保藏时间可达 2～4周。该制剂的制备过程为：将印楝树叶粉碎后，与异丙醇混合搅拌成糊状。保藏时将此糊状物涂在原皮上，用量为450g/kg 原皮。在保藏期过后，该制剂可以从皮上刮下，集中回收用于堆肥，解决了其后续处理问题。

6.1.2.2 制革准备清洁生产技术

（1）清洁浸水技术

浸水工序是制革准备工段的重要工序之一，传统方法常采用水或加入防腐剂及表面活性剂，酸、碱、盐等助剂进行浸水。但在使用过程中，发现会产生环境污染、有毒有害等问题。而酶浸水方法是以酶制剂作为主要浸水助剂，并加入其他助剂及防腐剂的浸水方法。具有去除纤维间质程度高、生皮回软快等优点。酶浸水处理可以有效地降低制革废水中的污染物浓度，改善其他化学材料在皮中的吸收及渗透作用。

（2）清洁脱脂技术

1）可降解的表面活性剂脱脂

乳化法为脱脂工序常用的方法，常用的脱脂剂主要成分是表面活性剂，表面活性剂具有特殊的分子结构，其中既包含亲水基团也包含亲油基团。当这种表面活性剂与油脂接触时，亲油基团会与油脂结合并将其包裹起来，而亲水基团则留在外面，从而改变了油脂的表面性质，使其由亲油性转变为亲水性，进而能够溶于水并被水带走，使用后废水中表面活性剂含量较高，难降解的表面活性剂会导致环境污染问题。而可降解的表面活性剂除了具备脱脂功能外，更重要的是能够在一定条件下分解为对环境无害的物质，因此具有良好生物降解性能的表面活性剂将成为今后行业的重点研发方向。

目前，常用的可降解脱脂剂主要包括脂肪醇聚氧乙烯醚、烷基醇醚羧基盐、酰胺醚羧酸盐、烷基多苷、烯基磺酸盐、脂肪酸甲酯及仲烷基磺酸盐等，需要注意的是，虽然可降解的表面活性剂脱脂在环保方面具有优势，但在实际应用中仍需谨慎操作，以确保其使用效果和对环境的影响达到最佳平衡。同时，还需要根据具体的脱脂需求和场景，选择合适的表面活性剂种类和使用条件，以达到最佳的脱脂效果。

总之，可降解的表面活性剂脱脂是一种环保且有效的脱脂方法，具有广阔的应用前景。随着环保意识的不断提高和技术的不断进步，相信未来这种脱脂方法会得到更广泛的应用和推广。

2）酶法脱脂

酶法脱脂是指在一定条件下，使天然油脂被脂肪酶催化水解，生成脂肪酸和甘油，成为可溶性化合物而被去除。酶法脱脂具有一系列优势：

① 酶法脱脂能够均匀彻底地去除生皮内的油脂，同时起到分散胶原纤维的作用。这不仅促进了后续操作的顺利进行，还有助于提高成革的质量和性能。

② 酶法脱脂能够较大程度地减少或消除表面活性剂、脱脂溶剂的用量，降低了生产过程中的化学污染，符合绿色环保的生产理念。此外，由于减少了表面活性剂的使用，废水中泡沫减少，油脂更容易从废水中分离出来，有利于废水处理和环境保护。

③ 酶制剂本身属于绿色环保型产品，不具有毒性，使用过程中也不会产生污染物。

因此，将生物酶的使用作为一种清洁的皮革鞣制加工工艺，有助于减少甚至替换高污染的化学药品的使用。

在制革行业中，酶脱脂剂的应用已经取得了一定的研究进展。通过优化酶制剂的配方和工艺条件，可以进一步提高脱脂效果和产品质量。同时，随着生物技术的不断发展，新型脂肪酶和酶制剂的研发也将为制革行业的脱脂工艺提供更多可能性。

总之，制革行业酶脱脂剂以其高效、环保、均匀脱脂的特点，在皮革加工过程中发挥着重要作用。随着技术的不断进步和环保要求的提高，酶脱脂剂在制革行业的应用前景将更加广阔。

3）超声波处理

超声波脱脂处理是使用一定频率的超声波处理生皮，能够破坏脂肪细胞，使皮中油脂更好地乳化和分散，促进脱脂效果。超声波脱脂技术多应用于金属表面处理、电子元器件清洗等领域，有研究表明，制革行业可利用超声波的乳化作用和加热效应辅助乳化法进行脱脂，可有效减少有机溶剂使用。

（3）低污染灰碱法脱毛技术

1）废碱液循环利用

浸灰操作是制革生产过程中关键的工序之一，现阶段灰碱工艺仍然是制革厂普遍采用的脱毛浸灰工序的操作方法，在浸灰工序中由于硫化物和石灰的使用以及毛和皮蛋白的胶溶作用，使该工序操作废液呈现悬浮物含量高、S^{2-} 含量高以及高 COD_{Cr} 值等特征。在常规制革工艺过程中每 1t 原料皮会产生 4.0～6.0t 的浸灰工艺操作液，其工艺操作液污染负荷占鞣前加工总量的 60%～70%，可以看出脱毛浸灰操作工序是制革过程中产生污染最严重的工序。从工艺成熟度、投资成本等角度考虑，制革企业完全放弃灰碱法脱毛是不现实的，如灰碱法脱毛过程中会产生废碱液，进行回收利用，可有效减少废水排放量，降低废水中 COD_{Cr}、BOD 等污染物浓度，同时充分利用硫化物和石灰等化工原料。该技术早在 1979 年就在欧洲地区已使用，经过 40 多年发展，在此期间不断有新的技术、装置、工艺产生与应用。例如，屈惠东提出了一种废液回收装置，丁绍兰等研究的常用毁毛法浸灰脱毛废液的循环使用方法，张铭让等研究建立了一套稳定的生产上可实施的封闭式脱毛废水、复灰废水直接循环工艺，丁志文等开发了一种从保毛脱毛浸灰废液中回收硫化钠和蛋白质及废液回用技术，张壮斗等开展了大量牛皮脱毛浸灰废液全封闭循环利用方面的研究工作等。

2）保毛脱毛法

保毛脱毛法主要通过控制碱和还原剂对毛的作用条件，使脱毛条件只作用毛根而留下完整的毛，再使用循环系统将毛回收利用，而不是随废水排放。可以有效减少废水中悬浮物、有机物，降低COD_{Cr}和BOD含量。还可以减少硫化物的用量。该技术的基本原理是毛干中的硬角质蛋白的双键硫在碱或还原剂的作用下被打断，并重新形成了更多的稳定新共价键，使其耐化学降解能力进一步强化，这种作用被称为护毛现象。由于毛球、毛根鞘和表皮中的软角蛋白未得到保护，因此通过化学试剂或生物试剂破坏毛球、毛根鞘和表皮，即可使毛脱落，而毛干基本不受影响。常见的保毛脱毛方法有色谱法、HS保毛浸灰法和布莱尔脱毛法等。为了更进一步减少污染物的排放，同样可以将保毛脱毛法排放的废液循环利用，原理基本和毁毛法废液循环利用相同。色诺法、HS保毛浸灰系统、布莱尔脱毛法等技术中都包含了脱毛浸灰液循环利用。采用保毛脱毛法，可以有效地减少污染，但通常在设备、管理、劳动力、化工材料等方面比毁毛法成本高。

（4）酶脱毛

酶是一种生物催化剂，不同的制革用酶可以与皮中不同的成分如胶原蛋白、角蛋白、糖蛋白、脂肪等发生作用。利用这种作用可除去生皮中许多对制革无用的成分，适度分散胶原纤维，生产预期的产品。酶催化作用的主要特点是具有专一性和高效性，条件温和，本身无毒无害，将其代替许多污染较严重的化工材料用于皮革加工被公认为是一种清洁技术。

制革过程中应用酶脱毛具有悠久的历史。早在两千多年前，就有用粪便的浸液进行脱毛的记载，然而当时人们并不知道其作用机理。早期使用的“发汗法”脱毛也是在适宜条件下利用皮张上的溶菌体及微生物产生的酶的催化作用分解毛根周围的类黏蛋白，削弱皮与毛的连接，达到皮、毛分离而脱毛的目的。不过这种脱毛方法不易控制，容易发生烂皮事故，早已被淘汰。1910年，Rohm从发汗法中得到启发，研究出用胰酶脱毛的方法——“Arazym”法，将原料皮经碱膨胀后，再用胰酶进行脱毛，这被认为是酶制剂在制革生产上应用的一个里程碑。1953年印度人利用植物蛋白“马塔尔”乳液（取自一种巨大的牛角瓜）及淀粉酶“拉特然”乳液（取自一种蟋蟀草属植物），进行生皮脱毛并申请了专利。1955年比利时人用既能分解酪蛋白和角蛋白又能脱毛的链菌酶（属于放线菌）进行脱毛试验并取得专利。随着其他酶制剂的不断开发、应用，制革中酶的使用变得更容易控制、更科学合理。目前生产上使用的酶脱毛技术主要是指用人工发酵所产生的工业酶制剂在人为控制条件下的一种保毛脱毛法。

酶脱毛方面在近年来也得到了一定的关注，其研究主要集中于新型酶助脱毛制剂及应用工艺的开发与相关机理研究。李敬等以酶解温度、时间、pH值、酶液浓度为自变量，脱毛废液中胶原蛋白含量、总蛋白质含量等为因变量，采用响应面法优化了原有脱毛工艺参数，结果表明先加入碱性蛋白酶酶解2.6h，再加入中性蛋白酶酶解2.5h，可以完全脱毛。R.G.Paul对于中性蛋白酶脱毛进行了一系列的研究，发现蛋白多糖为该种酶对应底物，蛋白多糖的水解导致毛发松动甚至脱毛，但是不会损伤真皮的胶原纤维。宋健等对蛋白酶脱毛的动力学进行了初探，分析了蛋白酶脱毛酶液中释放总蛋白的浓度。发现在原始阶段，浓度与时间形成良好的线性关系，表明酶脱毛是一个可以控制的扩散过程，对于释放的糖类的动力学分析进一步证实这一观点。通过酶脱毛动力学研究，发现蛋白酶脱毛时间增加后，会水解皮内的一些核心蛋白，导致胶原蛋白和蛋白多糖的降解，释放出蛋白质和碳水化合物。因此，酶脱毛时需要严格控制反应时间。酶脱毛主要通过酶在表皮扩散实现，但是扩散速度十分缓慢，超声波可以加速酶在皮内的扩散，对酶的活性和皮革的物化性能没有明显影响。值得注意的是，淀粉酶通过攻击糖蛋白的糖侧链，也具有一定的脱毛能力，对胶原纤维无降解作用，因此使用超声淀粉酶和蛋白酶结合脱毛是一种清洁且具有良好发展前景的办法。一些研究人员致力于研究新粪产碱杆菌，他们从中分离出一种新型碱性蛋白酶，即使丢置在 30℃环境下 24h 依旧稳定，最适合 pH 值为 9，该种酶脱毛后的生皮柔软，坯革性能丝毫不弱于传统脱毛法，该酶脱毛后，废液中化学需氧量、生化需氧量、总硫含量明显降低，降低污水处理的压力，是一种绿色脱毛剂。

（5）氧化脱毛

氧化脱毛技术是一种通过氧化角蛋白使毛溶解的脱毛方法。其基本原理是利用氧化剂破坏毛发角蛋白中的二硫键，达到毛发水解的目的。常用的氧化剂有过氧酸、亚氯酸钠和过氧化氢等。其中，亚氯酸钠在酸性条件下分解产生的二氧化氯可以作用于毛和表皮的角蛋白，使毛角蛋白的双硫键氧化断裂并进一步转化为磺酸基而使毛溶解。而过氧化氢脱毛则是过氧化氢与氢氧化钠共同作用的结果，过氧化氢的氧化作用破坏毛脱氨酸的双硫键，这种作用在碱性条件下得到加强，使毛的双硫键被还原后在碱的作用下发生溶解。

氧化脱毛技术也存在一些缺点。例如，二氧化氯毒性大，对空气污染严重，设备腐蚀大，脱毛操作需要专门的密封、耐压设备，因此成本较高。此外，虽然氧化脱毛法能使硫化物污染得到消除，革面细致且强度较高，但使用不同的氧化剂可能会带来不同的问题。例如，若用亚氯酸钠脱毛，虽然解决了硫化物污染，却带来了二氧化氯污染；若用过氧化钠脱毛，则会因作用强烈而不易控制。

为了克服这些问题，有些方法采用过氧化氢和氢氧化钠结合来脱毛，这样既能获得氧化脱毛的优点又不会产生有害物质，产品质量也易于控制。不过，由于氧化剂具有腐蚀性，因此设备需要是不锈钢质或塑料质，以应对强烈的化学作用。

随着对过氧化脱毛机理的深入研究，有研究表明，在碱性条件下所有氧化剂都是通过破坏角蛋白的双硫键来实现脱毛的。因此除了过氧化氢外，一些新的氧化脱毛剂，如过硼酸钠、过氧化钙、过碳酸钠和臭氧等也被发现具有较好的脱毛能力。从而拓宽了氧化脱毛的研究领域，使此项技术具有更广阔的应用前景。

氧化脱毛技术虽然具有一些优点，但也存在不少挑战和限制。在实际应用中，需要根据具体情况选择合适的氧化剂和工艺条件，以达到最佳的脱毛效果和最低的环境污染。同时，也需要不断研究和探索新的脱毛技术，以满足制革行业对高效、环保、可持续生产的需求。

（6）无铵盐脱灰技术

脱灰是制革准备工段中伴随浸灰而存在的重要工序，目的主要是除去灰裸皮中的石灰和碱，消除皮的膨胀状态，调节裸皮的 pH 值，为软化、浸酸等时序创造条件。其中最普遍使用的脱灰剂是硫酸铵和氯化铵，但会造成大气和水体环境污染，为了减少和消除脱灰废液的污染，对脱灰技术进行改进，采用无铵盐脱灰工艺，常见技术包括二氧化碳脱灰、镁盐、硼酸、有机酸和有机酸脂代替铵盐脱灰等。脱灰材料可分为以下 3 类。

① 无氨无硼脱灰材料：如二氧化碳、镁盐、有机酸和有机酸的脂类等，这些材料可以大幅度减少废水中氨氮含量，但普遍存在 pH 缓冲性差、在灰皮渗透慢的问题。

② 含硼脱灰剂：硼酸含量通常＞50%，其 pH 缓冲性和渗透性较好，但由于硼酸已被欧洲化学品管理局列入了第三批高度关注物质清单，其使用量在逐渐减少。

③ 少氨脱灰材料：用少量铵盐与有机酸类物质复配得到，其 pH 缓冲性和渗透性较好，能大幅度降低氨氮和总氮的排放量，但这类材料仍然含少量铵盐。

6.1.2.3 制革鞣制清洁生产技术

（1）浸酸清洁生产技术

1）无盐/少盐浸酸技术

无盐浸酸是指软化裸皮不用盐而直接用不膨胀酸性化合物处理，达到常规浸酸的目的。常见方法包括小液比浸酸法以减少水和盐的用量，用不膨胀的磺酸聚合物进行浸酸，用芳香族磺酸替代部分盐。而使用以上技术需要保证在无盐或少盐条件下浸酸裸皮不发生膨胀和肿胀，裸皮经无盐浸酸材料处理后应达到有盐常规浸酸的目的，其成革应具备常规浸酸铬鞣工艺的成革特性。无盐浸酸的工艺条件与常规浸酸工艺基本相同，所使用的原辅材料和加工综合成本也基本相当，同时不会造成新的环境污染。

2）浸酸废液循环利用

浸酸废液循环利用是指将铬鞣废水处理调整后首先用于下批软化裸皮的浸酸，然后再补加鞣剂进行鞣制。这种循环利用方法能够有效地降低铬鞣工序废液的排放量，并减少新化学品的使用，有助于降低生产成本和减少环境污染。

在实际操作中，浸酸废液首先被收集起来，经过适当的处理，如调节 pH 值、去除固形物等，然后按照工艺的要求补加适量的化学材料回用。这些经过处理的废液可用于浸酸铬鞣或复鞣。在日本的一些猪皮制革厂，他们还会将铬鞣废水收集后加热升温，静置一段时间，让油脂上浮分层，然后将下层清液过滤，调节 pH 值，补加酸、食盐、铬等，实现循环使用。

此外，国内的一些研究也在探索更高效的浸酸废液循环利用方法，如加入高分子材料聚酯来去除废液中的可溶性油脂、蛋白质分解产物和其他杂质，进一步提高废液的质量，使其更适用于循环利用。

需要注意的是，浸酸废液循环利用虽然具有诸多优点，但在实际应用中仍需注意废液的处理效果，确保其符合再利用的标准，避免对皮革产品质量和人体健康造成潜在风险。同时，各企业也应根据自身实际情况，选择适合的循环利用技术，以实现经济效益和环境效益的“双赢”。

3）铬鞣废液浸酸回用

铬鞣废液浸酸回用主要目的是减少废液排放、降低生产成本，同时实现资源的最大化利用。在实际操作过程中，浸酸铬鞣工序的废液首先会被收集到特定的废液池中。这些废液经过适当的处理，如滤去固形物、调节 pH 值等，以去除废液中的杂质并优化其化学性质。随后，这些经过处理的废液被再次用于下批裸皮的浸酸工序。在浸酸过程中，可以根据需要加入少量的专用处理剂或食盐，以优化浸酸效果。

这种回用方法不仅可以减少铬鞣废液的排放量，降低对环境的污染，还可以降低生产过程中的新化学品消耗，从而实现成本的节约。此外，由于废液中的铬盐得到再利用，也减少了对铬资源的开采需求，有助于实现资源的可持续利用。然而，需要注意的是，浸酸废液回用虽然具有诸多优点，但在实际应用中仍需谨慎操作。废液的处理效果直接影响到其再利用的质量，因此必须确保处理过程的有效性，以避免对皮革产品质量造成不良影响。同时，随着回用次数的增加，废液中可能会积累一些难以去除的杂质，如可溶性油脂等，这些杂质可能会对皮革质量产生不利影响。因此，在实际操作中需要定期检测废液的质量，并根据需要采取相应的处理措施，如加热、加入新电解质等，以维持废液的良好状态。

（2）鞣制清洁生产技术

1）高吸收铬鞣技术

高吸收铬鞣技术是在传统铬鞣法的基础上，通过优化制革工艺或新型铬鞣助剂，显著提升铬鞣剂在皮胶原中的吸收率，从而降低废液中铬的排放量，进而改善制革工业造成的环境问题。这种技术的核心在于提高铬鞣剂在皮革中的吸收利用率，使铬离子更有效地与皮革纤维结合，减少游离铬离子的量。铬鞣助剂可简单分为小分子铬鞣助剂和高分子铬鞣助剂，小分子铬鞣助剂其主要目的是提高铬的吸收率，增强铬与皮胶原的结合牢度，同时优化皮革的性能。小分子铬鞣助剂包括二元羧酸及多元羧酸铬鞣助剂、醛酸铬鞣助剂等。高分子铬鞣助剂的作用机制主要是通过高分子化合物与铬发生反应，形成水溶性高分子配合物。这种配合物利用功能高分子的特性与皮革发生不可逆吸收，有效达到防铬污染的目的。例如，段镇基等研制的 PCPA 是一种性能优良的高分子铬鞣助剂。

高吸收铬鞣技术具有一系列显著优势。首先，由于铬吸收率的提高，鞣制过程中所需的铬鞣剂量得以减少，从而降低了生产成本。其次，废液中铬的含量大幅降低，显著减少了环境污染。此外，这种技术还改善了皮革的物理性能和化学性能，如粒面平细度、收缩温度和面积、得革率等，使成革质量得到提升。

2）铬鞣废液全循环利用技术

铬鞣废液全循环利用技术是通过一系列的处理步骤，使铬鞣废液中的铬和其他有价值成分得以回收和再利用，从而实现废液的零排放或低排放。铬鞣废液的循环利用主要有两种方式：一种是铬鞣废液用于浸酸-铬鞣；另一种是铬鞣废液直接循环用于铬鞣。其中后者是将铬鞣废液经回收和处理后直接用于浸酸皮的铬鞣，实施相对简便，容易控制，可以使铬得到充分利用，减轻对环境的污染，但由于要排放浸酸废液，仍然存在中性盐对环境的污染。因此，铬鞣废液用于浸酸-铬鞣的循环利用方法应用更为广泛，它是将上一批铬鞣废液经过回收和处理之后用于下一批软化裸皮的浸酸，在浸酸液中进行鞣制。该技术可有效减排总铬 99.9%，减排含铬污泥 100%，铬鞣废液循环利用率达到 97%，如此循环利用下去，不存在铬鞣废液和浸酸废液的排放问题，不仅节约了大量的中性盐和铬，而且减轻了中性盐和铬对环境的污染。

3）铬沉淀回收技术

铬沉淀回收技术的基本原理是通过添加适当的化学试剂，使废水中的铬离子与沉淀剂发生反应，生成不溶性的铬沉淀物。这些沉淀物随后可以通过固液分离技术从废水中分离出来，从而实现铬的回收。

常用的铬沉淀回收技术包括化学沉淀法、离子交换法、电解法和膜分离法等。化学沉淀法是一种常见且有效的方法，通过加入氢氧化物、硫化物等沉淀剂，使铬离子转化为难溶性的沉淀物。离子交换法则利用离子交换树脂将废水中的铬离子吸附并固定在树脂上，从而实现铬的分离和回收。电解法则是通过电解作用将废水中的铬离子还原为金属铬，然后将其从阴极上收集起来。膜分离法则利用特定的膜材料对废水进行过滤，将铬离子从废水中分离出来。

在实施铬沉淀回收技术时，需要注意选择合适的处理方法和工艺参数，以确保回收效率和处理效果。同时，还需要对处理过程中产生的废渣和废水进行妥善处理，以避免造成二次污染。

铬沉淀回收技术可以将铬吸收率从 70%提高至 85%，碱沉淀法的铬回收率达到 99.7%，铬粉用量从 50kg/t 原皮降至 29.55kg/t 原皮，总铬排放量从 0.82kg/万张降至 0.432kg/万张，该技术不仅可以有效地处理含铬废水，降低环境风险，还可以回收有价值的铬资源，实现资源的循环利用。因此，这种技术在环境保护和资源利用方面具有广阔的应用前景。

4）白湿皮技术

白湿皮技术是指皮胶原发生可逆变性后形成的一种介于“皮”和“革”之间的“中间体”。这种技术的主要特点是使皮革在湿态下保持稳定，同时具有一定的湿热稳定性。通过特定的化学处理，如使用碱式铝盐、醛或合成鞣剂等，湿皮可以转化为白色或浅色的半制品，这种半制品在常温下可以长期保存。

白湿皮技术具有多重优势。首先，它使削匀及修边皮屑不含铬，从而减少了含铬废弃物的产生，有利于环境保护。其次，通过优化铬鞣过程，可将铬粉用量从灰皮重的 8%降至5%，降低废液中的铬含量，进一步减轻环境负担。此外，白湿皮技术还为制革者提供了无铬鞣制的选择，有助于推动制革行业的绿色发展。

在实际应用中，制革白湿皮技术常与挤水及剖层技术相结合，以提高剖层和削匀效果。此外，为了满足特定的皮革需求，还会采用无铬鞣制技术，如使用铝盐、植物鞣剂等替代铬鞣剂，以赋予皮革特定的性能。

随着环保意识的提高和制革技术的不断进步，制革白湿皮技术将继续向更高效、更环保的方向发展。未来，这一技术有望在减少废弃物、降低能耗和提高产品质量等方面取得更大的突破。

5）无铬鞣法

制革无铬鞣法是一种不使用铬盐进行鞣制的皮革制造方法。铬鞣法虽然传统且广泛应用，但铬盐的使用会带来环境污染和健康问题。因此，无铬鞣法的开发和应用成为制革行业的重要研究方向。

无铬鞣法采用了多种替代鞣剂，如植物鞣剂、有机鞣剂、无机鞣剂等，以达到与铬鞣相似的鞣制效果。这些替代鞣剂不仅对环境友好，而且能够赋予皮革特定的性能和风格。无铬鞣法的优势在于环保和健康。由于不使用铬盐，无铬鞣法可以有效地减少废水中的重金属含量，降低对环境的污染。同时，无铬鞣法制备的皮革不含有害物质，如六价铬和甲醛，从而降低了对人体的潜在危害。无铬鞣法还具有时尚美观性和实用耐穿性。无铬鞣皮革的色泽洁白如玉，色彩鲜艳亮丽，且撕裂强度好，物理机械性能也能达到传统铬鞣革的要求。但无铬鞣法也存在一些缺点，如工艺复杂、操作困难、成本较高等。因此，在实际应用中需要根据具体的皮革种类、产品需求和工艺条件等因素来选择合适的无铬鞣方法。

目前，无铬鞣法已经取得了一些重要的研究进展和应用成果。例如，一些研究团队开发出了基于特定无铬鞣剂组合的鞣制工艺，能够成功应用于不同种类的皮革生产。同时，随着无铬鞣技术的不断进步和完善，相信未来无铬鞣法将在制革行业中得到更广泛的应用和推广。

6.1.2.4 制革染整清洁生产技术

（1）高吸收染色技术

高吸收染色技术是一种专门用于皮革染色的先进技术，可提高染料在皮革中的吸收率和固色率，改善皮革的外观质量和色牢度。目前，制革染色一般采用酸性染料和直接染料。使用这些染料的缺点是色牢度较差，染色时间长、操作复杂和劳动强度大，更严重的是排放大量含染料的有色废水，污染环境。

在高吸收染色技术中，关键步骤包括预处理、染色和固色等。预处理阶段主要是通过特定的化学方法，调整皮革表面的电荷性质和粗糙度，以增加染料与皮革的结合位点。染色阶段则选用高吸收率的染料，并控制适当的染色条件，如温度、pH值和染料浓度，以确保染料充分渗透到皮革纤维内部。固色阶段则通过加入固色剂或采用其他固色技术，使染料牢固地固定在皮革上，提高色牢度。

制革高吸收染色技术的优势在于能够显著提高皮革的染色效果。由于染料吸收率的提高，皮革的颜色更加鲜艳、饱满，且不易褪色。此外，该技术还有助于减少染料用量和废水排放，降低生产成本和环境污染。

在实际应用中，制革高吸收染色技术可根据不同的皮革种类、产品需求和工艺条件进行调整和优化。例如，针对不同类型的皮革，可以选用不同的预处理方法和染料配方；对于特定的产品要求可以调整染色工艺参数和固色剂种类等。

（2）清洁加脂技术

制革清洁加脂技术是一种在皮革生产过程中，采用环保、高效的加脂剂和方法，对皮革进行加脂处理的技术。其目的在于提高皮革的物理性能、手感及外观质量，同时减少生产过程中的污染，满足日益严格的环保要求。

清洁加脂技术的核心在于选用环保型加脂剂。这些加脂剂通常具有低毒性、低挥发性、易生物降解等特点，能够在皮革内部形成均匀的油膜，赋予皮革良好的柔软性、丰满性和弹性。同时，清洁加脂技术还强调在加脂过程中采用节能减排的措施，如优化加脂工艺、降低能耗和废水排放等。在清洁加脂技术的应用中，通常采用以下几种方法。

① 涂抹法：将加脂剂直接涂抹在皮革表面，通过渗透作用使油脂进入皮革内部。这种方法操作简单，但加脂效果可能受到皮革表面状况的影响。

② 浸渍法：将皮革浸入加脂剂溶液中，使油脂充分渗透到皮革纤维内部。这种方法加脂效果均匀，但需要注意控制浸渍时间和温度，以避免对皮革造成损害。

③ 喷雾法：利用喷雾设备将加脂剂均匀喷洒在皮革表面，通过雾化作用使油脂更好地渗透到皮革内部。这种方法能够实现快速加脂，并降低生产能耗。

通过制革清洁加脂技术的应用，不仅可以提高皮革的质量和性能，还可以降低生产过程中的环境污染和资源消耗。

（3）复鞣与填充新技术

制革复鞣与填充新技术是制革工艺中非常重要的环节，它们对于提升皮革的质量、性能和外观具有至关重要的作用，如丰满性、弹性、粒面紧实性和柔软性，改善成革松面情况，减小部位差等。

制革复鞣技术近年来取得了显著的发展，一方面，新型的复鞣剂不断涌现，这些复鞣剂具有更好的渗透性和结合力，能够更有效地改善皮革的性能。例如含少量自由酚基及自由甲醛的合成鞣剂，与革具高亲和及高吸收的复鞣剂，应用氮含量和盐含量低的复鞣剂等。另一方面，复鞣工艺也得到了优化。通过精确控制复鞣过程中的温度、pH值和时间等参数，可以确保复鞣剂在皮革中的均匀分布和充分作用。这不仅有助于提高皮革的质量稳定性，还可以减少复鞣剂的用量，降低生产成本。

制革填充技术也在不断创新，一方面，新型的填充材料被广泛应用于制革行业。这些填充材料通常具有优异的弹性和耐磨性，能够有效地填补皮革表面的缺陷，提高皮革的整体质量。例如天然大分子填充材料，包括黏土填充和淀粉填充。

另一方面，填充工艺也得到了改进。例如，通过采用高压喷射或微纳米技术等手段，可以实现填充材料在皮革表面的均匀分布和精细控制。这不仅提高了填充效果，还使得皮革的外观更加美观和一致。

总的来说，制革复鞣与填充新技术的发展为制革行业带来了新的机遇和挑战。通过不断研发和应用新技术，可以进一步提高皮革的质量和性能，满足市场的多样化需求。同时，新技术的发展也有助于推动制革行业的绿色化和可持续发展。

（4）清洁涂饰体系与涂饰技术

制革清洁涂饰体系与涂饰技术是当前制革工艺中至关重要的环节，它们不仅关乎皮革的美观度和实用性，还直接关系到产品的环保性能和可持续发展。

制革清洁涂饰体系的核心在于采用环保型涂饰材料和工艺，确保在提升皮革外观质量的同时，降低生产过程中的污染。这一体系强调使用低挥发性有机物（VOCs）含量的材料，减少有害物质的排放，并优化涂饰工艺，降低能耗和废水排放。

涂饰技术则是实现皮革表面美化和功能化的关键手段。它涉及对皮革表面的处理，通过涂覆、喷涂、滚涂等方式，将涂饰材料均匀地应用于皮革表面。涂饰技术不仅可以改善皮革的色泽、光泽和纹理，还可以增强其防水、防污、耐磨等性能。

6.1.3 废气治理技术

制革企业废气应采用污染防治可行技术处理达标（GB 14554、GB 16297或地方标准）后排放。制革工业有组织废气产生的主要环节包括磨革、摔软、干削匀、涂饰工序及生皮库和污水处理设施。制革废气治理技术见表6-3。

表6-3 制革废气治理技术

工序	污染物	污染防治技术	处理后效果
涂饰工序	VOCs、颗粒物	水性涂饰材料+高流量、低气压（HVLP）喷涂技术/辊涂技术+水膜除尘器+酸碱法喷淋吸收技术	VOCs排放浓度为10～20mg/m^3，颗粒物排放浓度可小于20mg/m^3
磨革、摔软、干削匀工序	颗粒物	袋式除尘器	颗粒物排放浓度可小于20mg/m^3
废水治理设施及生皮库	恶臭气体	生物滤塔技术	臭气浓度可达500～2000
		酸碱法喷淋吸收技术	臭气浓度可达500～2000

6.1.3.1 颗粒物治理技术

（1）袋式除尘技术

袋式除尘器是一种常见的空气净化设备，用于去除工业生产过程中产生的粉尘和颗粒物（图6-1）。它采用袋状滤料作为过滤媒介，通过气流的进入和排出来实现空气净化和去除尘埃的效果。袋式除尘器主要由纺织材料制成的滤布和其他不属于纺织品的部件组成，其工作原理是通过布袋过滤器对空气中的颗粒物进行捕集和分离。

图6-1 袋式除尘器

袋式除尘器的工作过程主要分为颗粒物捕集和清灰两个过程。首先，含有粉尘的气体进入袋式除尘器，空气中的颗粒物通过进气口进入布袋过滤器中。在布袋过滤器中，空气经过滤袋时，颗粒物被阻留在滤袋上，而洁净的空气则穿过滤袋进入布袋过滤器的出口。当滤袋上的颗粒物逐渐增多且堆积变厚时，会影响滤袋的过滤效果和通风阻力，此时需要进行清灰。清灰过程分为机械清灰和脉冲清灰两种方式。

袋式除尘技术其除尘效率高，可以达到99%以上，能够有效地过滤掉废气中的细小颗粒物和粉尘，净化效果好。

（2）静电除尘技术

静电除尘技术是一种高效的气体除尘方法，广泛应用于冶金、化学、制药、食品加工、电子制造和汽车喷漆等行业，在制革行业内已得到广泛的应用（图6-2）。其工作原理是含尘气体在高压静电场的作用下，尘粒与负离子结合并带上负电，随后趋向阳极表面放电并沉积。

图6-2　静电除尘器

静电除尘器具有许多显著的优势。首先，它的净化率高，能够满足各种严格的除尘要求。其次，它允许处理的气体量大，适用于大型化的工业应用。再者，静电除尘器的设备能耗小，运行成本相对较低。此外，它的工作温度范围广泛，可以适应不同的工作环境。最后，静电除尘器不仅能去除颗粒物，还能去除甲醛、烟尘等室内污染物。

6.1.3.2　VOCs治理技术

VOCs治理技术主要包括吸附法、吸附-冷凝回收法、热力氧化法、冷凝法、吸收法、膜分离法、生物法等。

（1）吸附法

吸附法是利用吸附剂（如活性炭、活性炭纤维、分子筛等）对废气中各组分进行选择性吸附，将气态污染物富集到吸附剂上后再进行后续处理的方法，适用于低浓度有机废气的净化。典型工艺流程如图6-3所示。

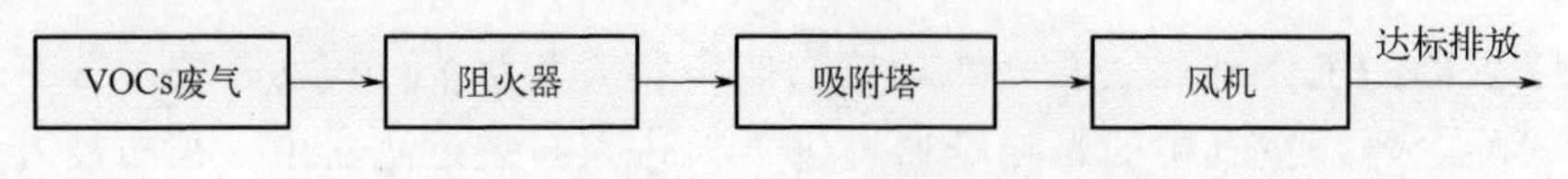

图 6-3　吸附法处理 VOCs 废气工艺流程

吸附法适用于处理各类工艺的 VOCs 废气，但需要及时更换吸附剂，以保证治理设施的治理效率。设备初次投入成本较低，但运行费用较高，且产生危险固体废物。

吸附法通过原位再生手段，可与其他技术联用，如吸附-冷凝回收法、吸附-催化燃烧法等，提高治理效率，大大减少耗材成本和危险废物产生量。

（2）吸附-冷凝回收法

吸附-冷凝回收法是利用吸附剂将废气中的有机物富集，饱和后用高温氮气、水蒸气、电加热等方法对吸附剂进行脱附再生，吸附剂再生后可循环利用，脱附出的有机物通过冷凝、油水分离等工艺分离回收，可实现资源的二次利用。

吸附-冷凝回收法具有治理效率高、吸附剂可循环利用、具有一定的经济效益以及适用面广等特点。其缺点是处理设备庞大，需要较高的设备投入，当处理体系中含有烟、粉尘、油等物质时，废气必须经过预处理；污染物种类复杂时，回收后的溶剂需要进一步处理才能使用。适用于 VOCs 废气组分单一、有回收价值的工艺废气。

目前常用的吸附剂再生技术有水蒸气再生、热气流（空气或惰性气体）再生及加热-降压再生。典型的水蒸气脱附再生-冷凝回收法工艺流程如图 6-4 所示。

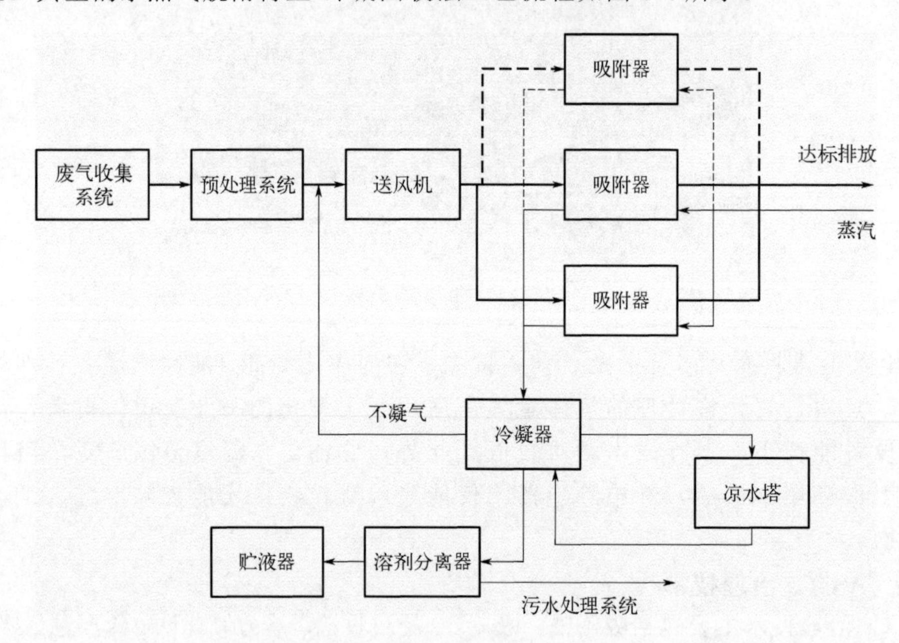

图 6-4　水蒸气脱附再生-冷凝回收法处理 VOCs 废气工艺流程

高温水蒸气直接与活性炭接触并加热炭层，吸附的 VOCs 在高温下被脱附随水蒸气一同排出，脱附后的气体经冷凝、油水分离等过程回收有机溶剂。此工艺的缺点是产生含有机物的废水，需进一步处理达标后排放。

若采用热气流为脱附介质可避免产生含有机物废水，但在高温条件下，炭层与富集后的脱附气存在引燃风险。

加热-降压再生法一般使用水蒸气间接加热炭层，避免炭层温度过高，可有效降低炭层引燃风险，并通过降压手段提高脱附效果，但设备初次投入成本较大。

吸附-冷凝回收法适用于 VOCs 浓度≥1000mg/m³ 的有机废气，适宜温度为 0～45℃，单套装置适用气体流量范围为 10000～150000m³/h，吸附-冷凝回收设施的安装与运行需满足《吸附法工业有机废气治理工程技术规范》（HJ 2026—2013）。

（3）热力氧化法

热力氧化法包括直接焚烧、蓄热式直接焚烧、催化燃烧和蓄热式催化燃烧。直接焚烧法燃烧时温度约为 700°C，持续处理需要废气中 VOCs 浓度较高；蓄热式直接焚烧法是采用直接换热的方法将燃烧尾气中的热量蓄积在蓄热体中，高温蓄热体直接加热待处理废气，具有良好的节能效果；催化燃烧法是将废气通过催化剂床层，在催化剂作用下使有机废气燃烧达到去除废气中有害物质的方法，由于催化剂的存在，催化燃烧的起燃温度为 250～300℃，能耗远比直接焚烧法低，也较易实现；蓄热式催化燃烧法通常利用蜂窝状的陶瓷体作为蓄热体，将催化反应过程所产生的热能通过蓄热体贮存并用以加热待处理废气，充分利用有机物燃烧所产生的热能。与常规催化燃烧法相比，蓄热式催化燃烧法可以大大降低设备能耗，主要应用于处理较低浓度（一般在 500～3000mg/m³ 之间）的有机废气。

热力氧化法与吸附法结合，可用于处理大风量、低浓度的 VOCs 废气，典型的吸附-催化燃烧法工艺流程如图 6-5 所示。低浓度 VOCs 废气经吸附器吸附-脱附后变为高浓度 VOCs 废气，再经催化燃烧装置处理后达标排放，产生的热能可回收利用。

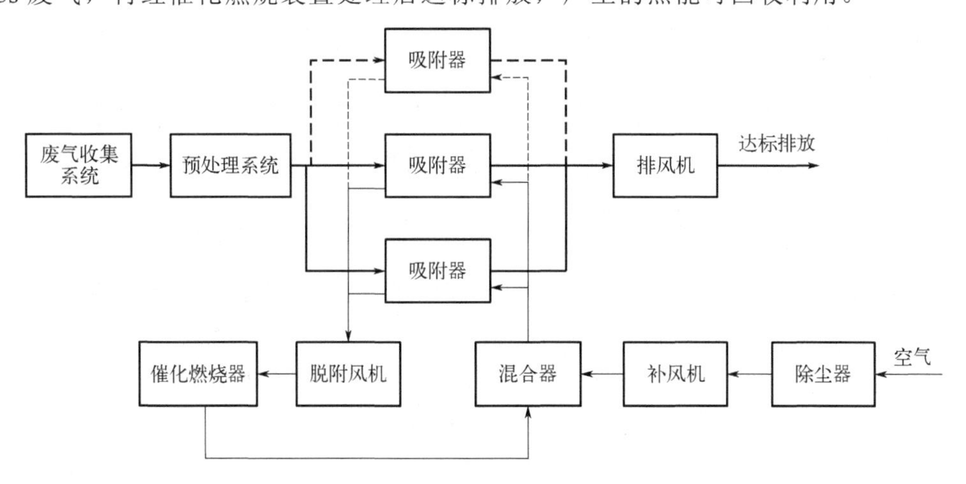

图 6-5　吸附-催化燃烧法处理 VOCs 废气工艺流程

（4）冷凝法

冷凝法是利用物质在不同温度下具有不同饱和蒸气压的性质，降低系统温度或提高系统压力，使处于蒸汽状态的污染物从废气中冷凝分离出来的方法。冷凝法适用于高浓度有机废气的净化，经过冷凝后尾气仍然含有一定浓度的有机物，需进行二次低浓度尾气治理。

（5）吸收法

吸收法是利用相似相溶原理，采用低挥发或不挥发液体为吸收剂，使废气中的有害组分被吸收剂吸收，使 VOCs 从气相转移到液相中，从而达到净化废气的目的。

吸收法适用于处理高压、低温、高浓度的 VOCs 废气，设施运行费用低，但吸收剂需定期更换，产生的废水需处理达标后排放或作为危险废物处理。

（6）膜分离法

膜分离法是利用天然或人工合成的膜材料分离污染物的过程。该法是一种新型的高效分离方法，适合处理高浓度的有机废气。其基本的工艺过程为：有机废气首先进入压缩机压缩后冷凝，回收冷凝的有机物。不凝气进入膜分离单元分离为两股气体，低浓度气体直接排放，高浓度气体返回压缩机重新进行处理。

（7）生物法

生物法指利用附着在反应器内填料上的微生物将废气中的污染物转化为简单的无机物（CO_2、H_2O 和 SO_4^{2-} 等）和微生物细胞质的方法。该方法具有处理成本低、无二次污染的特点，在国内外得到了迅速发展，尤其适合于低浓度、大气量且宜生物降解的气体。

6.1.3.3 臭气治理技术

制革臭气主要来源于前处理阶段、鞣制阶段以及成品处理阶段，这些步骤中使用的化学品和产生的物质都会释放臭气。臭气主要治理技术主要包括以下几种。

（1）吸附法

吸附法是利用活性炭等吸附剂对废气中的有机组分进行高效吸附。活性炭具有纯碳含量高达 95%以上的特点，其表面存在未平衡和未饱和的分子引力或化学键力，可以吸引并保留气体分子。

（2）低温等离子法

低温等离子法是利用介质阻挡放电过程中产生的富含极高化学活性的粒子，使废气中的污染物质转化为无害物质，如 CO_2 和 H_2O。

（3）生物治理技术

生物治理技术也是一个新兴且备受关注的领域。例如，基因工程菌、膜生物反应器等新型生物治理技术正在不断发展，并有望在臭气治理领域发挥重要作用。

除了上述方法，还有一些具体的设备和技术可以用于制革恶臭治理。例如，湿式除气设备基于润湿作用，可以有效地去除废气中的臭气。

6.1.4 废水治理技术

6.1.4.1 制革废水分质分流与单独处理技术

（1）含硫废水

在传统制革生产中，脱毛操作多采用硫化碱脱毛技术，由此造成脱毛浸灰工序中产生的废液含有大量的石灰、硫化物、蛋白质和油脂、毛发等。每加工一张猪皮平均产生脱毛废液 15～20L，每张牛皮产脱毛废液 65～70L。废水产生量占制革污水总量的 10%～20%，硫化物含量在 2000～4000mg/L，占到制革废水总量的 90%以上，COD_{Cr} 浓度使毛的毁损程度存在很大差异，一般占到废水 COD_{Cr} 总量的 50%以上，悬浮物和浊度值都很大，是制革工业中污染最为严重的废水。表 6-4 列出了不同制革工艺中脱毛废液污染指数。

表 6-4　不同制革工艺中脱毛废水排放及水质情况

工艺	废水排放量	pH 值	COD_{Cr}	BOD	SS	S^{2-}
猪皮	30	14	2330～11300	1880～5920	3370～21870	115～884
牛皮沙发革	35	13	13300	3080	1380	3430

根据液比、水洗和冲洗水的用量，浸灰脱毛废液中含 Na_2S 的量为 2.5～8g/L，与其他的制革废水混合和稀释后，Na_2S 浓度为 200～600mg/L，制革废水排放到环境中时硫化物含量要求要低至 0.5mg/L 以下。因此要有效去除硫化物，最好在它与其他工段废水混合前单独处理灰碱法脱毛皮液的方法通常有锰盐催化氧化法、酸化吸收法，这两种方法的目标在于回收单质硫或 S^{2-}。

1）锰盐催化氧化法

通常，不论在酸性条件下还是碱性条件下硫化物都可以被氧化成单质硫。

碱性条件下：

$$2S^{2-}+O_2+2H_2O = 2S\downarrow +4OH^-$$

酸性条件下：

$$2S^{2-}+O_2+4H^+ = 2S\downarrow +2H_2O$$

但实际应用时，此反应速度较慢，反应不彻底，控制单质硫转化的难度较大。为此，多采用空气锰盐催化氧化法。此法中常用的催化剂为硫酸锰。用量根据废水中硫化物的含量而定，当废液中硫化物浓度低于 1000mg/L 时，催化剂用量应控制在 30～100mg/L。硫化物浓度较高时，催化剂用量一般在 300～500mg/L。通常硫酸锰的用量为硫化物量的 5%较为合适，处理时以 $MnSO_4$ 的溶液状态加入较为适宜（溶解度 500g/L），分别在曝气前和 15min 后分两次加入，处理效果较好。经充氧处理 4～5h 后，S^{2-} 的去除率可达 90%以上。经处理硫化物浓度可降低到 300mg/L 以下。含硫废水催化氧化设施包括反应池、鼓风曝气装置和催化剂加药系统，整个反应系统可以采用连续式或间歇式运行，主要依处理规模确定。

2）酸化吸收法

在酸性条件下，浸灰脱毛废液中的硫化物可生成极易挥发的 H_2S 气体，生成的气体通过碱液吸收，形成硫化碱。

酸化：

$$Na_2S+H_2SO_4 = H_2S+Na_2SO_4$$

碱吸收：

$$H_2S+2NaOH=Na_2S+2H_2O$$

在实际运行中，将反应池中废液用硫酸调至 pH 值为 4.0～4.5，经充分搅拌使 H_2S 释放，然后用真空泵连续抽出所产生的硫化氢气体通入碱吸收塔，整个反应过程中，吸收系统必须保证完全处于负压和密闭状态，确保 H_2S 气体不至外漏。整个过程约需要 6h 完成。采用酸化吸收法处理脱毛废水，硫化物去除率可达 90%以上，COD_{Cr} 去除率可达 80%以上。该方法可以实现硫化物的资源化回收，碱吸收后的硫化钠可以直接回用于脱毛工艺，且无其他杂质，是一种值得推荐的技术，但由于对设备安全有较高的要求，目前并未得到广泛应用。

（2）含铬废水

含铬废水主要来源于制革鞣制、复鞣、染色工段。目前废铬液除直接循环外，主鞣和复鞣工段的废水通常采用加碱沉淀的方法进行处理，该方法操作简单、反应彻底、出水可使溶解铬浓度达到 1.0mg/L 以下。鞣制结束后，铬鞣废液中视工艺不同铬含量一般在 500～1000mg/L 之间，同时含有大量的皮屑和碎渣等悬浮物，通过加碱，三价铬在水中可以按如下形式相互转化：

$$Cr^{3+}+3OH^-=Cr(OH)_3\downarrow$$

$Cr(OH)_3$ 形成稳定沉淀对应的 pH 范围为 8.5～10.0，其溶度积常数 $Kp=8.4\times10^{-4}$。调整合适的 pH 值是控制废液中铬浓度的关键。目前制革厂铬沉淀最常用的沉淀剂为 NaOH 和 $Ca(OH)_2$，沉淀剂的投料量应以废铬液浓度、体积和 pH 值等参数来计算，最终控制 pH 值在 8.5～9.0 之间。其中，因 $Ca(OH)_2$ 溶解度有限，应用不当，可增大铬泥量。沉淀后形成的铬污泥经过压滤机压滤，可采用酸溶、氧化、还原等过程制备成循环铬液回用于鞣制工序。染色废水中的铬主要来自染色过程中从皮上脱落的结合不牢的铬，其中含有大量络合态铬，常规的加碱沉淀法很难使处理后废水达到 1.5mg/L 以下的管控指标，目前最常用的方法是在加碱的同时，投入大量的絮凝剂，使铬通过“吸附混凝”的协同机制得到高效去除，实际操作时由于大量溶解性 COD_{Cr} 的析出，由此造成大量含铬污泥的产生，这是目前制革废水处理中的问题，需要针对络合态重金属的“破络沉淀”去除方法开展技术研究。

（3）含油废水

对于以猪皮、绵羊皮为原料的制革工艺，废水中油脂含量较高，如果不进行单独处理，可造成管路及设备堵塞，在调节池和曝气池表面形成油膜上浮，减少曝气系统 DO 利用率，加大生化系统负荷，在沉淀池中也可能造成浮渣的聚集，影响出水口水质。一般情况下，生猪皮的油脂含量在 21%～35%之间，去肉（机械脱脂）后油脂去除率为 15%，脱脂后油脂去除率为 10%，浸灰、鞣制后原有油脂的 85%左右被去除，大多数转移到废水中，并主要集中在脱脂废液中，致使脱脂废液中的油脂含量、COD_{Cr} 和 BOD 等指标很高。对于这一类悬浮物，如果与综合废水混合后再除油加大了处理总量，一般需在混入综合废水前进行除油处理，目前常用的处理方法主要包括隔油技术和气浮技术。

当废液中油脂含量在 6000mg/L 以上时，采用隔油等物理方法效果明显。隔油池为单一或多室的分离装置，由于池内水平流速较低，一般为 0.002～0.01ms/L，要求收集池的体积和表面积要足够大，以保证该系统的滞留时间和向下流速适合油脂的捕集，废水在池内的停留时间一般为 2～10min，最小液体表面负荷率为 $10m^3/(m^2 \cdot h)$，油脂废水通过底部装有沉式堰与上部聚集漂浮的油脂层相分离。

气浮技术的基本原理就是向污水中通入空气，使得水中产生大量的小气泡，细小的油滴颗粒随之黏着在气泡上，随着气泡一同浮出水面，从而将杂质和清水分离。气浮技术所处理的水一般要添加适量的絮凝剂，形成一个内部充满水的网络状构筑物的絮凝体，此絮凝体黏附了一定量的气泡，由此实现油脂的高效分离。根据含油废水油脂组分和含量的不同，气浮法可与隔油池联合使用，通过“隔油气浮”协同处理，可使 1m 以上的油脂颗粒物得到有效去除。溶气气浮主要由接触室、反应室、刮渣装置、压力溶气罐和释放器等组成。经过絮凝的污水由气浮池的底部进入接触室，同溶气释放器释放的气泡接触。这时絮粒与气泡附着在一起，并在接触室内缓慢上升，接着随水流进入分离室，刮渣装置去除在水面上的浮渣漂。可以在出水的地方取出一部分水，这部分水经过加压处理。通过机器向罐内充入高压空气，让充入的空气溶于水中。

6.1.4.2　制革综合废水处理技术

制革行业综合废水排放量较大、pH 值高、色度高、污染物种类繁多、成分复杂。制革行业综合废水常规处理工艺如图 6-6 所示。

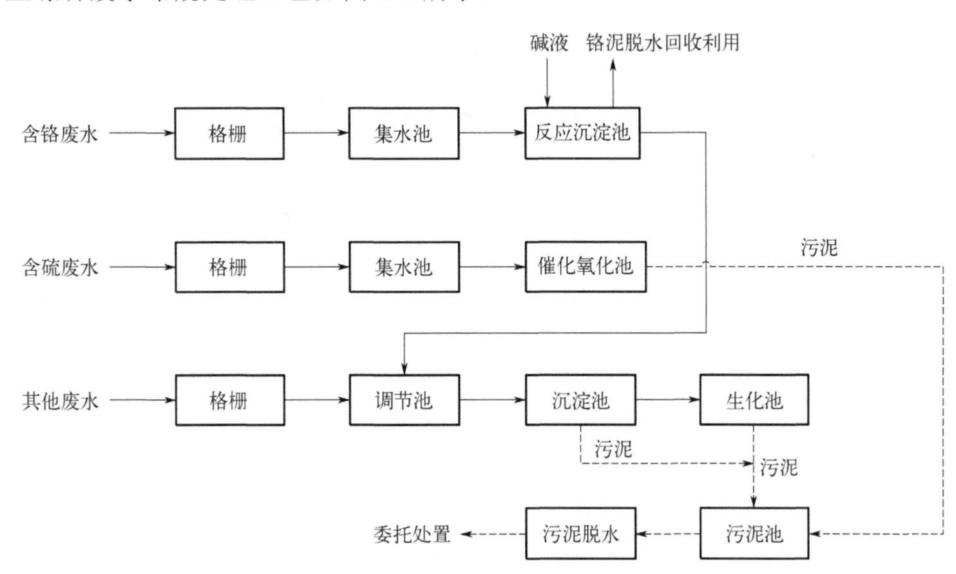

图 6-6　制革工业综合废水常规处理工艺流程

（1）一级处理

① 格栅。格栅设于污水处理厂所有处理构筑物之前，用于截留废水中粗大的悬浮物或漂浮物防止其后处理构筑物的管道阀门或水泵堵塞。

② 预沉池和筛网。制革废水中含有的毛渣等细小悬浮物很难被格栅截流，为减少

污泥产生量，常采用预沉方法将可重力沉降的悬浮物（SS）优先去除，以避免后段处理过程加药过多。

③ 调节池和初沉池。制革过程为不连续的加工过程，废水水量和水质波动较大，需对水量水质进行调节，以确保后续水处理单元的稳定运行。废水经过调节池后，一般用提升水泵提升到后段带有混凝加药系统的初沉池，通过化学混凝沉淀和气浮工艺强化一级处理对 SS 进行去除。

（2）好氧生物处理技术

目前，好氧生物处理技术形成了以活性污泥法为核心的各种处理工艺类型。根据活性微生物是否附着载体，一般分为悬浮性生长和附着性生物处理工艺，前者主要有活性污泥法，后者有生物膜法（包括接触氧化法和生物转盘等形式），根据运行方式的不同，目前发展出许多的活性污泥法的变型工艺，其中常用于制革废水处理的有传统式活性污泥法、氧化沟工艺、生物接触氧化工艺和序批式间歇反应器（SBR）。

（3）厌氧-好氧生物组合处理技术

目前已广泛用于废水处理的厌氧反应器主要有厌氧接触池、厌氧滤池、升流式厌氧污泥床、厌氧流化床、膨胀颗粒污泥床、厌氧折流板、内循环厌氧反应器等。相比好氧生物技术，厌氧生物技术在制革行业应用的情况并不多。

厌氧与好氧是相对的，因此针对废水不同的特点和处理要求，厌氧工艺在制革废水处理中的应用主要有 3 种形式：a. 低硫化物制革废水的“UASB+好氧”处理工艺；b. 以调节废水可生化性的“水解酸化+好氧”工艺；c. 以硝化-反硝化脱氮为目标的 A/O 工艺。

1）UASB+好氧组合技术

UASB+好氧组合技术是结合了上流式厌氧污泥床（UASB）和好氧处理技术的优点，适用于处理各种有机废水。

UASB 技术作为厌氧处理段，具有污泥浓度高、有机负荷高、水力停留时间短等特点。通过 UASB 反应器，废水中的有机物在厌氧条件下被转化为沼气等产物，同时减少了污泥的产生。此外，UASB 内的三相分离器有助于有效分离气体、液体和固体，提高处理效率。然而，UASB 技术对进水悬浮物浓度有一定要求，需要适当控制以防止堵塞和短流现象的发生。

好氧处理段则进一步降解废水中的有机物，提高处理效果。好氧微生物在充足氧气的条件下，将有机物分解为水和二氧化碳等无害物质。好氧处理通常具有较高的 COD_{Cr} 去除率和良好的出水水质。

将 UASB 与好氧处理技术相结合，可以充分发挥两者的优势，实现废水的高效处理。这种组合技术不仅可以提高废水的处理效率，还可以减少能耗和占地面积。同时，通过合理控制运行参数和优化工艺条件，可以进一步提高处理效果，降低运行成本。

然而，需要注意的是，UASB+好氧组合技术在实际应用中可能会受到一些限制，如进水水质波动、温度影响等。因此，在实际应用中需要根据具体情况进行工艺调整和优化，以确保处理效果稳定可靠。

该技术主要利用了“酸化相+产甲烷相”的两相 UASB 技术，主要工艺包括水解酸化、碱吸收池、沉淀池、UASB、尾气净化、好氧池、污泥处置等。该技术处理后的废水中，95%以上的硫化物得到回收，同时 COD_{Cr} 去除效率可以达到 98%以上。制革废水 UASB 和好氧组合技术工艺流程如图 6-7 所示。

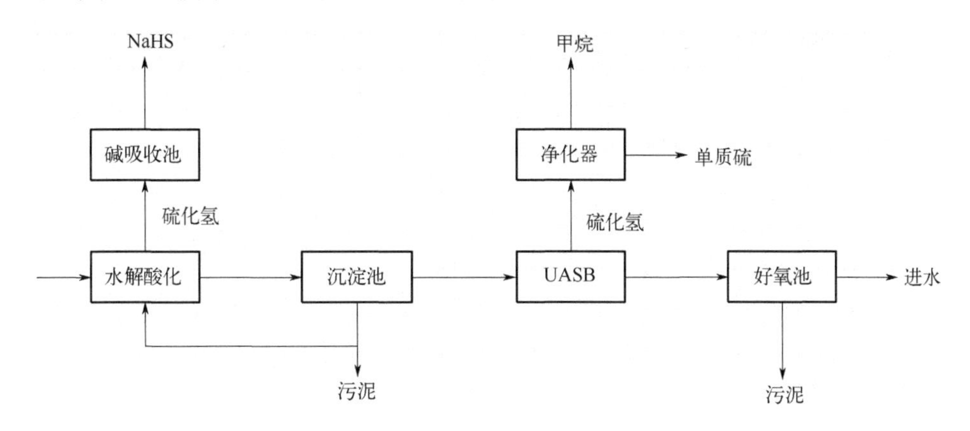

图 6-7　制革废水 UASB 和好氧组合技术工艺流程

2）水解酸化+好氧组合工艺

水解酸化+接触氧化法是一种高效的废水处理方法，其原理主要包括水解酸化和接触氧化两个主要步骤。

① 水解酸化阶段，主要是在高温、高压和酸性条件下，将有机废水中的高分子有机物质转化为低分子物质。这个过程中，兼氧微生物可以分泌胞外水解酶，将大分子长链有机物分解为小分子短链的易生物降解物质，且不会产生臭气和腐蚀性气体。这些易生物降解的物质可作为后续好氧处理工艺的营养物。

② 接触氧化阶段，是将水解后的有机物质与氧气在催化剂的作用下进行反应，产生二氧化碳和水的过程。具体来说，是将水解酸化后的废水通过接触氧化反应器，加入适量的氧气或氧化剂，使废水中的有机物质发生氧化反应，将小分子有机物进一步分解成水和二氧化碳等无害物质。

水解酸化+接触氧化法处理废水具有多种优势。首先，它高效地将有机废物转化为无机物质，提高处理效率。其次，通过控制水解酸化阶段的条件，可以精确控制有机废物的转化反应，提高废水处理的灵活性和适用性。再者，这种方法能够减少对环境的污染，符合环保要求。最后，该工艺不仅适用于处理化工废水，还可以广泛应用于制药、印染等其他工业领域，具有广泛的适用性。

该技术主要工艺包括粗格栅、斜筛、预沉池、调节池、一沉池、酸化池、接触氧化池、二沉池、沙滤池和污泥处理设施，COD_{Cr} 去除效率可以达到 92%以上。水解酸化+接触氧化法组合技术工艺流程如图 6-8 所示。

3）硝化-反硝化组合工艺

A/O 废水处理工艺，也被称为厌氧好氧工艺法，主要在处理高浓度有机废水和难降解废水方面展现出显著的效果。这种工艺法的核心在于通过缺氧（A 段）和好氧（O 段）两个阶段的生物处理，实现对废水中有机污染物、氮和磷的有效去除。

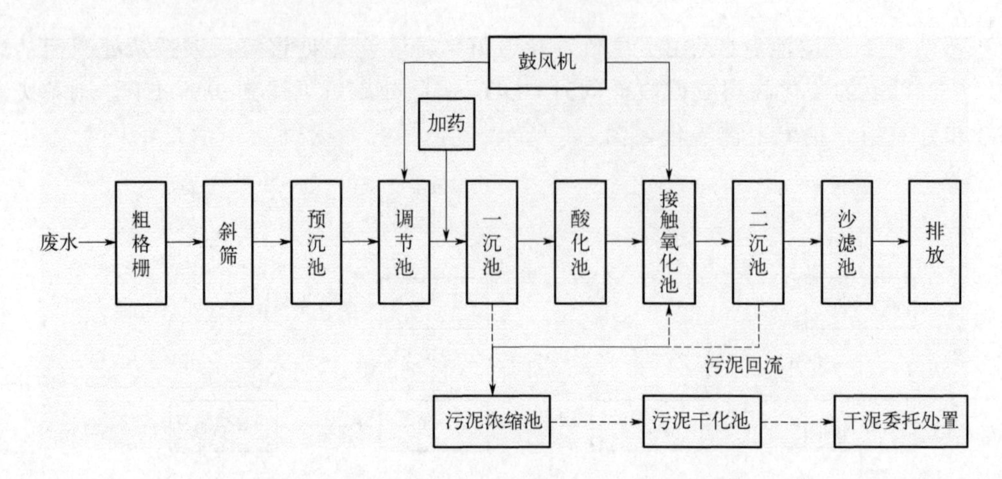

图 6-8　水解酸化+接触氧化法组合技术工艺流程

在 A 段，即缺氧段，主要目的是脱氮。这里利用反硝化菌在缺氧环境下将硝酸盐转化为氮气，从而去除废水中的氮。此阶段不需要外加碳源，而是以原污水中的有机底物作为碳源，因此建设和运行费用较低。同时，由于反硝化在前，硝化在后，并设有内循环，反硝化反应可以充分进行。

接下来是 O 段，即好氧段。在此阶段，利用好氧条件下的生物菌群降解有机物质，产生二氧化碳和水。此外，好氧硝化过程将氨氮转化为硝酸盐，为后续的缺氧反硝化提供条件。好氧处理后的水再经过沉淀池，使活性污泥和水分离，部分活性污泥回流至 A 段，继续参与有机物的降解。

A/O 废水处理工艺的优点在于效率高，对工业废水中的有机物、氨氮均有较高的去除效果；流程简单，投资节省，操作费用低；容积负荷高，耐负荷冲击能力强。然而，该工艺也存在一些缺点，例如由于没有独立的污泥回流系统，难以培养出具有独特功能的污泥，难降解物质的降解率较低；同时，若要提高脱氮效率，必须加大内循环比，从而增加运行费用。

在实际应用中，A/O 废水处理工艺可以与其他预处理和后处理工艺相结合，以进一步提高废水处理效果。例如，在处理涤纶厂高浓度有机废水时可以采用厌氧滤池进行预处理，再将处理后的水与涤纶废水混合，最后通过 A/O 系统进行处理。这种组合工艺既实现了清污分流，又减少了配水稀释的倍数，有效提高了废水处理的效率和效果。

6.1.4.3　制革废水深度处理技术

制革行业某些企业因排放标准和回用方面考虑，需要对废水进行深度处理，目前行业内广泛应用的技术包括氧化塘、芬顿氧化、臭氧氧化、生物滤池、膜技术（微滤/超滤反渗透）、吸附等。部分技术如下所述。

（1）Fenton 氧化技术

Fenton 氧化技术，也被称为芬顿反应或芬顿氧化法，是一种高级氧化水处理技术。其核心在于利用催化剂或光辐射、电化学作用，通过 H_2O_2 产生羟基自由基（·OH），从而实现对有机物的处理。

传统芬顿法是利用二价铁离子（Fe^{2+}）和过氧化氢之间的链反应催化生成·OH，该自由基具有较强的氧化能力，其氧化电位高达 2.80eV，仅次于氟。产生的·OH 具有很高的电负性或亲电性，其电子亲和能力达 569.3kJ，因此具有很强的加成反应特性。这使得芬顿试剂能够无选择性地氧化水中的大多数有机物，特别适用于生物难降解或一般化学氧化难以处理的有机废水。

（2）膜分离技术原理

目前在国内外已开发出了制革脱毛浸灰、铬鞣工序主要工序废液及生化尾水的膜处理-回用的技术体系，所应用的膜技术包括微滤（MF）、超滤（UF）、反渗透（RO）、电渗析等多方面。其中，工艺水特别是生化尾水的“MF-UF-RO”工艺已经进行了规模化应用。

（3）脱毛浸灰液超滤-循环工艺

超滤-循环系统由传统的脱毛浸灰装置及超滤处理装置两部分构成。超滤处理装置由分离槽、$(4\sim5)\times10^5$Pa 压力的循环泵、超滤器、调压阀、压力计、超滤波回收槽薄膜清洗辅助设备等组成。经过超滤可回收 40%的 Na_2S、20%的石灰和 60%～70%的液体，并回收大量蛋白质，获得较好的经济效益。由于脱毛皮液不进行排放，从而减轻了污染程度。最常用的超滤膜为聚砜膜（PS）。聚砜膜（PS）是目前国内使用较多的超滤膜材料，聚砜分子中的砜基使聚合物具有优良的抗氧化性和稳定性，分子中的所有键都不易水解，使聚砜膜具有耐酸、耐碱性。

6.1.5　技术案例

（1）混凝沉淀+SBR 法案例

河南某制革厂采用序批式活性污泥法（SBR）进行处理，首先采用物化法除去废水中的大量有毒物质和部分有机物，再经过 SBR 法生化降解可溶性有机物。设计日处理量为 800m^3，当进水 COD_{Cr} 在 2500mg/L 时，出水 COD_{Cr} 在 100mg/L 左右，远低于标准限值要求（COD_{Cr}<300mg/L），该工程的运行成本为 0.8 元/t。运行结果表明，用 SBR 工艺处理制革废水，对水质变化的适应性好，耐负荷冲击能力强，尤其适合制革废水相对集中排放及水质多变的特点。而且 SBR 处理工艺投资较省，运行成本较一般活性污泥法低。

（2）气浮+接触氧化法案例

沈阳市某制革厂原废水处理采用生物接触氧化法的处理工艺，运行不正常，排水水质不达标。通过采用涡凹气浮+二段接触氧化工艺，对原系统进行升级改造，不仅使处理后的废水达到排放要求，提高了处理能力和效果，而且回收了 80%以上的 Cr^{3+}，使处理后的废水部分回用。废水处理系统进水口 COD_{Cr} 浓度为 3647mg/L 时，经本工艺处理后，出水 COD_{Cr} 浓度下降至 77mg/L，能够满足地方废水排放限值要求。

（3）物化+氧化沟法案例

辛集市试炮营制革企业采用物化+氧化沟工艺，对原有射流曝气污水处理系统进行改造和增容，将原一沉池和二沉池改造为一沉池，将原曝气池改造为水解酸化池，并在其后接一个常规的氧化沟。考虑到该制革企业生产的淡季和旺季的水量差别，除调节池外，所有系统均设为并联。改造后的处理水量增至4800m^3/d，可对进水COD_{Cr}为6100mg/L左右的废水进行有效处理。实际运行表明，该改造工艺的处理效率较高，出水水质满足执行标准限值要求。

（4）厌氧+好氧法案例

浙江某制革工业区采用混凝沉淀+水解酸化+CAST工艺，对来自于准备、鞣制和其他湿加工工段的综合废水进行处理。设计最大进水流量6000m^3/d，废水中的硫离子通过预曝气，并在反应池加 $FeSO_4$ 和助凝剂 PAC，从而沉淀去除 Cr^{3+}，通过在反应池中与NaOH 发生沉淀反应而去除。生化处理采用兼氧和好氧相结合的工艺，兼氧采用接触式水解酸化工艺，可提高废水的可生化性，同时去除部分 COD_{Cr} 和 SS。好氧采用 CAST工艺，为改良的SBR工艺，具有有机物去除率高、抗冲击负荷能力强等特点。

技术人员应用UASB厌氧-CASS好氧生物处理工艺，对以羊皮为原料的制革工业废水进行处理。当进水COD_{Cr}、BOD、SS平均浓度分别为3102mg/L、1495mg/L、1231mg/L时，出水COD_{Cr}、BOD、SS平均浓度分别为265mg/L、89mg/L、127mg/L。COD_{Cr}、BOD、SS总去除率达到91.5%、94.1%、89.5%。采用此工艺串联，可根据季节性、水质、水量的具体情况，调整该处理运行组合，以便进一步降低运行费用，水处理运行成本为0.94元/t。

6.2 毛皮加工行业

6.2.1 一般要求

毛皮加工行业污染防治可行性技术可依据《排污许可证申请与核发技术规范　制革及毛皮加工工业—毛皮加工业》（HJ 1065—2019），技术总结如表6-5和表6-6所列。

表6-5　毛皮加工工业废水污染防治可行技术

废水类别	污染物种类	可行技术
含铬废水	总铬、六价铬	结合生产工艺采用封闭循环利用、碱沉淀、过滤、吸附及深度处理等技术
全厂废水	pH值、色度、五日生化需氧量、悬浮物、化学需氧量、氨氮、总氮、总磷、动植物油、硫化物、氯离子	排至全厂废水处理设施经物理处理、化学处理、二级生化处理、深度处理，达到排放限值要求后经总排放口外排，或采用全生化工艺处理后回用。 （1）物理处理：筛滤截留，重力分离，离心分离，其他。 （2）化学处理：化学混凝，中和，其他。 （3）二级生化处理：活性污泥法（氧化沟、SBR、厌氧处理、A/O、AAO等），生物膜法（生物滤池、生物转盘、接触氧化、流化床等），其他。 （4）深度处理：超滤/纳滤，反渗透，吸附过滤，氧化塘，生物滤池，芬顿，其他

表 6-6 毛皮加工工业废气污染防治可行技术

生产装置或设施	污染物种类	可行技术
污水处理设施	硫化氢、氨、臭气浓度	集中收集后采用喷淋、吸附、吸收、燃烧、生物法等技术
喷涂、喷染设施，涂饰车间	苯、甲苯、二甲苯、非甲烷总烃	集中收集后采用冷凝、喷淋、吸附、吸收、燃烧、生物法等技术
烫毛工序	非甲烷总烃	集中收集后采用冷凝、喷淋、吸附、吸收、燃烧、生物法等技术

6.2.2 清洁生产技术

6.2.2.1 有害化学原料替代技术

使用更为清洁的化学原料替代有害原料，可减轻对人类健康和环境的不利影响。有害化学原料替代技术见表 6-7。

表 6-7 清洁化学原料替代技术

工序	有害化学品	清洁生产技术
浸水、浸灰、脱脂、染色等	烷基酚聚氧乙烯醚（APEO），包括壬基酚聚氧乙烯醚、辛基酚聚氧乙烯醚、十二烷基酚聚氧乙烯醚和壬基酚聚氧乙烯醚	以脂肪醇聚氧乙烯醚或支链脂肪醇聚氧乙烯醚替代APEO
脱脂	有机卤化物	使用非卤化溶剂，如线性烷基聚乙二醇醚、羧酸、烷基醚硫酸、烷基硫酸盐，替代卤化溶剂；采用水相脱脂系统；对卤化溶剂采用封闭系统，溶剂回用，减排技术和土壤保护等措施
鞣后各工序	有机卤化物	使用不含有机卤化物的加脂剂、染料、防水剂、阻燃剂等
涂饰	溶剂型涂饰材料	使用水基涂饰材料
各工序	杀菌剂、杀虫剂等	禁用危险杀菌剂、杀虫剂；加强进口原料皮检测
湿整饰工序	络合剂，如乙二胺四乙酸（EDTA）和次氮基三乙酸（NTA）	使用生物降解性好的络合剂

6.2.2.2 原皮保藏和浸水清洁生产技术

（1）少盐原皮保藏技术

采用食盐和脱水剂结合使用或采用食盐和杀菌剂、抑菌剂结合使用的保藏方法，达到中短期保藏的目的。

将上述处理后保存 2 周的原料皮经浸水后成革的感观和物理性能与传统方法相当。适用于短期保存的原料皮。

（2）干燥处理技术

鲜皮通过自然干燥过程，水分被蒸发除去，使细菌的生长繁殖活动逐渐减弱直到停止，从而达到防腐的目的。可以将原皮直接晾晒，也可使用干燥器或其他机械方式，以得到更高质量的生皮。此过程中可以配合使用环境友好型杀菌剂。

该技术处理过程中不使用盐和其他化学品，无环境污染，成本较低。但受气候条件限制，仅适于湿度较低而气候温暖地区的制革企业采用。

（3）低温处理技术

若保藏温度降至 2℃，可以使原皮保存 3 周以上。低温冷藏有时也会配合使用杀菌剂，并与常规盐腌工艺结合使用。

该技术几乎可以完全消除浸水废液中盐的排放，所得生皮质量较高；但需设置冷藏库，能耗较大，且运输成本增大。当屠宰场与制革厂距离较近，原皮购销渠道固定，原皮能在短期内投入制革生产时，适于采用该方法。

（4）屠宰场防腐处理技术

在屠宰场进行洗涤、修剪、去肉、防腐等处理，降低总重，从而降低原皮盐腌保藏中盐的用量。

该技术仅适用于大型屠宰场，投资费用较高。

（5）转笼除盐技术

盐腌皮浸水前在转笼（用纱网做的转鼓）中转动，使皮张外的食盐脱落，回收的食盐可以重新使用。

该技术用于盐腌皮上多余食盐的去处和回收。方法简单易行，既节约盐的使用量，又减少了污水中盐的排放量。回收盐再利用前需进行处理，而且原皮的品质可能会受影响。

6.2.2.3 清洁去肉工艺

清洁生产推荐在浸灰工序前进行去肉处理。去肉前原皮必须充分清洗、浸水，去肉机械必须精准。

该技术灵活易行。由于原皮的不均匀性，此处理过程易造成原皮损伤。产生废渣不含任何化学品，而且有利于后续处理中化工材料的均匀、快速渗透。工序排放废水中油脂易于去除，能减少 10%～20%的准备工段化学品消耗，节水 10%～20%，而且后续脱毛浸灰工序的废水排放也会减少。此技术适用于新建和已有制革企业。

6.2.2.4 灰皮剖层工艺

利用机械操作将皮革的过厚部分片去，使厚度一致，满足成品革的要求。剖层可在浸灰后进行（灰皮剖层），也可在铬鞣后进行。清洁生产推荐采用灰皮剖层。

采用该工艺，可减少后续工序中水和化学品的消耗，降低成本。而且产生的固体废物不含铬，很容易用来生产优质明胶。技术简单易行，适用于所有新建和已有工艺单元。

6.2.2.5 清洁脱灰技术

（1）CO_2 脱灰技术

使用硼酸、乳酸镁和有机酸（如乳酸、甲酸、醋酸等），以及有机酯代替铵盐用于脱灰工序。

废液含氮量大幅降低，可使制革废水中有机氮排放减少 20%～30%，BOD_5 降低 30%～50%。该技术适用于新建及已有制革企业裸皮的脱灰处理，主要用于牛皮和少量绵羊皮脱灰处理。该技术易于实现自动化控制，需要 CO_2 加压储罐，并对运行系统定期检查。运行成本与处理时间及CO_2价格有关，可能会略高于传统铵盐脱灰。但制革废水中氨氮和COD_{Cr}显著降低，减少废水治理费用。据国外统计，若对每天加工25t生皮的制革厂，需要投资约50000欧元，投资成本回收期1～2年。

(2) 使用有机酯/有机酸脱灰技术

使用硼酸、乳酸镁和有机酸（如乳酸、甲酸、醋酸等），以及有机酯代替铵盐用于脱灰工序。

降低废水中铵盐的污染，但废液中COD_{Cr}和BOD_5会增加。适用于新建及已有制革企业裸皮的脱灰处理。

6.2.2.6 浸酸工艺

(1) 浸酸废液循环利用

浸酸废液收集后，加以过滤，检测废酸液中的一些关键指标（如盐和酸的浓度），并根据检测结果对酸液作出适当调整。然后在下次浸酸过程中再次使用。如果使用杀菌剂，在酸液中补加杀菌剂也是很有必要的。

该技术可大量节省食盐的用量，同时减小酸的消耗。适用于已有和新建制革企业浸酸废液的回收利用。

(2) 铬鞣废液浸酸回用

如果实施铬管理系统，在浸酸工序中也可回用铬鞣废液，会降低盐的用量及排放。

(3) 无盐/少盐浸酸技术

无盐/少盐浸酸技术主要是采用非膨胀酸或酸性辅助性合成鞣剂替代或部分替代浸酸，在将裸皮pH值降至铬鞣所需pH值的同时，不会引起裸皮的膨胀，不需加入食盐。

浸酸后裸皮粒面平滑细致，有利于对酸皮进行削匀和剖层，铬鞣时有利于铬的渗透和吸收。有效减小盐对环境的影响，适用于已有和新建浸酸工序。

6.2.2.7 清洁脱脂工艺

脱脂工序的清洁生产主要基于以下几方面考虑：

① 使用可降解表面活性剂（如脂肪醇聚氧乙烯醚等）代替烷基酚聚氧乙烯醚类表面活性剂；

② 使用非卤化溶剂，以减少AOX排放；

③ 采用循环闭合工艺，减少有机溶剂排放。

6.2.2.8 鞣制工艺

(1) 高吸收铬鞣技术

1）高吸收铬鞣相关研究

高吸收铬鞣能有效提高皮胶原在鞣制过程中对铬盐的吸收，从而降低废液中铬的含量。目前，高吸收铬鞣有两种方法，一是通过改变鞣制工艺，将更多的铬鞣剂固定在皮胶原纤维中；另一是常规鞣制工艺中还会排放大量的总溶解固体和氯化物。因此，需要一种新的鞣制工艺，以实现低排放和高吸收的铬鞣方法。

贾新菊等提出了一种无盐铬鞣工艺，用聚氧乙烯二氧基醚（PODEE）和乌洛托品预处理后进行浸酸、鞣制，铬鞣剂吸收率由74.2%提高到91.3%，并且不会对皮革的物理和感官性能产生影响。张辉等以苯酚、甲醛和苯胺-2,5-二磺酸为原料，合成了一种新型磺酸芳香酸用于无盐酸洗铬鞣制工艺，坯革对铬鞣剂的吸收率由71.6%提高到98.6%，废液中铬残留量降低至45mg/L，且扫描电镜表明，皮革气孔干净，纤维分布均匀。Sundar等提出一种不浸酸铬鞣技术，该技术为铬鞣完全消除食盐和无机盐提供了可能，而且可将废水中的TDS和铬含量降低约90%。

另外，在特定条件下，使用特定的设备进行铬鞣是实现含铬废水零排放的潜在解决方案。如Silambarasan等的一项研究表明，与传统铬鞣相比，在乙醇介质中铬鞣剂吸收率更高（酸洗87%，无酸洗为95%），且在坯革中铬含量、分布均匀性和收缩温度更好，铬浸出率低。Sathish等用碳酸丙烯酯替代水作为铬鞣工艺的介质，该方法使铬的吸收提高到接近100%，此外碳酸丙烯酯具有良好的抗微生物和抗真菌活性，这避免了在鞣制过程中使用任何防腐剂。廖隆理等使用CO_2超临界流体替代传统的水作为铬鞣介质，成功实现了铬的零排放，而不需要处理任何废液。同时，这种新鞣制方法可以缩短鞣制时间，使铬鞣剂在蓝湿皮中的分布更加均匀。

其次，用高消耗铬鞣助剂对皮胶原纤维进行改性。其机理是修饰皮胶原纤维，增加Cr（Ⅲ）在胶原纤维上的配位位点，从而提高铬鞣剂与皮胶原纤维的结合率。经证实，只有天冬氨酸（Asp）和谷氨酸（Glu）具有羧基，但普通胶原纤维中Asp和Glu的数量相对较少（黄牛皮中每1000个氨基酸中约有120个）。因此，在胶原纤维中引入更多羧基，增加铬配位是高吸收铬鞣剂的主要突破口。由于该方法操作简单和实用，对原有的工艺改变不大，引起了广泛的关注。

在皮胶原纤维中，碱性氨基酸数量略多于酸性氨基酸。根据这一特征利用酮羰基与氨基的反应特性对碱性氨基酸进行修饰，羧基可以通过修饰剂引入到皮胶原纤维中，这种方法可以将碱性氨基酸转化为酸性氨基酸，从而增加铬鞣剂的配位位点。如Mai等以乙酰丙酮和丙烯酸甲酯为原料研制出一种新型高吸收铬鞣助剂[4-乙酰庚二酸（AHA）]，它含有1个酮羰基和2个羧基，添加AHA后，与常规铬复鞣相比，废液中铬含量的降低效果显著，变化率分别为48.14%和47.57%。乙醛酸同时兼有醛和羧酸的性质，而醛基可以与氨基反应。于是，Fuchs等先用乙醛酸对坯革进行预处理，与常规铬鞣相比铬的吸收率明显增加。王鸿儒等用丙烯酸类物质对皮胶原纤维进行预处理，增加侧链上的羧基。结果显示，预处理后，皮胶原对铬鞣剂吸收利用率超过了80%，同时废水中Cr_2O_3的浓度降低至1.0g/L。

白云翔等在弱酸条件下用醛、氨和酸合成了SYY醛酸型助鞣剂。应用实验表明，当SYY和铬粉的用量分别为8%和5%时，蓝湿革收缩温度和铬盐利用率分别可达96℃和96%，并可显著降低废水中Cr_2O_3含量。

陈渭等以两步法制备了小分子多羧基聚氨酯产物，首先由异佛二异氰酸和酒石酸制备预聚体，然后用亚硫酸氢钠封闭异氰酸基团。实验结果显示，多羧基聚氨酯上的异氰酸基团与皮胶原纤维上的氨基结合增加了铬盐的作用点，使皮革的收缩温度提高到113℃，同时也提高了铬盐的吸收利用率。此外，皮胶原纤维被多羧基聚氨酯预处理后可有效抑制裸皮的酸膨胀。

Ramamurthy等尝试了一种基于没食子酸（GA：三羧基苯甲酸）辅助铬鞣的绿色鞣制方法。研究发现，先使用GA处理鞣制效果更好，5%GA与8%铬粉结合鞣制后坯革收缩温度达到105℃，铬吸收率提高到93%，相比传统铬鞣，废液中Cr_2O_3含量显著减少。

近年来，为了开发出既能提高铬吸收利用率又能改善皮革物理性能的助鞣剂，研究人员把目光聚焦在高分子相关领域，例如王新刚等用丙烯酸、*N*-羧甲基丙烯酰胺和丙烯酸羟丙酯作为原料制备出一种高分子铬鞣助剂。实验结果表明，将该助鞣剂用于鞣制工序后，坯革的收缩温度和铬盐吸收利用率都能得到显著提高。张磊等通过两步法制备出非线型共聚物PMAAs。先用聚乙二醇-200和马来酸酐制备出多官能度烯类支化单体（PM），接着再与丙烯酸共聚。应用实验结果表明，PMAAs再浸酸工序汇总效果最好，当PMAAs添加量为1.5%时，铬盐的吸收利用率可达96.57%，成品革粒面较细，收缩温度和力学性能也显著提高。

树状大分子和超支化聚合物（HBP）是新型高度支化聚合物。HBP是树状大分子的一种特殊形态，既具有高度支化结构，又具备树状分子的高性能特征。同时都呈现出高溶解性、反应性和螯合能力的特征，因此，其可以作为助鞣剂应用于铬鞣中。

姚棋等用*N,N*-亚甲基双丙烯酰胺（MBA）、乙二胺（EDA）和二乙醇胺（DEOA）研制出了一种基于端羟基树枝状大分子，并应用于浸酸过程，结果铬的吸收率达到94.1%，且铬在蓝湿皮中均匀分散。强西怀等用间苯三酚与三聚氰酸酰氯制备出一种端羟基超支化聚合物（HTHP）。与传统铬鞣法相比，研究发现，在入酸皮质量1%的HTHP（6.5%铬鞣剂），坯革收缩温度增加了4℃，废水中Cr_2O_3的浓度降低到0.82g/L；同时，HTHP对皮革还具有一定的填充性。

姚棋等又研制出一种端羧基超支化聚合物（CHBP），应用于浸酸工序，结果表明，使用CHBP可以促进铬的渗透和固定，从而显著提高铬的吸收。于婧等先用丙烯酸甲酯与二乙醇胺制备端羟基超支化聚（胺-酯），接着用顺丁烯二酸酐对其改性制备出一种端羧基超支化聚（胺-酯）。将端羧基超支化聚（胺-酯）应用于鞣制工序，当端羧基超支化聚（胺-酯）添加量为2%时，可使皮胶原纤维对铬鞣剂吸收利用率达到95%。

2）技术应用情况

采用下列方法可提高传统铬鞣工艺中铬的吸收率：

① 优化并尽量减少铬的投入量；

② 优化工艺参数，如pH值、温度等；

③ 采用小液比工艺，可在保证铬浓度的同时，减少铬的投入量；

④ 延长处理时间以保证铬的充分渗透和反应。

此外，还可以添加助鞣剂，一方面可以改善铬配合物的性质，同时也可以改变胶原蛋白与金属离子的结合模式，进而起到铬吸收的作用。

该技术不需引入新的工艺及设备，只通过优化物理化学参数，就可将铬吸收率提高至90%左右。进一步结合助鞣剂，铬吸收率可达到95%以上。采用该工艺可降低铬粉用量，减少含铬废水和污泥产生。适用于新建及已有制革企业铬鞣工序。

（2）铬鞣废液直接循环利用技术

鞣制、复鞣工段在鞣制结束后，将废铬液单独全部收集，滤去肉渣等粗大的固体，调节组成后循环利用。目前，高吸收铬鞣废液的循环途径主要有2种：

① 铬鞣废液回用于浸酸工序；

② 铬鞣废液回用于鞣制工序。

该工艺存在以下几个方面的技术关键：

① 建立封闭式的铬液循环体系，其他废水不得混入；

② 要有完善的过滤体系；

③ 严格控制工艺条件；

④ 控制中性盐的含量，提高鞣液的蒙囿功能等。

根据调查，鞣制液循环一段后为了保证皮毛鞣制质量必须排放，循环可达10次以上。

该技术适用于皮革及毛皮加工企业铬鞣废液循环回收利用。该技术简便、灵活，适用于各类皮革，但皮革品质可能会有所降低。如蓝皮的颜色可能会变深，影响后续的染色效果。此外，杂质（蛋白、油脂）、表面活性剂和其他化学品会在循环中累积，因此回用次数有限。而且该工艺不能解决鞣制后清洗废水中铬的问题。

（3）铬鞣废液全循环利用技术

通过过滤、沉淀、水解、氧化和还原等技术措施，去除废液中的固形物杂质、水溶性杂质以及与铬盐结合的杂质，重新恢复铬盐的鞣性。处理后上清液回用于浸酸工序。

采用该技术回用的铬鞣剂与未经再生处理直接回用铬鞣剂相比，具有收缩温度高（即鞣性强）、蓝湿革外观浅淡等优点。该技术铬的回用率达到99%以上，可以完全解决铬盐污染的问题。适用于皮革及毛皮加工企业铬鞣废液循环回收利用。

（4）白湿皮技术

包括白湿皮预鞣，即在铬鞣前先用铝、钛、硅、醛等非铬鞣剂进行预鞣，使皮纤维初步定型并适当提高收缩温度，然后剖层削匀后再进行鞣制。或者完全用非铬鞣剂代替铬鞣。

剖层削匀精度较高，产生固体废物中不含铬。白湿皮预鞣还可以提高后续铬鞣工序中铬的吸收率。适用于制革企业灰皮的无铬预鞣/鞣制。

（5）植鞣技术

完全用植物鞣剂（栲胶）或与少量其他鞣剂结合鞣制，如植-无机鞣剂结合，植-有机溶剂结合，植物鞣剂复鞣填充等。

完全的植鞣工艺在产品性能方面很难达到铬鞣皮革的品质，植物鞣可以在脱灰后直接进行，或浸酸、预鞣（通常使用替代的合成鞣剂或者多聚磷酸盐）后进行，但鞣制前皮的pH值应调节到适宜值（4.5～5.5）。鞣制可在池中、转鼓或者池和转鼓结合中进行。

（6）非铬矿物鞣技术

使用铝、锆、钛等矿物鞣剂代替铬鞣。

目前用单独的非铬矿物鞣剂完全取代铬并且获得铬鞣革的品质是不可能的，特别是在革的湿热稳定性和手感方面。但通过改变工艺条件，一定程度上矿物鞣剂可以部分替代铬盐。

(7) 少铬鞣制

Lyu 等采用纳米技术制备了一种纳米复合材料（NCM），将其用作少铬鞣剂。先用2%NCM 预处理裸皮、接着用 4%铬鞣剂鞣制，与常规铬鞣（6%铬鞣剂）相比，皮革收缩温度将近达到 99℃，废水中 Cr_2O_3 的含量降低了 50%～80%。此外，经纳米复合材料预处理的皮革力学性能、柔韧性和染色性与常规皮革接近。

高党鸽等合成出一种纳米复合铬鞣助剂 KR-T113。并将 KR-T113 与铬粉组合使用，对酸皮进行处理，鞣后坯革收缩温度能达到 95℃，废水中 Cr_2O_3 的浓度仅为 0.02g/L。同时，组合鞣制与常规铬鞣坯革拥有类似的物理性能和手感。

Raji 等提出用单宁和单宁诱导的银纳米粒子单独或与铬结合用于坯革加工。研究发现，当与 2.5%铬粉结合使用时，鞣后收缩温度达到 107℃，与传统铬鞣（8%BCS）相比，收缩温度提高了 7℃，废液中铬含量显著降低。

6.2.2.9 鞣后工序的清洁生产技术

主要是复鞣、加脂、染色过程中使用清洁的化学原料。

① 使用与铬具有高亲和及高吸收的复鞣剂以减少向污水的排放量；

② 使用氮含量及盐含量低的复鞣剂；

③ 使用高吸收加脂材料（如乳液加脂剂）；

④ 采用低盐配方、易吸收、液态的染料，停止使用含致癌芳香胺基团的染料。

6.2.2.10 涂饰工艺

主要包括：

① 使用清洁的涂饰材料，例如，高吸收染色材料和固色材料、水基涂饰材料、涂饰层高效交联材料、环保型胶粘剂和整饰剂等；

② 采用高体积低压（HVLP）系统、泡沫喷涂系统、辊涂等清洁的涂饰方法。

6.2.2.11 节水技术

(1) 闷水洗

将流水洗改为闷水洗，不仅用水量可以减少 25%～30%，而且对产品质量有益而无害。目前，在工艺过程中提倡将浴液排放掉以后，改流水洗为闷水洗，或闷水、流水交替进行。

(2) 采用小液比工艺

小液比工艺节水省时，化学品用量小。通过改装设备，采用小液比工艺，可将液比由 100%～250%降低至 40%～80%。采用新型节水设备，如倾斜转鼓或星形分隔转鼓等，可有效降低液比，节水分别可达 30%～40%以及 40%～50%。结合闷水洗，可节水 70%以上。

(3) 工序合并

在传统工艺中复鞣、中和、染色、加脂都是单独进行，完成后要换浴水洗，排出大量的废液和水洗液，为了节约用水，可将上述工段一体化，即复鞣、中和、染色、加脂在同一浴中一次完成。统计表明，一体化工艺和传统工艺相比，此工段可减少废液排出量50%左右。

(4) 过程废水回用

将制革加工过程中湿整饰工序的废水过滤收集处理后回用到指定工序。各工序产生的废水分开收集并分别处理。在此基础上，对各工序废液循环进行系统集成，可大幅减少污水的产生与排放。包括：

① 盐腌皮的浸水废水，回用于浸酸；

② 制革生产中，保毛脱毛浸灰废液回用；

③ 软化、浸酸废液，工序内部循环使用；

④ 铬鞣、复鞣废液处理后，工序内部循环使用，或回用于浸酸；

⑤ 复鞣染色前脱脂工序的废水用于浸水和地面清洁；

⑥ 浅色的染色废水循环用于染深颜色；染深颜色的废水进行脱色后用于染色或铬复鞣；

⑦ 对多组分加脂废液工序内部循环使用，循环使用的最后废水进行终水处理。过程废水回用原则上适用于所有新建及已有制革企业，各工序可因需要废水收集、处理和调控设备，使用时需考虑额外的投资及运行费用。

6.2.3 废气治理技术

6.2.3.1 VOCs处理技术

(1) 溶剂吸收法

以液体溶剂作为吸收剂，使废气中的有害成分被液体吸收，从而达到净化的目的，其吸收过程是气相和液相之间进行气体分子扩散或者是湍流扩散进行物质转移。用于VOCs 治理主要针对水溶性有机溶剂，如甲醛等。通过吸收塔，大部分粉尘、气溶胶等也同时被过滤除去。

常用装置包括文氏洗涤塔、板式洗涤塔和填充洗涤塔等，选用的吸收剂及液气比、温度等操作参数由有机废气的成分和浓度确定。

吸收法技术成熟，设计及操作经验丰富，对处理大风量、常温、低浓度有机废气比较有效且费用低，而且能将污染物转化为有用产品。不足在于吸收剂后处理投资大，对有机成分选择性大，易出现二次污染。溶剂吸收法适于皮革及毛皮加工企业排放废气中氨气、硫化氢、二氧化硫等有害气体及甲醛等水溶性有机溶剂的治理，吸收效率60%～96%。

(2) 吸附法

吸附法是利用某些具有吸附能力的物质如活性炭、硅胶、沸石分子筛、活性氧化铝等吸附有害成分而达到消除有害污染的目的，目前应用最广的是活性炭吸附法。主要的治理设备包括固定床和移动床（含转轮）吸附器，吸附以后的吸附器利用水蒸气或热空气进行再生。水蒸气再生后的尾气进行冷凝回收溶剂；热空气再生后的高浓度尾气可以进行冷凝回收有机溶剂，也可以利用焚烧设备进行焚烧以回收热能。对于低浓度 VOCs 的治理，目前主要采用吸附浓缩技术，首先将有机物吸附在吸附剂上，然后使用热空气流对吸附剂进行脱附再生，脱附后的有机成分被浓缩，对于回收价值高的有机物采用冷凝回收；对于回收价值低的有机物则采用焚烧技术进行破坏。

活性炭吸附的净化率在 95%以上，工艺成熟、能耗低、脱附后溶剂可回收。其主要缺点是设备庞大，流程复杂，投资后运行费用较高且有二次污染产生，当废气中有胶粒物质或其他杂质时，吸附剂易中毒。

（3）催化燃烧

燃烧法包括直接燃烧和催化燃烧。直接燃烧是使用燃烧器直接燃烧废气，燃烧温度控制在 650～850℃。也可直接采用电热方式提高废气温度至 820～1000℃。催化燃烧是使用催化剂将有机废气在较低的温度（250～400℃）下分解转化成无害物质。

较常用催化剂主要成分一般为 Pt、Pd、Mn、Fe、Cr_2O_3、V_2O_5 或其他合金的混合体。可依不同的废气成分、浓度及所需的破坏效率而选用不同的催化剂与操作温度，滞留时间 0.1～0.2s。在一般使用状况下，催化剂每 1～3 年必须更换或再生，以维持其处理功能。

催化燃烧法净化率可达 95%，但适合于处理高浓度、小风量且废气温度较高的有机废气，为了提高废气温度，要消耗大量的能源。对皮革及毛皮加工企业排放的低浓度 VOCs，宜采用活性炭吸附+催化燃烧的复合处理方法。

（4）生物膜法

主要是利用微生物的新陈代谢作用，对多种有机物和某些无机物进行生物降解，将其转化为 CO_2、H_2O 等无机物。主要处理工艺包括生物滤塔、生物洗涤塔和生物滴滤塔。工艺简图如图 6-9 所示。

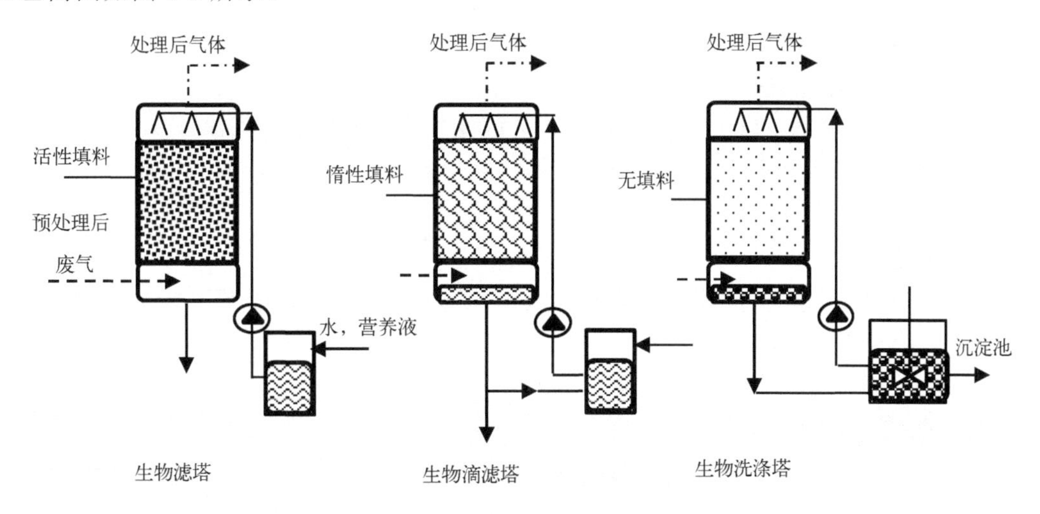

图 6-9　VOCs 生物处理工艺

3 种工艺的主要区别总结见表 6-8。

表 6-8　VOCs 不同生物膜处理工艺的比较

工艺	流动相	填料	生物相
生物滤塔	气体	活性填料（含营养）	附着型
生物滴滤塔	气体和液体	惰性填料	附着型
生物洗涤塔	气体和液体	无	悬浮型

生物膜处理技术的工艺设备简单、操作方便、投资少、运行费用低、无二次污染，可处理含不同性质组分的混合气体。但同时也存在着反应装置占地面积大、反应时间较长的缺点。而且，由于生物降解速率有限，承受负荷不能过高，对难以降解的 VOCs，去除效果较差。生物膜处理技术适用于皮革及毛皮加工企业排放低浓度废气的处理。生物过滤箱如图 6-10 所示。

图 6-10　生物过滤箱

6.2.3.2　颗粒物处理技术

（1）机械式除尘器

它是在质量力（重力、惯性力、离心力）的作用下，使粉尘与气流分离沉降的装置，如重力沉降室、惯性分离器、旋风除尘器等。除尘效率不是很高，但结构简单、成本低廉、运行维修方便，可在多级除尘系统中作为前级预除尘。

（2）过滤式除尘器

它是利用含尘气流体通过多孔滤料层或网眼物体进行分离的装置，包括颗粒层过滤器、袋式过滤器等。这类除尘器的除尘效率很高，如袋式除尘器的效率可高达 99.9%以上，但流动阻力也很大，能耗高。

（3）湿式洗涤器

它是利用含尘气流与液滴或液膜接触，使粉尘与气流分离的装置，包括各种喷雾洗涤器、旋风水膜除尘器和文丘里洗涤器等。它既可用于除尘，也可用于气态污染物（如锅炉烟气中的 SO_2）的吸收净化。其特点是除尘效率高，特别是对微细粉尘的捕集效果显著，但会产生污水形成二次污染，需要进行处理。

常见除尘器的技术参数总结见表 6-9。

表 6-9　常见除尘器技术参数总结

类别	除尘设备	捕集粒径/μm	除尘效率/%	运行费用
机械式除尘器	旋风除尘器	＞5	70～92	中
	多管除尘器	＞5	90～97	中
湿式除尘器	文丘里洗涤器	＞5	90～99.8	高
	水膜除尘器	＜5	85～99	中
过滤式除尘器	袋式除尘器	＜5	90～99.9	少

6.2.3.3　臭气处理技术

（1）低温等离子体技术

低温等离子体技术是近年发展起来的废气处理新技术。其原理为：当外加电压达到气体的放电电压时，气体被击穿，产生包括电子、各种离子、原子和自由基在内的混合体。低温等离子体降解污染物是利用这些高能电子、自由基等活性粒子和废气中的污染物作用，使污染物分子在极短的时间内发生分解，以达到降解污染物的目的。低温等离子体的产生途径很多，目前在企业污水处理场多采用双介质阻挡放电装置。此方法不需要任何吸附剂、催化剂及其他任何助燃燃料，只需采用交流电，经振荡升压装置获得高频脉冲电场，产生高能量电子，轰击分解废气中的恶臭、有毒的气体分子。具有安全可靠、操作简单、运行费用低、治理效率高、技术先进等特点。

（2）光量子恶臭气体处理技术

通过特制的激发光源产生不同能量的光量子，利用恶臭物质对该光量子的强烈吸收，在大量携能光量子的轰击下使恶臭物质分子解离和激发，同时空气中的氧气和水分及外加的臭氧在该光量子的作用下可产生大量的新生态氢、活性氧和羟基氧等活性基团，一部分恶臭物质也能与活性基团反应，最终转化为 CO_2 和 H_2O 等无害物质，从而达到去除恶臭气体的目的。该技术设备体积小、占地面积小、能耗低、自控便捷，安全、低廉，具有较大的潜力。

（3）三相多介质催化氧化废气处理技术

在雾化吸收氧化废气处理技术基础上，解决了传统工艺中传质效率低、应对负荷变化能力差、反应速度慢等缺陷，是一种高效率、易操控的新型工艺。该技术通过特制的喷嘴，将吸收氧化液（以水为主，混配有氧化剂）呈发散雾化状喷入催化填料床，在填料床液体、气体、固体三相充分接触，并通过液体吸收和催化氧化作用将气体中异味物质吸收或氧化。催化填料床填充有多种介质的固体催化剂，该催化剂能有效促进有机物的氧化和分解，加速反应过程。吸收了有机污染物后的氧化液则排至循环槽，在此经氧化剂进一步氧化后转化为无害物质，吸收氧化液由循环泵抽送至液体吸收氧化塔循环使用。

（4）光触媒技术

光触媒（也称为光催化剂）的主要成分是纳米级锐钛型二氧化钛（TiO_2），在室温下，当波长在 380nm 以下的紫外光照射到纳米级二氧化钛颗粒上时，在价带的电子被紫外光所激发，跃迁到导带形成自由电子，而在价带形成一个带正电的空穴，这样就形成电子-空穴对。利用所产生的空穴的氧化及自由电子的还原能力，二氧化钛和表面接触的 H_2O、O_2 发生反应，产生氧化力极强的自由基，这些自由基可分解几乎所有有机物质，将其氧化、分解为无污染的水和二氧化碳等。

6.2.4 废水治理技术

6.2.4.1 脱脂废液的处理技术

（1）浮选法

油脂废水通过底部装有沉式堰与上部聚集漂浮的油脂相分离，如果油珠粒径过小，可辅以气浮法。压缩空气通入收集池底部，上浮气泡使油脂浮至表面，然后以人工或机械方法清除。对收集的脂肪和油脂聚集物，通过加入硫酸调节 pH 值，并结合蒸汽混凝，将收集到的油脂转换为粗脂肪。

污染物消减与排放去除脱脂废水中的脂肪、油脂和动物脂，油脂去除率和 COD_{Cr} 去除率在 85%左右，TN 去除率在 15%以上。处理后废水合并入综合废水进行后续处理。该技术操作简单，处理效果较好。适用于企业脱脂废液预处理及油脂回收。

（2）酸提取法

含油脂的废水在酸性条件下破乳，使油水分离、分层，将分离后的油脂层回收，经加碱皂化后再经酸化水洗，最后回收得到混合脂肪酸。加 H_2SO_4 调 pH 值至 3～4 进行破乳，通入蒸汽加盐搅拌，并在 40～60℃，静置 2～3h，油脂逐渐上浮形成油脂层。将油脂层移入高压釜中，在压力下加热使其变稀薄，经压滤机过滤后，送入第二高压釜中进行酸液精炼。每提取 1t 油脂，要用质量分数 66%的硫酸 1～2.5t。回收后的油脂经深度加工转化为混合脂肪酸可用于制皂。

一般进水油的质量浓度为 8～10g/L，出水油的质量浓度＜0.1g/L。回收油脂可达 95%，COD_{Cr} 去除率 90%以上，处理后废水合并入综合废水进行后续处理。酸提取法主要用于含油脂废水的预处理，是目前企业最广泛接受的油脂回收方法。处理后废水应合并入综合废水进行后续处理

6.2.4.2 铬鞣废液的处理技术

（1）含铬废液的处理采用铬鞣废液全循环利用技术

本技术使用氧化方法除去与铬盐牢固结合的有机小分子，得到纯度比较高，并且具有良好鞣制性能的铬鞣剂。将回收的铬鞣剂回用于制革生产的鞣制工序中，既可以消除铬鞣废液对环境的污染，又可以变废为宝，增加企业的经济效益和社会效益。

该技术可减排总铬 99.9%，减排含铬污泥 100%，铬鞣废液循环利用率为 97%。经过该技术再生处理后得到的铬鞣剂与未经再生处理直接回用铬鞣剂相比，具有收缩温度高（即鞣性强）、蓝湿革外观浅淡等优点。该技术适用于所有制革、毛皮加工企业。

（2）铬沉淀回收技术

铬鞣废液单独收集，加碱沉淀，控制终点 pH 值为 8.0～8.5，将铬污泥压滤，单独处理经压滤成铬饼，循环利用或单独存放，铬回收率达 99%以上，上清液中的总铬含量小于 1mg/L。废铬液中铬的主要存在形式是碱式硫酸铬，pH 值为 4 左右。加入碱，产生 $Cr(OH)_3$ 沉淀，将沉淀分离出来的铬泥加硫酸酸化，重新变成碱式硫酸铬，有鞣性，因此可重复使用。

铬回收彻底，废液中 Cr^{3+}去除率达 95%以上，处理后废水合并入综合废水进行后续处理。该技术成熟，操作简便，铬回收彻底，用于制革企业含铬废液预处理，处理后废水一般合并入综合废水进行后续处理。

6.2.4.3　废水综合处理技术

（1）机械（物理）处理

机械处理主要是通过筛滤去除大颗粒悬浮物，如皮屑、毛发、肉渣等，从而保证废水处理后工序能够稳定、正常运转。设备包括格栅和筛网，可自行加工，但需要经常清理才能发挥作用，最好采用自动清理装置。机械处理还可能包括脂肪的撇除，以及油脂的重力沉降（沉淀）。

该技术是所有未处理企业废水的首步处理单元。总 SS 去除率为 30%～40%，分离出的固体需要进一步处理。COD_{Cr} 去除率为 30%，从而节省后续处理中絮凝化学品的用量，降低污泥产生量。

（2）物化处理

物化处理包括脱脂废液油脂回收、脱毛浸灰废液的硫化物去除、含铬废水处理，以及水量水质均衡和 COD_{Cr} 物化去除技术。

1）水量水质平衡

调节制革废水水质、水量的目的是对来自不同时间或不同生产工段的（污）废水进行充分地混合，使流出的水质比较均匀，水量稳定，以保证制革废水处理后工序水质、水量均衡。平衡调节池应容纳至少一天产出的污水量。调节池必须安装机械搅拌或曝气装置。

2）混凝-气浮

废水调节 pH 值后，加入如硫酸铝、硫酸亚铁、高分子絮凝剂等混凝剂，发生絮凝沉淀。如果含铬废水或含硫废水未经过前处理，也会再发生絮凝，然后用浮选法对废水进行净化，混凝剂剂量和条件需通过现场的优化实验确定。

目前压力溶气气浮法应用最广。先将空气加压使其溶于废水形成空气过饱和溶液，然后减至常压，释放出微小气泡，并将悬浮固体携带至表面，技术特点及适用性包括：设备简单、管理方便、适合间歇操作。用于企业排放废水的预处理，大大削减了 COD_{Cr}、BOD_5、SS 等污染物，减轻了后续生化处理的负荷。

3）内电解法

内电解法又称微电解法，通常是以颗粒料炭、煤矿渣或其他导电惰性物质为阴极，铁屑为阳极，废水中导电电解质起导电作用构成原电池。在酸性条件下发生电化学反应产生的新生态[H]可使部分有机物断链，有机官能团发生变化。同时产生的Fe^{2+}又是很好的絮凝剂，通过微电解产生的不溶物被其吸附凝聚，从而达到去除污染物的目的。

该技术占地面积小，投资小，运行费用低，采用工业废铁屑，以废治废，不消耗能源。适合中小型企业废水预处理，COD_{Cr}、BOD_5、SS 去除率 70%以上，同时提高难降解物的可生化性，利于后续生化处理，但处理过程污泥产出量大。

（3）生物处理

生物处理单元用于机械和物化处理之后，也可直接用于机械处理之后。

1）厌氧生物处理技术

① 水解酸化工艺。水解酸化是完全厌氧生物处理的一部分。水解酸化过程的结束点通常控制在厌氧过程第一阶段末或第二阶段的开始，因此水解酸化是一种不彻底的有机物厌氧转化过程，其作用在于使结构复杂的不溶性或溶解性的高分子有机物经过水解和产酸，转化为简单的低分子有机物。

水解酸化工艺的COD_{Cr}去除率也较低（30%～40%），出水应该进入好氧段进行进一步处理。水解酸化工艺可大幅度地去除废水中悬浮物或有机物，其后续好氧处理工艺的污泥量可得到有效的减少；可对进水负荷的变化起缓冲作用，从而为后续好氧处理创造较为稳定的进水条件，同时提高废水的可生化性，进而提高好氧处理的能力。该工艺具有停留时间短、占地面积小、减小工程投资等特点，运行费用较低，且其对废水中有机物的去除亦可节省好氧段的需氧量，从而节省整体工艺的运行费用。

② 上流式厌氧污泥床（UASB）。UASB 由污泥反应区、气液固三相分离器（包括沉淀区）和气室三部分组成。在底部反应区内存留的大量厌氧污泥，在下部形成污泥层，废水从厌氧污泥床底部流入，与污泥层中的污泥进行混合接触，污泥中的微生物分解污水中的有机物，把它转化为沼气，沼气以微小气泡形式不断逸出，微小气泡在上升过程中不断合并，逐渐形成较大的气泡，在污泥床上部由于沼气的搅动，形成一个污泥浓度较稀薄的污泥和水一起上升，进入三相分离器，沼气碰到分离器下部的反射板时，折向反射板的四周，然后穿过水层进入气室，集中在气室的沼气用导管导出，固液混合液经过反射，进入三相分离器的沉淀区，污水中的污泥发生絮凝，并在重力作用下沉降。沉淀至斜壁上的污泥，由斜壁滑回厌氧反应区内，使反应区内积累大量的污泥，与污泥分离后的处理出水，从沉淀区溢流堰上部溢出，然后排出污泥床。

进水COD_{Cr}负荷一般为 6～15kg/（m^3·d），当为颗粒污泥时，允许上升流速为 0.25～0.30m/h（日均流量），当为絮状污泥时，允许上升流速为 0.75～1.0m/h（日均流量）。

用于企业废水处理，后续还需进行好氧处理。采用 UASB 可以降低后续处理过程的污染负荷，而且可以减少运行成本和减少污泥的产生量。此外，该技术可以作为一种资源化处理系统进行设计，并可回收废水中有用的资源，如沼气和各种化工原料，保持较低的运行成本。

2）好氧生物处理技术

① SBR 工艺。SBR 法是序批式活性污泥法的简称，又名间歇曝气，是一种间歇运行的废水处理工艺，并且拥有均化、初沉、生物降解、中沉等多种功能，无污泥回流系

统。SBR 运行时，废水分批进入池中，在活性污泥的作用下得到降解净化。沉降后，净化水排出池外。根据 SBR 的运行功能，可把整个运行过程分为进水期、反应期、沉降期、排水期和闲置期，各个运行期在时间上是按序排列的，称为一个运行周期。SBR 工艺集曝气反应和沉淀泥水分离于一体，在生物降解有机物机制方面，与普通活性污泥法一样；同时又具有自己独特的特点和优势。它在时间上属于推流式，流态上是完全混合式，因而汇集了推流和完全混合的优点，有机质降解较彻底，废水中 COD_{Cr}、BOD_5 和硫化物的去除率都很高。

② 氧化沟工艺。是活性污泥法的一种改型，其曝气池呈封闭的沟渠型，污水和活性污泥的混合液在其中进行不断的循环流动。

工艺流程简单，构筑物少，运行管理方便；可操作性强，维护管理高，设备可靠，维修工作量少；处理效果稳定，出水水质好，并可以实现一定程度的脱氮；基建投资省，运行费用低，能承受水量水质冲击负荷。

③ 生物膜法。生物接触氧化法是生物膜法的一种。接触氧化池是生物膜法处理工段的核心部分，其主要功能是利用池内好氧型的微生物，使其快速吸附污水中的污染物，然后微生物利用污染物作为营养物质，在新陈代谢过程中，将污染物分解消化，使污水得到净化。

此外，膜生物反应器（MBR），是高效膜分离技术与活性污泥法相结合的新型污水处理技术。MBR 内置中空纤维膜，利用膜的固液分离原理，取代常规的沉淀，过滤技术，能有效地去除固体悬浮颗粒和有机颗粒，通过膜的截留使系统污泥浓度大大提高，从而加强了系统对难降解物质的去除效果。

（4）脱氮技术

1）物理法

脱灰软化废液进行单独处理，制革废水的 pH 偏碱性，可采用空气吹脱法。

脱灰软化废液 pH 值为 8～9，氨氮浓度高达 2000～3000mg/L，通过调节 pH 值至 10～11，采用空气吹脱，氨氮去除率可达到 70%～80%。

2）A/O 工艺

A/O 工艺法称为缺氧-好氧生物法，是将厌氧过程与好氧过程结合起来的一种废水处理方法。A 段为厌氧/兼氧型处理，O 段则相当于传统活性污泥法。硝化反应器内的已进行充分反应的硝化液的一部分回流至反硝化反应器，而反硝化反应器的脱氮菌以原污水中的有机物为碳源，以回流液硝酸盐中的氧为受电体，将硝态氮还原为气态氮（N_2）。

有机负荷≤0.08kg/（kg•d）（BOD_5/MLSS），内循环比 200%左右，污泥回流比 50%～100%。污泥浓度 3500～4000mg/L，污泥龄≥25d。

常用于处理后企业废水处理。流程简单，装置少，建设费用低。除了可去除废水中的有机污染物外，还可同时去除氨、氮和磷。

在企业废水处理中的 A/O 法的改进工艺有：分段进水 A/O 接触氧化技术；二级 A/O 法和 A_2/O 工艺等。

① 分段进水 A/O 接触氧化技术。分段进水 A/O 接触氧化工艺流程如图 6-11 所示。

其基本原理是部分进水与回流污泥进入第 1 段缺氧区，而其余进水则分别进入各段缺氧区。这样就在反应器中形成一个浓度梯度，而且 MLSS 的质量浓度梯度的变化，随污泥停留时间 SRT 的延长而增大。与传统的推流式 A/O 生物脱氮工艺相比，分段进水 A/O 工艺的 SRT 要长，因此分段进水系统在不增加反应池出流 MLSS 质量浓度的情况下，反应器平均污泥浓度增加，终沉池的水力负荷与固体负荷没有变化。此外，由于采用分段进水，系统中每一段好氧区产生的硝化液直接进入下一段的反硝化区进行反硝化，这样就无需硝化液内回流设施，且在反硝化区又可以利用废水中的有机物作为碳源，在不外加碳源的条件下达到较高的反硝化效率。

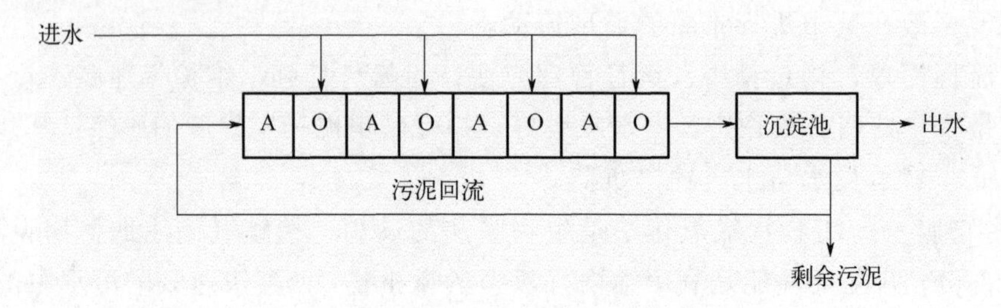

图 6-11　分段进水 A/O 接触氧化工艺流程

活性污泥法生物处理后的二沉池出水直接进入多段进水 A/O 接触氧化工艺，经过处理后的废水、有机物和氨氮都得到很好的去除，出水经过混凝沉淀后排放。

② 二级 A/O 工艺。由于企业废水中同时含有高浓度的有机物和氨氮，仅仅采用一级生物脱氮工艺是不可能同时达到有机物降解和氨氮去除的目的。而必须采用二级生物脱氮工艺，其中第一级的功能以去除有机物为主要功能，第二级以去除氨氮为主要功能。二级生物处理工艺中，如果在第一级中有机物去除程度高，则进入第二级废水的 C/N 值较低，硝化菌在活性微生物中所占比例也相对较高，因此氨氮氧化速率也较高。但由于进入第二级的废水有机物浓度相对较低，异养菌数量相应减少，会导致活性污泥絮凝性变差，给固液分离带来困难，因此第二级生物处理宜采用生物膜法工艺。在膜法工艺中，由于削弱了异养菌对附着表面的竞争，从而有利于硝化菌的附着生长，从而提高氨氮的去除效果。二级生物脱氮工艺流程见图 6-12。

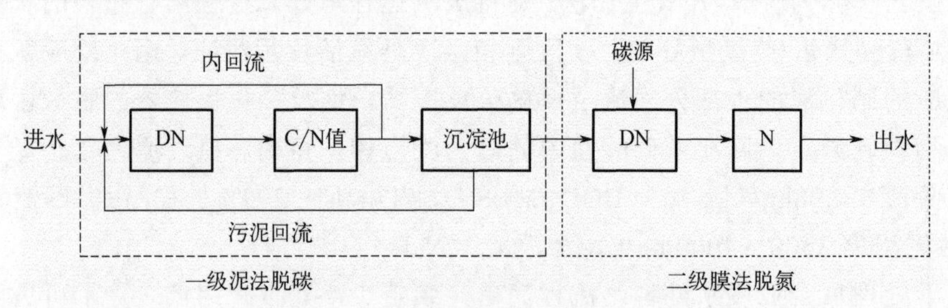

图 6-12　二级生物脱氮工艺流程

DN—反硝化；C/N—碳化/硝化；N—硝化

③ A_2/O 工艺。该工艺的主要特点是：A1 段为完全厌氧或不完全厌氧（水解酸化），

是一个相当多样化的兼性和专性厌氧菌组成的生物系统，可将复杂有机物转化为简单有机物和低分子有机酸，并最终转化为甲烷，使有机物浓度降低，A1 段的作用是使废水的可生化性显著提高，其 COD_{Cr} 去除率随甲烷的产生量提高而提高，从而大幅度降低进入后续 A/O 系统的有机物浓度；第二段 A_2/O 采用活性污泥工艺，由于进水可生化性得到提高，有机物浓度低，较容易同时实现有机物降解和氨氮硝化反硝化过程。

3）AB 工艺

AB 法即吸附-生物降解法，是在传统两段活性污泥法和高负荷活性污泥法基础上开发出来的一种新型污水处理工艺，属超高负荷活性污泥法。AB 法工艺流程分 A、B 两段处理系统。A 段由 A 段曝气池和中沉池构成，B 段由 B 段曝气池和终沉池构成。AB 段各自设置污泥回流系统。污水先进入满负荷的 A 段，然后再进入低负荷的 B 段，其中 A 段中去除大量有机污染物，起关键作用，B 段去除废水中低浓度污染物。

4）深度脱氮技术

对于已建生物处理工艺的企业，应增加第二级膜法生物脱氮系统，以第一级活性污泥法 A/O 工艺去除 COD_{Cr} 为主要目的，同时部分去除氨氮，而以第二级膜法 A/O 工艺去除氨氮为主要目的。二级生物脱氮工艺主要有分段进水 A/O 接触氧化技术、曝气生物滤池和人工湿地等技术。

适用于企业废水第一段生物处理如氧化沟或A/O生物脱氮工艺之后的第二段氨氮深度去除处理。

① 曝气生物滤池。在生物反应器内装填高比表面积的颗粒填料，以提供微生物膜生长的载体，废水由下向上或由上向下流过滤层，滤池下设鼓风曝气系统，使空气与废水同向或逆向接触。废水流经曝气生物滤池时，通过生物膜的生物氧化降解、生物絮凝、物理过滤和生物膜与滤料的物理吸附作用，以及反应器内食物链的分级捕食作用，使污染物得以去除。通过生物膜中所发生的生物氧化和硝化作用，对污水中的有机物、氨氮和 SS 等均有很好的去除效果。

② 人工湿地—生态植物塘。人工湿地是利用基质—微生物—植物—动物这个复合生态系统的物理、化学和生物的三重协调作用，通过过滤、吸附、共沉、离子交换、植物吸附和微生物分解等多种功能，来实现对废水的高效净化，同时通过营养物质和水分的循环，促进绿色植物生长。人工湿地填料表面和植物根系，将由于大量微生物的生长而形成生物膜。废水流经湿地时，有的污染物被植物根系阻挡截留，有机污染物则通过生物膜的吸附、同化及异化作用而被去除。湿地系统中因植物根系对氧的传递释放，使其周围的环境中依次呈现出好氧、缺氧和厌氧的状态，保证了废水中的氨氮不仅能被植物和微生物作为营养成分而直接吸收，而且还可通过硝化、反硝化作用将其从废水中去除。人工湿地对 TN 的去除率可达到 60%以上，BOD_5 的去除率在 85%以上，COD_{Cr} 去除率可达到 80%以上。该技术主要适用于生物处理效果好，出水氨氮在每升几十毫克左右的企业，如浙江某制革厂氧化沟工艺出水再经人工湿地处理系统处理，可进一步去除氨氮和 COD_{Cr}。

利用人工湿地生态系统的协调作用，在氧化沟工艺的前提下可以实现制革废水深度处理和水质稳定。但是，人工湿地技术的局限在于占地面积大，系统运行受气候影响较大，仅适合在南方地区应用，而且水生植物要注意选择能满足不同季节生长且耐盐的物种。

5）其他生化辅助处理技术

① 固定化细胞技术：通过化学或物理手段，将筛选分离出的适宜于降解特定废水的高效菌种固定化，使其保持活性，以便反复利用。

② 高效脱氮菌种的生物强化技术：采用适合制革污水处理的脱氮功能微生物剂，在降解 COD_{Cr} 后，增加一级脱氮工艺，用硝化菌和填料，停留时间 7～8h，出水氨氮可达到 35mg/L。

③ 生物酶技术：在曝气池投加生物酶来提高活性污泥的活性和污泥浓度，从而提高现有装置的处理能力。

④ 粉状活性炭技术：利用粉状活性炭的吸附作用固定高效菌，形成大的絮体，延长有机物在处理系统的停留时间，强化处理效果。

以上几种方法运行成本低，工艺简单，操作方便，可作为生化处理技术的辅助措施，多用于企业废水现有生化处理工艺的改进。

6.2.4.4 深度处理物化技术

（1）高级氧化技术

1）臭氧氧化技术

臭氧处理单元为催化氧化法，包括碱催化氧化、光催化氧化和多相催化氧化。碱催化氧化是通过 OH^- 催化，生成·OH，再氧化分解有机物。光催化氧化是以紫外线为能源，以臭氧为氧化剂，利用臭氧在紫外线照射下生成的活泼次生氧化剂来氧化有机物，一般认为臭氧光解先生成 H_2O_2，H_2O_2 在紫外线的照射下又生成·OH。多相催化利用金属催化剂促进 O_3 的分解，以产生活泼的·OH 强化其氧化作用，常用的催化剂有 CuO、Fe_2O_3、NiO、TiO_2、Mn 等。

臭氧氧化毒性低，处理过程无污泥产生，处理时间较短，所需空间小，操作简单，用于废水预氧化可提高后续处理（特别是好氧生物处理）的能力，此外，臭氧氧化还可有效降低废水色度。适用于皮革及毛皮加工企业排放废水生物处理前的预处理，以及二级处理后的深度处理。

2）芬顿氧化技术

利用亚铁离子作为过氧化氢分解的催化剂，反应过程中产生具有极强氧化能力的·OH，它进攻有机质分子，从而破坏有机质分子并使其矿化直至转化为 CO_2 等无机质。在酸性条件下，过氧化氢被二价铁离子催化分解从而产生反应活性很高的强氧化性物质——·OH，引发和传播自由基链反应，强氧化性物质进攻有机物分子，加快有机物和还原性物质的氧化和分解。当氧化作用完成后调节 pH 值，使整个溶液呈中性或微碱性，铁离子在中性或微碱性的溶液中形成铁盐絮状沉淀，可将溶液中剩余有机物和重金属吸附沉淀下来，因此，芬顿试剂实际是氧化和吸附混凝的共同作用。

该技术操作过程简单，仅需简单的药品添加及 pH 值控制，药剂易得，价格便宜，无需复杂设备且对环境友好，投资及运行成本较低，COD_{Cr} 去除率 60%～90%，适用于皮革及毛皮加工企业排放中段废水的预处理，以及二级处理后的深度处理。

（2）膜处理技术

1）微滤技术

微孔过滤是一种较常规过滤更有效的过滤技术。微滤膜具有比较整齐、均匀的多孔结构。微滤的基本原理属于筛网状过滤，在静压差作用下，小于微滤膜孔径的物质通过微滤膜，而大于微滤膜孔径的物质则被截留到微滤膜上，使大小不同的组分得以分离。微滤膜孔径为 0.2μm 或 0.2μm 以下。二级出水中应投加少量抑菌剂，同时配套设置微滤系统的膜完整性自动测试装置，保证处理出水的水质。当过膜压力升高到一定程度时，需要对微滤膜进行化学清洗。

该技术能耗低、效率高、工艺简单、操作方便、投资小，适用于皮革及毛皮加工企业二级处理后废水的深度处理。

2）超滤技术

以超滤膜为过滤介质。在一定的压力下，当水流过膜表面时，只允许水、无机盐及小分子物质透过膜，而阻止水中的悬浮物、胶体、蛋白质和微生物等大分子物质通过。超滤介于微滤和纳滤之间，它的定义域为截流分子量 500～500000，相应孔径大小的近似值为 0.002～0.1μm。

该技术设备体积小，结构简单，投资费用低；只是简单的加压运送流体，工艺流程简单，易于操作管理。适用于皮革及毛皮加工企业浸水、脱毛、脱灰、脱脂、鞣制、染色等各工序废水以及综合废水回用或排放前的深度处理。

3）反渗透技术

在高压情况下，借助反渗透膜的选择截留作用来除去水中的无机离子，由于反渗透，只允许水分子通过，而不允许钾、钠、钙、锌、病毒、细菌通过。该技术能耗少，设备紧凑，占地少，操作简单，适用性强，易于实现自动化，除盐率可达 98%以上。适用于皮革及毛皮加工企业处理后废水排放或回用前的除盐处理。

（3）膜消毒回用技术

处理后企业废水回用前，需进行消毒，杀灭对人体有害的微生物和细菌。主要有化学消毒和物理消毒两大类方法。化学消毒法是通过向水中投加化学消毒剂来实现消毒的方法。其中氯化法设备简单，价格便宜，因而应用较多。物理消毒法是应用热、光波、电子流等来实现消毒作用的方法。但由于费用高、水质干扰因素多、技术不成熟等，应用不多，仅有紫外线消毒法在小水量处理厂的一些应用。

6.2.5　制革、毛皮工业固体废物治理及资源化技术

6.2.5.1　污泥治理技术

（1）含铬污泥处理技术：生物淋滤

通过嗜酸性硫杆菌为主体的复合菌群的生物氧化作用。使污泥中还原性硫（包括单质硫、硫化物或硫代硫酸盐等）被氧化而导致污泥酸化，污泥中难溶性的重金属主要是

铬在酸性条件下被溶出进入液相，再通过固液分离脱除固相中铬，而液相中的铬可回收利用。工艺流程见图 6-13。

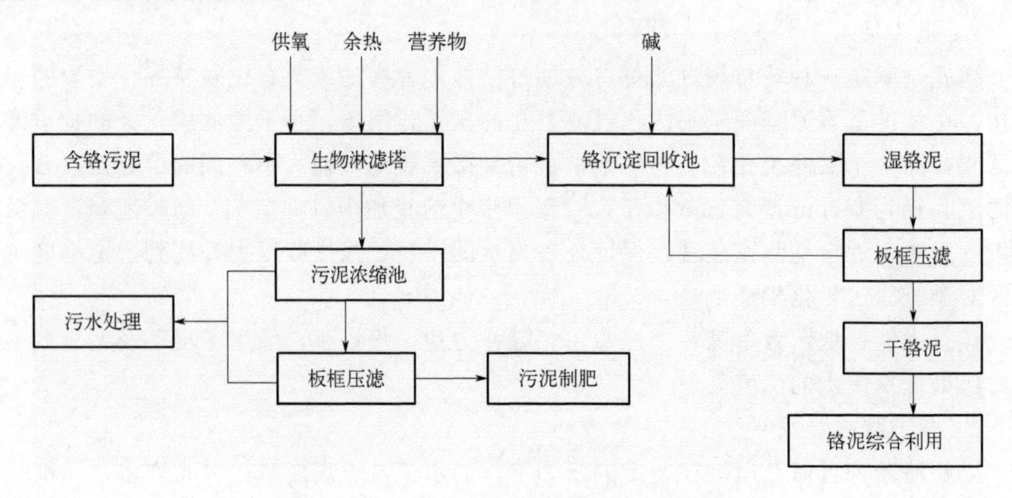

图 6-13　含铬污泥的生物淋滤技术处理

经除铬后的污泥臭气显著减少。污泥中铬去除率可达 90%以上，去铬后的污泥可作堆肥等资源化利用，铬泥也可综合利用。适用于大型制革企业或相关专业污水处理厂含铬污泥处置及利用前的脱铬处理。

（2）污泥脱水技术

初沉污泥的固含量仅有 3%～5%，需浓缩脱水后再做进一步处置或利用。污泥脱水的常规方法有干化场自然干燥、机械脱水。污泥在贮存、浓缩脱水的过程中，应注意产生 H_2S 的危险。污泥的常规脱水技术总结于表 6-10。

表 6-10　污泥的脱水技术

	脱水方法	优点	缺点	适用性
机械脱水	板框压滤机	结构简单，操作管理容易；药品消耗成本低；污泥含水率低	单机处理能力小；设备损耗大，清洗较烦琐	适于铬水解处理生产污泥；适于污泥产量小的企业
	带式压滤机	连续操作，脱水处理能力强	运行费用高；滤带反冲洗水用量大；工作环境较差，H_2S 对设备腐蚀大	适于污泥产量大的企业
	卧螺离心机	占地小，设备紧凑；工作环境较好，连续操作，脱水处理能力大	设备昂贵，投资大；药品成本高，能耗大，运行费用高	适于污泥产量大的企业；适于土地比较紧张的企业
自然干燥	污泥干化场	投资少，操作简便，能耗低，运行费用低	占地面积大，受气候条件影响，环境卫生差	适于污泥产量小的企业，适于土地不紧张的企业；适于气候干燥地区

（3）污泥卫生填埋

填埋是目前废弃物处置最普遍的方式，废渣经脱水、灭菌处理后，直接运送至垃圾填埋场进行与生活垃圾一起填埋或单独填埋。由于制革及毛皮加工废弃物中含有重金属、致病菌、寄生虫卵等有害物质，企业应严格执行相关贮存和填埋标准，按照国家现行的标准严格限制进入综合废水处理站废水中重金属等有害物质含量，同时还应按照国家现行的标准加强对有害物质的检测和管理。

（4）污泥干化焚烧技术

废水污泥与废皮屑特性存在很大差异，因此焚烧工艺也有很大区别。污泥的比重大，含水率大，多采用多层式焚化炉、旋窑式焚化炉及流动床式焚化炉。焚烧时，常将制革污泥与石化工业污泥混合，以提高燃烧值，适宜混合质量比为制革污泥∶石化污泥=（1∶1）～（1∶5）。而废皮屑之比重小，含水率低，并且皮屑与皮屑本身之间孔隙大且多，空气可自由流窜其间，故只要充分加温鼓风，即可完全燃烧，因此只要采用固定床式或机械炉床式焚化炉即可。

通过燃烧可回收能量用于供热或发电，并破坏污泥及废渣中所带病原体并完全氧化有毒有机物。但成本较高，会产生二氧化硫、二噁英等气体造成空气污染，需进行二次处理。而且，制革废渣中的Cr^{3+}会转化成毒性更大的Cr^{6+}，焚烧废渣仍然难于处理，可能造成二次污染。适于大型皮革及毛皮加工企业及相关污水处理厂脱水污泥及废渣的最终处理。

6.2.5.2　污泥的处置与资源利用

（1）生物堆肥技术

在一定条件下，微生物使制革污泥中的可降解有机物发酵，转变为类似腐殖质土壤的物质，用于制造肥料。制革污泥宜采用利用好氧微生物的好氧堆肥技术。

堆肥场地根据每天污泥接纳量、堆肥时间以及堆垛的规格和数量来确定。堆肥配料可采用制革污泥、麦秸、稻草、菜叶等。堆料粒径10～50mm。堆垛内氧气质量分数10%～15%，主发酵期 15～20d。发酵过程采用强制通风设备（包括双向风机、通风管、温度控制器等），发酵温度 50～60℃，进风强度 $15m^3$/（h•t），风机低于温控点时，人工通风频率平均为 10min/h。后发酵时间 20d 左右。

该技术适于大型皮革及毛皮加工企业或相关专业污水处理厂脱铬后污泥的最终处置。

（2）利用铬泥制备再生铬鞣剂技术

以碱沉淀法处理铬鞣废水得到的铬泥和皮革含铬废弃物提胶残渣作为原料，用双氧水在碱性条件下将铬泥中的三价铬氧化成六价铬，然后用定量的硫酸将溶液调至酸性，再逐渐加入一定比例的铬泥，在微沸的条件下进行反应，去除铬络合结构中存在的有机酸和蛋白多肽等杂质，使回收的铬盐重新获得良好的鞣性，达到铬鞣剂的再生与应用。

使用该技术对铬泥的利用率为30%,充分利用了制革生产过程中产生的含铬废弃物，在回收过程中实现“零排放”，防止铬金属对环境造成危害。本技术生产的再生铬鞣剂符合生产应用的要求。该技术适合于以碱沉淀法处理铬鞣废水得到的铬泥和皮革含铬废弃物提胶后的残渣。

6.2.5.3　固体废物利用技术

（1）废弃物利用相关研究

1）未鞣制固体废物再利用

制革皮渣是皮革加工准备工段产生的主要固体废物之一，其成分主要由水（80%）、蛋白质（8%）、脂肪（4%）和盐（8%）组成。制革皮渣通常通过厌氧发酵途径生产生物氢、生物甲烷和沼气，或是利用蚯蚓进行堆肥。Yuvaraj 等用热解法处理制革皮渣形成了活性炭，并将其作为鞋底的碳填料，结果其性能优于炭黑填料。此外，制备的活性炭可以用作水溶液中去除铬（Ⅵ）的生物吸附剂。同时，还可通过化学和生物化学提取技术分离制革皮渣中的蛋白质和脂质部分，用来生产新的增值产品。

① 脂质部分的增值产品。生物柴油被定义为由脂肪酸烷基脂组成的非石油基柴油，通常由植物油或动物脂肪与醇的交换反应制成。生物柴油是无毒、可生物降解的，并具有低排放值的可再生资源。制革皮渣可以用作生物柴油生产的原料，因其含有一定量的脂肪。Alptekin 等用硫酸和甲醇分别作为催化剂和反应醇对皮渣进行预处理，接着用氢氧化钾和甲醇分别作为催化剂和反应醇进行酯交换制备生物柴油。与生物柴油标准对比，发现肉渣制备的生物柴油低温流动性得到了改善。Ozgunay 等研究了从制革皮渣中获得的生物柴油的可能用途，并调查了其对发动机性能和排放值的影响。结果表明，制革皮渣可用于烃类化合物和颗粒物排放较低的柴油发动机，由于其高倾点，建议使用其作为添加剂。Altun 等以制革工业的制革皮渣作为原料，在甲醇和氢氧化钠环境下进行酯交换反应，制备生物柴油，并考察了生物柴油作为替代柴油的性能。结果表明，使用生物柴油及其混合物的发动机性能与使用柴油基准燃料的发动机性能相似，具有几乎相同的制动热效率和更高的制动比油耗。

聚羟基脂肪酸酯（PHA）是由微生物菌株在不平衡生长条件下合成的生物聚酯，作为细胞结构内积累的能量和碳库。由欧盟资助的名为“ANIMPOL”的项目通过实验确定，使用 Cupriavidus necator 菌株与动物肉脂肪酸酯生产的 PHA 可以产生具有良好材料特性的聚酯，其有可能取代一次性塑料。Riedel 等以从制革皮渣中提取的脂肪作为 PHA 生产的碳源，使用 Ralstonia eutropha H16 的野生型和重组菌株以更高的生产率生产聚羟基丁酸酯（PHB）。

Braganca 等以从制革皮渣中提取的脂肪和蛋白水解物为原料，用硫酸和戊二醛分别对其改性制备皮革加脂剂和复鞣剂。对其进行应用，结果表明，获得的皮革样品显示出良好的柔软性和粒面硬度。

② 蛋白质部分的增值产品。将从制革皮渣回收蛋白并重新应用在制革行业，是实现固体废物内部再循环和可持续利用的重要途径。Ammasi 等用碱性蛋白酶从制革皮渣中提取蛋白水解物，并应用于鞣制工序，实验表明，经蛋白水解物处理的皮具具有均匀的纹路、更好的填充性和强度性能。Puhazhselvan 等利用酶水解从制革皮渣中提取蛋白水解物，并与甲基丙烯酸接枝共聚制备了蛋白类丙烯酸聚合物，将其应用于复鞣工序，结果表明，该复鞣剂改善了皮革的理化性能，可作为常规复鞣剂的替代品。

Maistrenko 等采用酸水解法从制革皮渣中提取胶原蛋白，并将其作为 HEK293 细胞黏附和扩散的载体。与在传统牛肌腱基质胶原上生长的细胞相比，在胶原蛋白上生长的细胞显示出更大的核和细胞扩张。结果表明，这些胶原蛋白凝胶是很有前途的天然生物医学载体，可以广泛应用于医疗和化妆品领域。

唐玉玲等以制革皮渣中提取的蛋白水解物为原料成功制备了 MgO/BC 吸附剂，该吸附剂对废水中染料的去除显示出较强的吸附能力，实验结果表明，MgO/BC对酸性橙Ⅱ的吸附能力远高于BC。

Selvaraj等用酸水解法从制革皮渣中提取蛋白水解物，并与聚乙烯醇（PVA）共混通过静电纺丝工艺制备纳米纤维，并将其与椰壳纤维制成双层材料。与纯椰壳材料相比，双层材料在较低频率下表现出更好的吸声性能。Ocak将百里香精油（TO）加入蛋白水解物中，采用溶剂流延法成功地开发了活性包装薄膜。结果表明，含TO的蛋白基薄膜适用于食品和非食品涂层和包装工业中塑料的替代包装，以保持包装产品的质量。

Langmaier等采用酶法从制革皮渣中提取胶原蛋白水解物，与双醛淀粉（DAS）反应制备生物可降解水凝胶，用于制备食品、化妆品、医药产品等包装材料和热可逆水凝胶。

2）鞣制固体废物（含铬皮屑）再利用

含铬皮屑含有30%～40%的水分、15%～25%的蛋白质、3%～4%Cr_2O_3和5%的无机盐，这些废物可被用于铬和蛋白质的回收再利用。

Olszewska等将皮革屑-粉尘混合物形式的调料加入腈基丁二烯橡胶中，生产出具有令人满意性能的可生物降解胶原-弹性体材料。Ashokkumar等使用聚二甲基硅氧烷（PDMS）将含铬皮料（CS）转化成改进的复合片材。结果表明，将PDMS结合到CS中可以提高CS/PDMS复合片材的耐热和机械性能。张建等以含铬废屑为原料，通过原位聚合和毛细管驱动自组装，构建了多壁碳纳米管/聚吡咯/碳纤维三元结构，制备了基于低成本天然生物质的高性能生物基电磁屏蔽复合材料，该材料可用于可持续、绿色电磁屏蔽应用。王雪川等以铬废料中的胶原蛋白聚集体（CA）为基底，聚苯胺（PANi）酸化的多壁碳纳米管（H-MWNTs）复合材料为导电材料（P-M），通过两步组装法制作了具有多层内部三维网络结构自然分层皮肤模型。研究发现，该多功能传感器对湿度的传感性能和舒适的佩戴性能均优于其他传感器。

Abreu等将含铬皮屑洗涤和烧制后，剩余的废料加入瓷砖釉料配方中，在美学方面（色调、质地和亮度）和玻璃基质中铬的稳定性方面产生了良好的结果。Erdem用Na_2SO_3氧化法从含铬皮屑中以铬酸盐的形式回收铬，回收效率高达99.45%，接着用Na_2SO_3还原重新用于制革。

同时，还可以将在含铬皮料中提取的蛋白水解物直接作为化学肥料，经改性处理后可制备皮革复鞣剂、皮革填充剂、生物塑料薄膜等。如Majee等用碱水解和酸水解法组合除去含铬废料中的铬，并将提取出的蛋白水解物用作有机氮磷钾肥中的氮源，用于植物的生长，与化学肥料相比，植物开花潜力增加了44%～46%。从铬废料中提取的明胶与壳聚糖、海藻酸钠等聚合物一起被制成复杂的凝聚物，用于薰衣草和香精油的微囊化。另外，因为皮革胶原蛋白的成膜能力，由铬屑中的蛋白提取物制成的复合薄膜已被尝试用于制备各种材料。

王鸿儒等用马来酸酐和丙烯酸对胶原蛋白水解物进行改性，制备出一种阴离子型蛋白复鞣剂，将其应用在铬复鞣工序，可提高皮胶原对铬鞣剂的吸收，另外也改善了坯革厚度、丰满度和粒面紧实度。

邓航霞等通过双氰胺与胶原蛋白水解物聚合成了 CDF 复鞣剂，并将 CDF 应用于复鞣填充工艺。结果表明，CDF 能够提高皮革耐光性能，同时机械强度也得到了显著增强。另外，许艳琳等合成出一种复鞣填充剂 WPCF，先用 2,4-甲苯二异氰酸酯和聚丙二醇（PPG 1000）制备出预聚体，接着与二羟甲基丙酸和胶原蛋白水解物进行交联。并将 WPCF 应用于复鞣填充工艺。实验结果显示，经 WPCE 处理后，坯革粒面平细，纹路清晰，手感舒适，另外，坯革增厚率和抗张强度分别达到 41.2%和 19.1N/mm^2。

（2）技术应用

1）蛋白填料制备技术

将保毛脱毛法回收的废牛毛/废灰碱皮渣/废铬渣经过一系列预处理、水解、改性处理后再经浓缩干燥即得制革用蛋白填料。利用废渣含制备蛋白填料用于制革的复鞣填充。含铬废渣的铬也被用于鞣制工艺中的预鞣和鞣制二层革，对铬循环使用。

适用于皮革及毛皮加工企业废毛、皮渣、废铬渣等固体废物的资源化利用。

2）利用无铬皮革固体废物生产再生胶原皮技术

将不含铬皮革废弃物经过预处理、酸膨胀、解纤打浆、过滤、胶原纤维脱水、铺网滤水、干燥交联等步骤后得到再生胶原皮。

使用该技术对无铬皮固体废物的利用率为 95%，可以有效地将皮革不含铬固体废物资源化利用。该技术适合牛皮、猪皮、羊皮、马皮等带毛动物皮、脱毛灰皮或宠物胶裁截废料。动物皮可以为全皮、头层皮、二层皮、三层皮。

3）利用含铬皮革固体废物生产再生真皮纤维革技术

将削匀废革屑开纤和解纤后得到皮革纤维，再在真皮纤维的水分散液中加入加脂剂和染料，然后加入胶粘剂和絮凝剂，持续得到真皮纤维浆料并使用连续生产线进行持续铺网，经过滤水、真空脱水、挤水、微波干燥、烘干后得到再生真皮纤维革坯，革坯再经过熨压、磨革、移膜和压花后得到再生真皮纤维革产品。

使用该技术对含铬皮固体废物的利用率为 99%，充分利用了制革加工过程中产生的削匀革屑，防止革屑中的重金属对环境造成危害。本技术生产的再生真皮纤维革可以在某些领域代替二层皮革。该技术适合牛皮、猪皮、羊皮生产皮革过程中产生的所有含铬固体废物。

4）利用带色皮革废弃物制备超微皮粉及其应用技术

皮革废弃物经过切粒处理、纤维松散、水分调节、超微粉碎和表面改性后得到超微皮粉产品。制备的超微皮粉可以应用于合成革的湿法移膜层，将天然皮革的成分引入到合成革中，提高合成革的吸湿透湿性能；也可以应用于皮革的涂饰工序，提高皮革涂层的透湿性能和手感。

该技术具有不会产生二次污染、皮革废弃物的应用范围广等优点，使用该技术对带色皮革固体废物的利用率为 99%，染色后坯革的修边废弃物、皮革制品裁剪余料和旧皮革可有效得到资源化利用。该技术适合牛皮、猪皮、羊皮染色后坯革的修皮废弃物以及皮革制品裁剪余料及废旧皮革。

5）利用皮革废弃物生产胶原蛋白复合纤维技术

提取皮革废弃物中的胶原蛋白，经过纯化改性后，与聚乙烯醇共混制备纺丝液，再经纺丝和后处理生产聚乙烯醇-胶原蛋白复合纤维；提取皮革废弃物中的胶原蛋白，经过纯化改性后与聚丙烯腈共混制备纺丝液，再经纺丝和后处理生产聚丙烯腈-胶原蛋白复合纤维。

制备的胶原蛋白复合纤维具有吸湿保湿性能好、舒适性好和染色性能好等优点。使用该技术对带色皮革固体废物的利用率为30%，对皮革固体废物进行了有效的资源化利用。该技术适合牛皮、猪皮、羊皮生产皮革过程中产生的所有含铬、不含铬及带色固体废物的再利用。

6.2.6　制革、毛皮工业技术案例

6.2.6.1　SBR技术应用

当SBR进行高负荷运行时，间歇进水，BOD_5污泥负荷为0.1～0.4kg/（kg·d）（BOD_5/MLSS），需氧量为0.5～1.5kg/kg（O_2/BOD_5），污泥产量大概为1kg/kg（MLSS/SS）。而当其进行低负荷运行时，其间歇进水或者连续进水，BOD_5污泥负荷为0.02～0.10kg/（kg·d）（BOD_5/MLSS），污泥浓度为1500～5000mg/L，需氧量为1.5～2.5kg/kg（O_2/BOD_5），污泥产量为0.75kg/kg（MLSS/SS）左右。

SBR工艺具有较好的脱氮效果。

该工艺对企业综合污水处理效果见表6-11所列。

表6-11　某企业SBR工艺处理废水水质调查情况

单位：mg/L（pH值及色度除外）

指标	pH值	COD_{Cr}	BOD_5	SS	色度/度	油脂	氨氮	S^{2-}	铬
处理前	9.5	5800	1800	2400	380	190	340	12.5	9.8
处理后	7.6	230	110	80	38	3.6	72	0.35	0.12

SBR工艺对COD_{Cr}去除率可达90%以上，SS的去除率95%，氨氮的去除率80%。SBR工艺对中小型企业的废水处理十分适用，具有工艺简单、经济、去除有机物速率高、静止沉淀效率高、耐冲击负荷、占地少、运行方式灵活和不易发生污泥膨胀等特点，是处理中、小水量废水，特别是间歇排放废水的理想工艺。但是，它也存在着处理周期长的缺点，而且在进水流量较大时，其投资会相应的增加。

6.2.6.2　氧化沟技术应用

BOD_5污泥负荷0.15～0.2kg/（kg·d）（BOD_5/MLSS），TN负荷一般小于0.05kg/（kg·d）（TN/MLSS），TP负荷一般为0.003～0.006kg/（kg·d）（TP/MLSS）之间，污泥浓度一般为2000～4000mg/L，水力停留时间为6～8h［其中厌氧∶缺氧∶好氧=1∶1∶（3～4）］，而污泥回流比一般介于25%～100%之间，污泥龄一般为15～20d。对于溶解氧浓度，好氧段为2mg/L左右，缺氧段一般＜0.5mg/L，厌氧段一般不超过0.2mg/L。

该工艺对企业综合污水处理效果见表6-12所列。

表 6-12　某企业氧化沟工艺处理废水水质调查情况

单位：mg/L（pH 值及色度除外）

指标	pH 值	COD_{Cr}	BOD_5	SS	色度/度	油脂	氨氮	S^{2-}	铬
处理前	9	3700	1400	1800	100	205	330	12.5	3.5
处理后	7.5	190	63	30	50	1.6	91	0.15	0.1

氧化沟工艺 COD_{Cr} 去除率可达 90%以上，硫化物去除率达 95%以上，动植物油去除率达 99%，色度去除率 85%。整个工艺的构筑物简单，运行管理方便，且处理效果稳定，出水水质好，并可以实现脱氮。氧化沟工艺是制革企业目前最广泛采用的废水生物处理方法。

6.2.6.3　生物膜技术应用

（1）接触氧化法

某企业应用生物膜法工艺处理废水情况见表 6-13。

表 6-13　某企业生物膜法工艺处理废水水质调查情况

单位：mg/L（pH 值及色度除外）

指标	pH 值	COD_{Cr}	BOD_5	SS	色度/度	油脂	氨氮	S^{2-}	铬
处理前	10	2500	1600	500	450	—	280	30	10
处理后	7.5	246	72	110	76	—	80	0.8	0.7

应用混凝沉淀+接触氧化法后，COD_{Cr} 去除率达 89%，硫化物去除率达 98%以上。该工艺抗冲击负荷能力强、管理操作方便、占地面积小，不需要设污泥回流系统，也不存在污泥膨胀问题，但总体去除效果不太理想，而且耗电量较大，目前在小水量制革废水的处理中应用较多。

（2）MBR

某企业废水经 MBR 处理后，制革废水中 COD_{Cr} 去除率大于 95%，BOD_5 去除率大于 98%，SS 去除率大于 98%，氨氮去除率大于 98%，总氮去除率大于 85%，其出水可满足排放标准，同时还能去除一些其他物质，例如铬或残留杀菌剂。

MBR 与传统污水处理工艺相比，对废水的选择性降低，但可以使活性污泥具有很高的 MLSS 值，延长其在反应器中的停留时间，提高氮的去除率和有机物的降解，同时减少了废水处理过程中的产泥量。该技术是一种成本相对较低的工艺，可用于企业废水深度生物处理。

6.2.6.4　脱氮技术应用

（1）A/O 工艺

某企业采用 A/O 工艺处理废水情况见表 6-14。

表 6-14　某企业二级 A/O 工艺处理废水水质调查情况

单位：mg/L（pH 值及色度除外）

指标	pH 值	COD_{Cr}	BOD_5	SS	色度/度	油脂	氨氮	S^{2-}	铬
处理前	9	4200	1400	2000	489	—	280	16	1.5
处理后	7	120	30	50	30	—	25	0.3	—

该技术主要针对氨氮浓度高的企业废水而设计的，该技术具有以下特点：处理效果稳定，氮去效率高，能承受水量水质冲击负荷，可操作性强。

（2）AB 工艺

用于制革企业废水处理。A 段污泥负荷 2～6kg/（kg・d）（BOD5/MLSS），污泥龄 0.3～0.5d，水力停留时间 30min，对有机物的去除率 50%～70%。B 段污泥负荷 0.15～0.30kg/（kg・d）（BOD_5/MLSS），停留时间 2～3h，污泥龄 15～20d，对有机物的去除率 30%～40%。

A 段与 B 段采用不同的微生物群体，运行灵活。B 段可以采用不同的工艺组合，如 AB（BAF）、AB（A/O）、AB（A_2/O）、AB（氧化沟）、AB（SBR）等。同时具有一定的除磷脱氮功能，对磷氮去除率分别为 60%～70%和 35%～40%。

（3）曝气生物滤池工艺

曝气生物滤池的过滤速度一般为 2～8m/h（反硝化时＞10m/h），反冲洗空气速度 60～90m/h。固体负荷能力 4～7kg/d，BOD_5 有机负荷 2～6kg/d。COD_{Cr} 有机负荷 4～12kg/d，系统氧效率 30%～35%，产泥量 0.6～0.7kg/（kg・d）。工艺简单，占地面积小，基建费用低。

该工艺在制革废水深度处理中已开始应用，如河南省某皮革城氧化沟工艺出水再经二级曝气生物滤池工艺处理，设计停留时间 4h，设计容积负荷为 0.6kgNH_4^+-N/（m^3・d），出水 COD_{Cr} 和氨氮浓度基本达到了达标排放标准。如果需要实现生物脱氮，还需要在曝气生物滤池前增加缺氧段。某企业氧化沟+曝气生物滤池工艺处理效果见表 6-15。

表 6-15　某企业氧化沟+曝气生物滤池工艺处理效果　　单位：%（色度除外）

指标	COD_{Cr}	BOD_5	SS	色度/度	油脂	氨氮	S^{2-}
生物滤池	40	—	—	—	—	75	—
总去除率	96	98	95	95	98	85	95

6.2.6.5　废水治理技术综合应用

某企业在制革及毛皮加工过程中，产生的废水有浸灰脱灰废水、鞣制废水、脱脂废水和其他废水四类，各类废水产生量及污染物成分详见表 6-16。

表 6-16　各类废水产生量及污染物成分

废水种类	产生环节	废水产生量/（m^3/d）	污染物浓度/（mg/L）						
			COD	BOD	SS	氨氮	硫化物	Cr^{3+}	动植物油
浸灰脱灰废水	浸灰脱毛工段	300	4000～5000	2500～10000	3000～20000	1000～3000	800～5000	—	—
鞣制废水	鞣制工段、复鞣工段、漂洗	100	3000～6500	—	600～2000	—	—	50～100	—
脱脂废水	脱脂工段	200	10000～30000	3000～8000	3000～8000	—	—	—	4000～10000
其他废水	清洗工段、染色工段、水洗工段及生活污水等	300	2500～3500	1000～2000	2000～4000	100～300	—	—	300～1500

该企业污水处理工程投资费用为 500 万元，占总投资的 8%，其中土建费用为 350 万元，设备费用为 150 万元，工程占地面积为 $1500m^2$。该企业采用国内外较为成熟的废水处理方法“分质预处理+集中、生化+深度处理”。

含铬废水主要采用混凝沉淀法和吸附法处理，工程上应用较多的是碱沉淀法。铬化合物在加碱将 pH 值调整到 8.0～8.5 时产生 $Cr(OH)_3$ 沉淀，$Cr(OH)_3$ 沉淀在强酸介质中又可还原生成碱式硫酸铬，碱式硫酸铬是鞣制液的主要成分，可重复使用。常用的碱剂主要有 NaOH、$Ca(OH)_2$ 和 MgO 等。该企业含铬废水处理量为 $100m^3/d$，处理工艺采用碱沉淀法，投加 NaOH 调节 pH 值到 8.5～10，投加 200mg/L PAC、5mg/L PAM 搅拌后静沉 2h。根据该企业现场运行数据，采用碱沉淀法处理含铬废水，总铬去除率可达到 97%以上，Cr（Ⅵ）去除率可达到 46% 以上。含铬废水处理工艺流程见图 6-14。

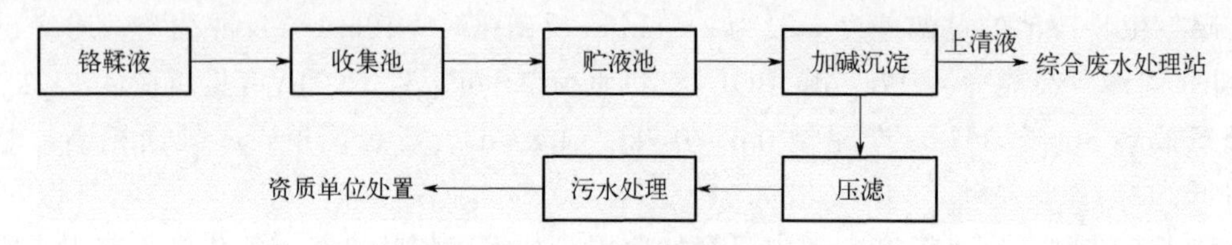

图 6-14　含铬废水处理工艺流程

浸灰脱毛工段含硫废水含有大量的石灰、硫化物、蛋白质、油脂和毛等，是皮革工业中污染较为严重的废水之一，处理方法通常有催化氧化法、化学沉淀法和酸吸收等。工程上常采用催化氧化法，氧化剂有锰盐、过氧化氢、臭氧等，该工艺技术成熟，且处理后污泥量小，析出的蛋白质可回收利用，是一种较为经济和广泛使用的方法。该企业含硫废水量为 $300m^3/d$，处理工艺采用空气-锰盐催化氧化法，按硫化物质量分数的 5% 投加硫酸锰，催化氧化反应过程中，控制 pH 值在 10.5～13.0，反应温度 15～40℃，催化氧化反应时间不小于 6h。根据该企业现场运行数据，采用空气-锰盐催化氧化法处理含硫废水，硫化物去除率可达到 96%以上。含铬废水处理工艺流程见图 6-15，含铬、含硫废水处理效果见表 6-17。

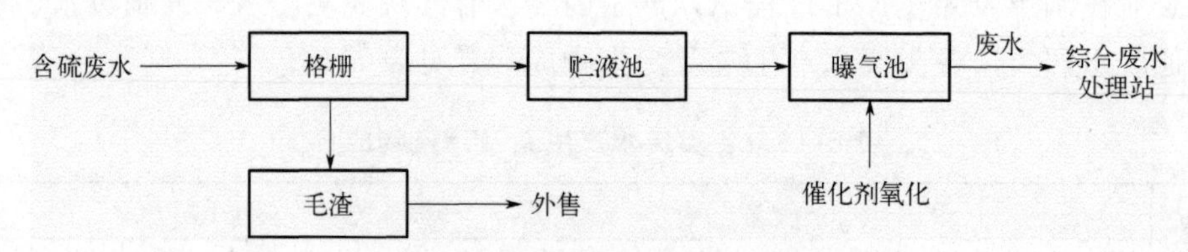

图 6-15　含硫废水处理工艺流程

表 6-17　含铬、含硫废水处理效果

	总铬/（mg/L）		六价铬/（mg/L）		硫化物/（mg/L）	
	进水	出水	进水	出水	进水	出水
第一日	41.9～43.6	1.27～1.32	0.776～0.813	0.416～0.433	1920～1970	54.5～60.6
第二日	41.6～42.9	1.23～1.31	0.768～0.816	0.413～0.435	1930～1970	57.8～59.6
第三日	41.6～43.1	1.18～1.36	0.794～1.814	0.419～0.437	1940～1980	56.4～60.1

脱脂废水中的油脂含量、COD 和 BOD_5 等污染物指标很高，处理方法有酸提取法、离心分离法或溶剂萃取法、气浮法等，工程上常用的方法为酸提取法。该企业脱脂废水量为 200m^3/d，处理工艺采用酸提取法，加 H_2SO_4 调 pH 值至 3～4 进行破乳，通入蒸汽加盐搅拌，并在 40～60℃下静置 2～3h，油脂逐渐上浮形成油脂层，并采用分离器分离。根据该企业现场运行数据，采用酸提取法处理脱脂废水，油脂去除率可达到 95%以上，COD 去除率可达到 80%以上。脱脂废水处理工艺流程见图 6-16，脱脂废水处理效果见表 6-18。

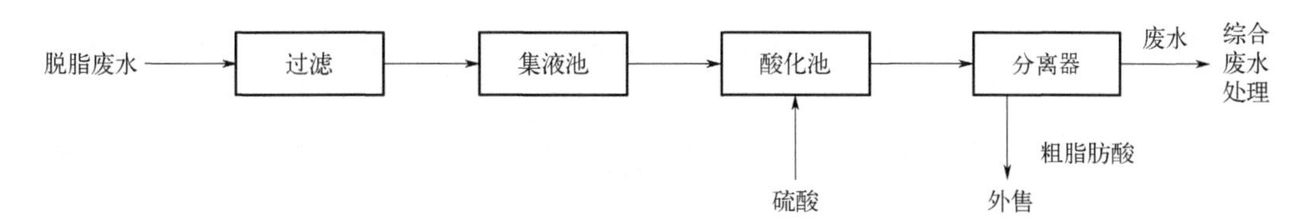

图 6-16　脱脂废水处理工艺流程

表 6-18　脱脂废水处理效果

	动植物油/（mg/L）		COD/（mg/L）	
	进水	出水	进水	出水
第一日	7340～7810	365～390	5540～6120	1100～1220
第二日	7250～7730	360～385	5620～6170	1120～1230
第三日	7310～7650	360～380	5560～6090	1110～1210

分质预处理后的含铬废水、含硫废水、脱脂废水与其他废水混合进综合废水处理站处理，废水处理站出水水质需达到《制革及毛皮加工工业水污染物排放标准》（GB 30486—2013）表 2 污染物直接排放限值的要求。生化处理单元多采用厌氧-好氧生物组合处理技术，主要有三种形式：一是以毛皮加工为主的低硫化物制革废水的 “UASB+好氧”处理工艺；二是以调节废水可生化性的“水解酸化+好氧”工艺；三是以硝化-反硝化为目标的 A/O 工艺。深度处理单元多采用 Fenton 氧化池、混凝沉淀、曝气生物滤池等工艺。该企业综合废水处理站设计处理规模为 1000m^3/d，根据各股废水水质水量情况及排放标准要求，确定设计进出水水质见表 6-19。

表 6-19　综合废水设计进出水水质　　单位：mg/L（pH 值除外）

项目	pH 值	COD	BOD_5	NH_3-N	SS	硫化物	动植物油
进水	6～9	3200	1500	130	1000	10	1500
出水	6～9	100	30	15	50	0.5	10

该企业综合废水 BOD/COD 值为 0.48，具有较好的可生化性，另外 NH_3-N、SS、动植物油污染物浓度较高，根据综合废水水质特点该企业采用“调节池+UASB+HBF+Fenton+混凝沉淀”工艺处理综合废水。其工艺流程如图 6-17 所示，污水处理站主要装置规格见表 6-20。

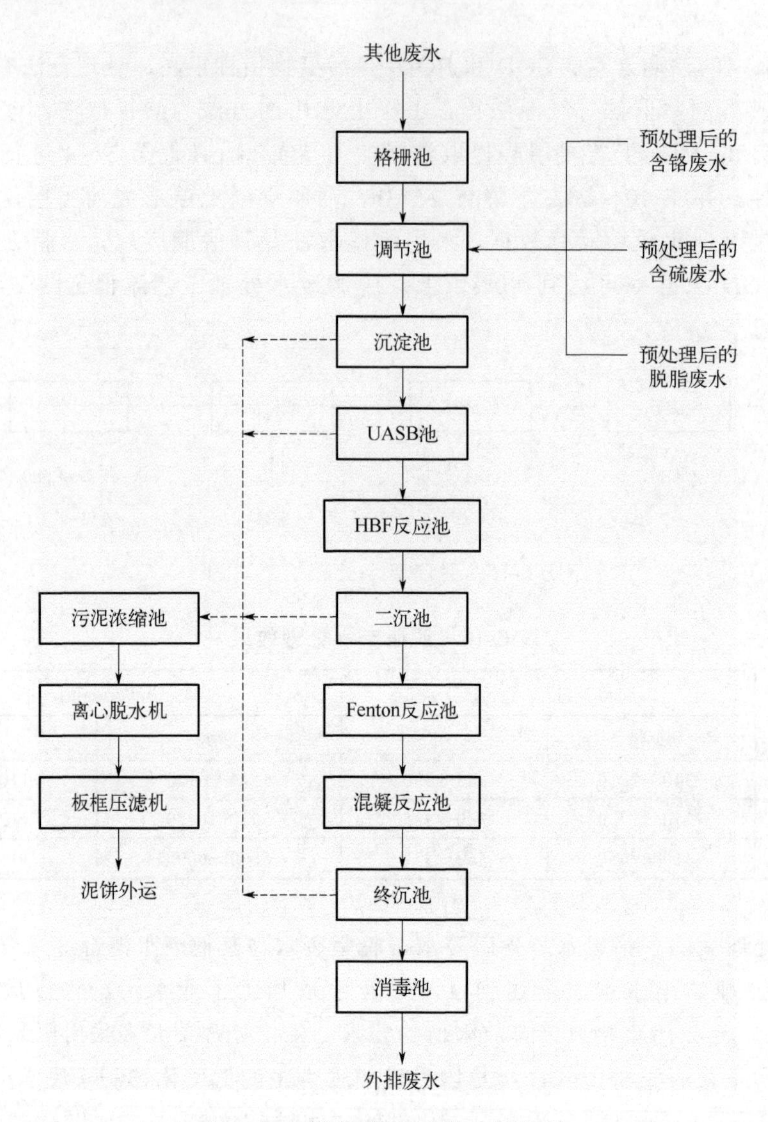

图 6-17 脱脂废水处理工艺流程

表 6-20 污水处理站主要装置规格

序号	名称	尺寸	有效容积/m^3	备注
1	调节池	8.0m×10.0m×5.5m	295	调节进水水量、均匀进水水质
2	初沉池	D6m×6m	28	进行固液分离
3	UASB 池	D8.8m×9.5m	42	提升废水可生化性
4	一级 HBF	D9.5m×7.5m	36	发生硝化反应
5	二级 HBF	D9.5m×7.5m	36	进一步发生硝化反应
6	Fenton 反应池	3.2m×2.8m×5.5m	27	进行深度处理

升流式厌氧污泥床（UASB）反应器是第二代废水厌氧处理反应器，能利用厌氧微生物有效降解废水中大部分有机物并提高废水的可生化性，具有结构紧凑、能耗低、处

理负荷高、抗冲击性好、产泥量少和产气可资源化利用等优点。HBF 工艺为复合式连续流序批反应器，它是在传统的 SBR 技术的基础上改进成功的污水处理工艺，其实质是连续好氧系统后接 SBR，并在 O 池及序批池内增加固定式酶浮填料，因此具有生物膜与活性污泥协同作用和序批反应、分离一体化特性。该方法为各种优势微生物的生长繁殖创造了良好的环境条件和水力条件，使得高难度有机物的降解，氨氮的硝化、反硝化等生化过程保持高效反应状态，有效地提高生化去除率，具有耐冲击负荷能力强、良好的脱氮性能、产泥量少等优点。Fenton 法是污水深度处理单元中一种较常用的高级氧化技术，通过 Fe^{2+}催化 H_2O_2 生成具有非常强氧化性的·OH，·OH 能将废水中的有机物氧化分解，同时 Fe^{2+}在被氧化成 Fe^{3+}的过程中会产生铁水络合物，铁水络合物具有较强的絮凝沉降作用，可以有效降低废水的色度和去除部分有机物，具有操作过程简单、污染物去除高效等优点。

该企业综合废水经处理后 COD、BOD_5、NH_3-N、SS、硫化物、动植物油、总铬等污染物去除率分别为 97.7%、98.6%、88.5%、95.4%、84.1%、99%、63.6%，综合废水处理情况见表 6-21。

表 6-21　综合废水处理情况　　单位：mg/L（pH 值除外）

项目	pH 值	COD	BOD_5	NH_3-N	SS	硫化物	动植物油	总铬
进水	6～9	2800	1470	110	785	5.35	1118	0.049
出水	7.5	46	19	3.3	31	0.43	9.0	0.015
标准	6～9	100	30	15	50	0.5	10	1.5

由表 6-21 可以看出，该企业污水处理站出水水质能达到《制革及毛皮加工工业水污染物排放标准》（GB 30486—2013）中表 2 污染物直接排放限值的要求。

该企业综合废水处理站的运行费用由电费、药剂费、人员费用等构成，其中，电费以 0.8 元/（kW·h）计，设备总功率为 56.3kW，电耗费用 1.2 元/t；药剂主要包括烧碱、PAC、PAM、$FeSO_4$ 等，废水处理用量分别为 0.3kg/t、0.15kg/t、0.01kg/t、0.2kg/t，市场单价分别为 2.2 元/kg、5.4 元/kg、1.6 元/kg、0.4 元/kg，废水处理药剂费用为 1.57 元/t；人工费用以 5 人、每人月工资 3000 元计，折合处理费用 0.5 元/t，由此计算出废水处理费用为 3.27 元/t，年处理费用为 88.3 万元。

6.2.6.6　清洁生产技术应用

白鞣剂 DC 以及相应的鞣制工艺的成熟性已经在宁夏、河北、山东、河南、浙江、广州等众多地区进行了大生产的验证，通过上千万张毛皮的鞣制，该产品及鞣制技术为企业带来的经济效益也得以体现。

河北省某企业年加工兔皮 60 万张，使用传统铬鞣工艺进行鞣制，项目出水达到废水污染物排放标准要求。该企业按年加工兔皮 60 万张，每天产生铬综合废液约 $180m^3$，每年约 $6×10^4m^3$。每吨水处理费用，包括电费、药剂费、人工费等，每年费用约为 48 万元。使用毛皮清洁化生产环保鞣制技术替代传统技术进行生产，不产生任何铬鞣废液，相当于每年节省 48 万元。该技术无需额外投入资金，只需使用现有设备，按照提供的工艺和配套产品实施即可。该技术带来了显著的经济效益、环境效益同时，也符合了国家在该行业积极推广的环保政策。

6.3 制鞋行业

6.3.1 一般要求

制鞋行业污染防治可行性技术可依据《排污许可证申请与核发技术规范 制鞋工业》（HJ 1123—2020），技术总结如表 6-22 和表 6-23 所列。

表 6-22 制鞋工业排污单位废水污染防治可行技术

废水类别	污染物种类	可行技术
全厂废水（含生产废水、生活废水）	pH 值、悬浮物、五日生化需氧量、化学需氧量、氨氮、总氮、总磷、石油类、总锌	一级处理（过滤、沉淀、气浮、其他），二级处理（A/O、SBR、氧化沟、生物转盘、生物接触氧化、流化床、其他）

表 6-23 制鞋工业排污单位废气污染防治可行技术

主要污染物项目	可行技术
颗粒物	袋式除尘、静电除尘
苯、甲苯、二甲苯、挥发性有机物	水基型胶粘剂源头替代、吸附法、生物法 吸附法与低温等离子法或光催化氧化法组合使用

6.3.2 清洁生产技术

6.3.2.1 源头控制

生产过程使用的含 VOCs 的原辅料主要有包头水、各类胶水、清洗剂、清洁剂、处理剂、油墨、喷光漆等。目前鞋企常用原料主要成分组成及含量见表 6-24。

表 6-24 制鞋工业使用的胶粘剂、处理剂成分组成

典型产品	主要成分及含量	厂家
水基型胶粘剂（喷胶）	水 25%、氯丁橡胶 70%、其他 5%	统一
水基型胶粘剂（PU 胶）	聚氨酯树脂 48%～52%、水 48%～52%、其他＜1%	华宝
水基型胶粘剂（PU 胶）	聚氨酯树脂 49%～51%、水 46%～48%、丙酮＜3%	美邦
水基型胶粘剂（白乳胶）	醋酸乙烯酯 45%、聚乙烯醇 5%、邻苯二甲酸二丁酯 4%、辛醇 1%、过硫酸铵 0.1%、水 44.9%。	Tavorn
固化剂	聚异氰酸酯 22%～25%、乙酸乙酯 75%～78%	统一
溶剂型胶粘剂（汽油胶）	汽油 90%、天然胶 10%	星海

续表

典型产品	主要成分及含量	厂家
溶剂型胶粘剂（PU 胶）	聚氨酯树脂 11%～15%、甲苯 15%～18%、丙酮 20%～30%、碳酸二甲酯 30%～40%、丁酮 10%～20%	霸力
溶剂型胶粘剂（PU 胶）	聚氨酯树脂 10%～15%、甲苯 15%～20%、丁酮 25%～30%、碳酸二甲酯 20%～25%、丙酮 15%～20%	隆邦
溶剂型胶粘剂（氯丁胶）	氯丁橡胶 20%～25%、溶剂油 20%～30%、碳酸二甲酯 30%～40%、甲苯 18%～20%	霸力
溶剂型胶粘剂（氯丁酚醛胶粘剂）	聚氨酯树脂 38%～44%、丁酮 5%～24%、甲基环己烷 10%～30%、乙酸丁酯 5%～15%、乙酸乙酯 5%～24%	南宝
溶剂型胶粘剂（生胶糊）	聚氨酯树脂 11%～13%、甲基环己烷 87%～89%	华宝
溶剂型胶粘剂（冷冻胶）	聚氨酯树脂 15%～20%、甲苯 5%～10%、丁酮 30%～35%、碳酸二甲酯 20%～25%、丙酮 10%～15%	隆邦

大力提倡生产清洁工艺是控制和减少有机废气排放的有效措施。目前，主要方法为环保型胶粘剂的应用。

大部分鞋生产过程中均有胶粘工序。除了塑料鞋不用胶粘剂以外，其余各种皮鞋、旅游鞋、胶鞋和布鞋都与胶粘剂有着千丝万缕的联系。布鞋主要用淀粉或改性淀粉胶来复合帮面布，14 亿双布鞋单耗淀粉胶 5 万～6 万吨。布面胶鞋帮面布的复合以往用汽油胶，现已改用天然乳胶，年用量 4 万多吨。皮鞋、旅游鞋是溶剂胶的最大用户，25 亿双这类鞋中 80%采用胶粘工艺，年用量达 10 万吨。热熔胶主要用于皮鞋、旅游鞋的帮布成型及衬里等部件的黏合。

氯丁橡胶自 20 世纪 30 年代由美国杜邦公司研制成功后，其用途之一即作为胶粘剂，在制鞋工业中得到广泛应用。伴随着制鞋工业的发展，PVC 人造革、PU 合成革得到大量使用，第一代普通氯丁胶粘剂已无法满足对这些“难粘”材料的粘接，随即出现了第二代经甲基丙烯酸甲酯（MMA）接枝的氯丁胶粘剂和聚氨酯胶粘剂（A-BOND）。随着环保意识的提高和制鞋业中“三苯”的严重污染和毒害问题的日趋严重，第三代不含“三苯”溶剂的接枝氯丁胶粘剂和聚氨酯胶粘剂应运而生。由于接枝氯丁橡胶胶粘剂对新型鞋用材料的粘接性能较差，难以适应制鞋工业发展的要求，目前聚氨酯胶粘剂以其优良的性能成为我国具有发展潜力的胶种之一。在发达国家，鞋用胶粘剂已全部使用聚氨酯胶粘剂。目前，我国鞋用聚氨酯胶粘剂使用率已达 30%以上。无“三苯”鞋用胶粘剂虽然采用了低毒配方，降低了对人体和环境的危害，但其他类型有机溶剂依然会对人体和生态环境造成危害，第四代鞋用胶粘剂最终将走向彻底环保化的热熔型和水性胶粘剂。

目前，通过源头控制，推广使用无溶剂聚氨酯热熔胶、水性聚氨酯胶等低（无）VOCs 含量的原辅材料，推进使用无“三苯”、低毒、低挥发性溶剂，使用的胶粘剂应符合国家强制性标准《鞋和箱包用胶粘剂》（GB 19340）、《胶粘剂挥发性有机化合物限量》（GB 33372）、《鞋用水性聚氨酯胶粘剂》（GB/T 30779）和《环境标志产品技术要求 胶粘剂》（HJ 2541—2016）相关标准中胶粘剂有害物质限值的要求。鞋用清洗剂应符合《清洗剂挥发性有机化合物含量限值》（GB 38508）相关要求。

制鞋行业源头控制技术如表 6-25 所列。

表 6-25　制鞋行业源头控制技术

低 VOCs 原辅材料	主要技术指标	适用范围
水性黄胶	总 VOCs 含量低于 10%的胶粘剂	适用于面部车间，成型车间前段、后段
水性 PU 胶	总 VOCs 含量低于 10%的胶粘剂	适用于成型车间中段，组底车间
水性固化剂	总 VOCs 含量低于 20%的固化剂	与水性胶粘剂配套使用
水性处理剂	总 VOCs 含量低于 10%的处理剂	适用于成型车间中段；组底车间
热溶胶	以热塑性树脂为主体，常温下为固态，不含有机溶剂，加热即可使用	适用于面部车间；成型车间前帮、中后帮的连接
热熔胶港宝	100～120℃下即可软化结帮成型，无需使用港宝水浸泡软化	适用于面部车间
白胶	乳液与氨水混合，基本上不含 VOCs	适用于面部车间，成型车间前段

目前，环保型鞋材与辅料的应用要体现在以下几个方面。

（1）超细纤维聚氨酯合成革

天然皮革是经脱毛和鞣制等物理、化学加工所得到的已经变性不易腐烂的动物皮。由于制革过程是化学反应的过程，化学材料的使用，使最终的皮革制品中可能会含有甲醛、六价铬、偶氮染料和重金属等有害物质残留物，影响人体健康，也会对环境造成污染。而超细纤维聚氨酯合成革（简称超纤革）由三维结构网络的无纺布与合成革相结合而制成，部分性能甚至已经超过天然皮革，与天然皮革、再生革及一般合成革产品相比，超细纤维聚氨酯合成革具有三大优势。

① 超纤结合三维结构的聚氨酯浆料浸渍、复合面层的加工技术，发挥了超纤革强烈的吸水性作用，使得超纤革具有了天然革所固有的吸湿特性。由此，不论从内部微观结构，还是外观质感、物理特性和人们穿着舒适性等方面，都已接近或能与高级天然皮革相媲美。

② 超纤革在耐化学性、质量均一性、大生产加工适应性以及防水、防霉变等方面，比天然皮革更具优势，应用范围也更加广泛，已经在一些领域取代了天然皮革。

③ 超纤革的出现，占据了部分天然皮革的市场份额，有利于减少制革行业给环境带来的污染。

（2）水性聚氨酯胶粘剂

皮革行业的污染不仅源自制革生产加工过程，制鞋生产过程中用到的溶剂型胶粘剂所带来的污染问题也不应忽视。目前国内制鞋企业普遍使用溶剂型胶粘剂，在使用过程中，它产生的挥发性有机物（VOCs）排放到大气中，会造成大气环境污染，有些胶粘剂中还含有“三苯”类物质，直接威胁人类健康。为了改变这种有机挥发物污染的现状，无毒环保的水性聚氨酯胶粘剂应运而生，其优点主要表现在以下 2 个方面。

① 与溶剂聚氨酯胶相比较，水性聚氨酯胶粘剂没有溶剂的臭味，无毒、无污染、

操作方便，残胶易清理，提高了鞋产品的质量。

② 使用水性聚氨酯胶，不但减少污染，保护员工和消费者的健康，且其固体含量高，贮运安全方便，而且还能避免火灾隐患。从长远来看，更利于企业的可持续发展。

（3）无苯天然生胶

油性聚氨酯黄胶是以合成橡胶为主要原料所制成的溶剂型接着剂，它具有强大的初期接着力，但是在鞋帮制作工艺过程中，有机溶剂会产生挥发性有机物（VOCs），对自然环境和人体健康造成危害。与油性聚氨酯黄胶相比较，无苯天然生胶具有以下优点。

① 无苯天然生胶黏性好，操作方便，残胶易清理，有利于保证鞋产品的质量。

② 不含苯系物等有机溶剂，无溶剂臭味，无污染。

③ 固体含量高，储运安全方便。

虽然作为无苯天然生胶主原料的橡胶资源相对紧张，但相信在追求绿色环保的行业发展趋势的影响下，无苯天然生胶必将逐渐替代油性聚氨酯黄胶。

（4）热熔胶片

制鞋工艺中，前后帮通常都用内包头主跟作为支撑件，起到鞋休支撑、定型、美观作用。多年来，溶剂型化学片作为包头主跟的主要材料在制鞋业普遍应用。该类材料采用溶剂浸泡工艺，不用添加或进行任何加强处理，干燥冷却后即可达到硬挺的效果，且价格便宜，但缺点是成型时间长，弹性较差。由于苯溶剂属于有害物质，刺激性强，使用过程中产生的有机挥发物会影响环境和员工的职业健康安全。而热熔胶片可以帮助克服苯溶型化学片存在的缺陷，且具有以下优点。

① 热熔胶片是通过挤压特殊的共聚物而加工出来的一种鞋材，在制鞋生产工艺过程中，加温预热的热熔胶片会迅速软化，由于表面特殊的粘胶不粘手，所以操作人员可很容易地将材料插入鞋帮和鞋衬之间，然后通过机器将主跟包头进行定型，使得鞋的主跟包头具有硬度与弹性，其物性相对苯溶剂型化学片具有更好的定型性和耐曲挠性，达到长久保型的效果。

② 热熔胶片在制鞋工艺过程中的应用，采用热压贴合方法，无需使用溶剂，环保无毒，制作工艺简易快捷，黏合力强。相对于溶剂型化学片工艺，可较好降低生产过程中挥发有机物对环境的污染及对员工健康的不利影响。

（5）天然麻纤维中底

鞋用纸板在制造过程中需添加多种化学成分，且制造过程中会排放大量污水，进而造成对生态环境的污染。

新型麻纤维材料是从麻类植物中提取出来的，具有表面平滑、较易吸附水分及水分可快速向大气中散发的特点，且具有纤维较为挺直、不易变形的优点。相对于纸浆中底，麻纤维中底具有良好的吸湿散湿与透气的功能，且传热导热快、质量轻、强度大、透气性好。随着各种前处理和后加工技术的发展，麻纤维的多项物理性能都得到了很大的改善，已经成为制作各类高档鞋的最重要的环保原材料之一。

（6）聚醚型聚氨酯大底

橡胶是从植物中获取的天然高分子化合物，柔软、弹性佳，适合制作鞋底材料，但是橡胶资源有限，长时间对橡胶资源的开采会对环境造成破坏。目前，制鞋业普遍采用聚酯型聚氨酯鞋底，但这种鞋底耐老化性能差的问题成为其致命的弱点，而聚醚型聚氨酯大底却较好地解决了这一问题，且具有以下优点。

① 聚醚型聚氨酯具有优异的耐磨性和曲挠性能及良好的抗撕裂强度和弹性，同时还具有质量轻、耐寒、耐酸碱、耐油、防滑等显著优点，且废弃的聚氨酯大底可自然降解，有利于环境保护。

② 聚醚型聚氨酯大底是高分子聚氨酯合成材料，是基于泡沫合成橡胶的高密度耐用材料，随着工艺的不断提高，其在物理性能方面的优势越发凸显，在制鞋业中的应用范围也越来越广泛。

（7）复合纤维勾心

勾心是皮鞋的脊梁，起到支撑作用，提高人体行走过程中适应足弓的舒适性，是中、高跟皮鞋必不可少的部件。多年来，鞋用勾心都是用锰钢材质制作而成，亦有用普钢或竹片制作，效果各异。在物理性能上，锰钢的刚性较突出，具有良好的弹性。普钢勾心刚性不够，容易变形、锈蚀，竹片则易豁裂，造成潜在的不安全因素。

随着化工科技的不断发展，合成材料的用途越来越宽，纤维复合材质制作的鞋用勾心已经开始在鞋类产品上应用。通常勾心在穿用过程中，往往因材质疲劳等因素会出现裂纹，但纤维复合材料中，纤维与基体的界面能阻止裂纹扩展，具有良好的抗疲劳性能。经过物性检测，纤维复合勾心具有很好的抗弯刚度，经过20万次耐压不变形、不破裂，是理想的替代钢勾心的环保型材料。

（8）水性皮革鞋面整饰剂

制鞋过程中，皮革鞋面后处理工序是极其重要的工序，通过选用安全、可靠、合适的皮革化工修饰材料及相应的处理工艺，在鞋面上形成一层具有特殊性能的涂饰层，提高对皮革的保护及适度改善皮面的缺陷（如修饰表面细小瑕疵），使皮面光泽自然柔和、立体感强，颜色鲜艳美观，从而提高产品的美观度，凸显皮鞋的不同风格，提高皮鞋的使用价值和档次。

鞋用清洁剂、蜡水和光亮剂是鞋面修饰的主要材料，大多属于油性修饰材料，在工艺操作过程中会产生有害气体，影响环境与员工职业健康。

随着鞋用水性修饰材料在性能上渐趋成熟，对鞋材的适应性不断增强，已逐步取代传统的油性材质。水性修饰材质含有一种特殊的表面活性剂成分，有软化皮张和扩充毛孔之效果，同时能清理皮料中水溶性杂质和残余在皮面上的油性清洁剂，增强皮料的渗透性、湿润性和附着力，提高皮面色泽、手感、蜡感等感观效果，提升产品的档次。使用水性材料对鞋面进行整饰，可以较好地保持鞋面的防水、防尘、耐湿擦、耐折、耐低温等特性，且避免了因使用油性材料产生有机挥发物所带来的污染问题，有效改善了使用过程中的空气质量，并为员工职业健康安全提供了保障。

（9）鞋产品生态包装

鞋的包装一方面消耗大量资源，另一方面包装残留物也易造成环境污染。世界各地制造商都很重视这个问题，绿色包装是人们所追求的目标。鞋产品的包装，可以选用生物可降解的无纺布包装袋、生物可降解的塑料，化学可降解的塑料，或者可以回收再用的其他材料。

考虑环保因素，鞋的绿色包装一般有以下几个方面的内容。

① 实行减量化包装。尽量减少包装使用的材料数量和种类，消除不必要的包装，使包装的轻量化，以节约资源。

② 包装应易于重复利用或回收再生。尽量使用同一种材料，避免回收时的成分分离，包装材料的再利用，并设计长寿命的包装材料等。

③ 包装废弃物可以降解。在满足其功能的条件下，要考虑所选材料的可降解的能力，用真正能生物降解的适用于包装的塑料。例如，美国研究出一种以淀粉和合成纤维为原料的塑料袋，它可在大自然中分解成水和二氧化碳，还有人研究出一种不易破损，但可溶于水的保鲜膜。

④ 包装材料对人体和生物应无毒无害。鞋的包装从原材料采集、加工、制造、使用、废弃物回收直到最终处理的生命周期全过程均不应对人体和环境造成危害。据报道，德国发明了一种由淀粉做的、遇到流质不溶化的包装杯，这项发明每年为德国节省了制造亿只塑料瓶的材料，这种包装杯一旦废弃也很容易在大自然中被分解掉，这值得借鉴。

⑤ 包装设计可拆卸化和资源化，采用便于拆卸的结构设计。例如台湾地区的宏基公司于 1991 年成功开发不用螺丝组装的个人电脑，容易拆卸回收。1992 年该公司采用再生纸与瓦楞纸包装电脑，取代传统使用的发泡聚苯乙烯塑料。

鞋企可以在销售时回收包装纸盒，顾客要鞋盒多收元包装费，不要鞋盒少收元包装费，这样部分纸盒可以回收到企业或在商场再次使用。又比如，目前多用的包装纸盒减少彩色印刷，可以在纸盒废弃回收到造纸厂时减少纸架脱墨使用的化学药品，减少对环境的不利影响。

6.3.2.2 设备或工艺革新技术

装备升级是制鞋产业升级的基础。长期以来，我国制鞋业从传统的手工制作到鞋机生产，制鞋装备从无到有，从有到优，经历了艰苦的升级换代过程。积极推进制鞋自动化技术运用，鼓励采用热熔胶机、自动上胶机等生产设备，自动调节出胶，智能控制出胶厚薄、涂胶位置，减少人工操作，削减胶水材料使用。

制鞋行业装备按照制鞋生产工序先后顺序展开，包括鞋料划裁工序、帮底制作工序、帮底装配工序、成鞋整饰及包装工序等工序。

（1）鞋料划裁工序装备

鞋料划裁是生产制造环节的第一步，根据产品和工艺对材料的要求，需要将各类真皮及合成材料，按照设计的下料样板，使用各种刀模和设备，通过剪裁、冲裁、激光裁断、振动刀头切割以及高压水力喷射式裁剪等各种形式，裁成一定形状和规格。对于真皮这一柔性材料的划裁，还需要根据皮面伤残、纹理、在鞋上的使用部位等特点进行伤残和瑕疵的识别以及排版，这对设备适用性和智能化提出了更高的要求。随着人工智能、大数据分析等技术的进步，这一领域的设备性能正在快速提升，智能化程度越来越高。

鞋料划裁工序涉及的装备主要包括：验皮机、裁断机、切割机、片皮机、印标机、中底压型机等装备。

① 智能裁切机器人。制鞋工业智能裁切机器人，集高清晰投影、真皮材料自动传送、真空吸附固定、振动刀头高效裁切等技术于一体，是高效多功能皮革工业数控裁切设备，刀头可以更换不同类型刀杆具，能切割天然皮革、各类鞋用材料，如人造革、纺织工业用布、中底、海绵、辅料等物料，并且具有冲孔、划线功能。根据企业的制作材料与数量的多少，有不同裁切尺寸及单/双刀头的选择。

② 高速皮带式数控液压裁断机。该机通过快速采集刀模图样，与电脑自动排版技术相对接，结合裁断压头可作360°任意角旋转技术进行高速冲裁，做到省工、省料、节能的功效，可切割多层材料，卷料架直接送卷料，省去人工叠料，电脑自动排版，切割间距优于人工裁断；可选单/双刀秒速换刀模冲裁机型，是柔性材料裁断行业大批量冲裁最适用自动化设备。该系列装备可选标配10把刀智能裁断加工中心，也可根据用户需求定制特殊要求的机型。

③ 多功能激光切割机。激光切割机具有精度高、速度快、切缝小、切割头不与材料表面接触、切割面光滑无毛刺等特点，可以实现全自动多层送料、多层切割精密整齐无误差操作，节省人力、制作刀模等成本。在激光切割过程中，需要配备完善的烟尘处理系统，实现烟尘的集中收集和处理。激光切割机在实现切割功能的同时，还可以与其他操作同步进行。如皮革烫金压花激光切割机可以实现集真皮革彩印、皮料烫金压花、面料彩印和激光切割于一体，主要优势是取代丝印网版，取代热转印；彩印烫金压花到安全距离时，激光裁断机进行全自动高速的激光切割操作；一人可同时操作多台激光切割机，全程电脑操控，安全性大幅提升。真皮革彩印烫金压花多色同时彩印，UV 灯同步干燥，无需等待再次印刷。

④ 全自动智能画线机。全自动智能画线机是一款速度快、效率高、省人工、画线精准和操作简单的自动化智能鞋服面料画线设备，取代了传统效率低下的手工划线工艺：笔芯划线和网板印刷。该设备采用国际先进的图像识别和实物匹配技术，通过不接触式喷墨，同时在不同材质、部件、尺码和颜色的裁片上高速划线。裁片可360°随意摆放，工人无需制版，操作界面简单易懂，机器可远程操控，成熟稳定，主要用于鞋厂和服装厂，适用于各种不同的鞋服面料，包括皮革、网布、帆布、棉麻和超纤等。

（2）帮底制作工序装备

帮底制作工序包括帮面制作和鞋底制作。帮面制作是将各个部件通过缝纫等操作，使帮面和鞋里部件结合起来的过程。以男式三接头皮鞋为例，涉及具体操作主要包括帮片检验、写号、片面料、片里料、划线、后帮补强、包头中帮补强、中帮折边处补强、缝后缝、缝后帮、粘接前后帮里、冲鞋眼、鞋眼分花铆紧、缝鞋口线、前帮贴里、粘布里、粘鞋舌、缝鞋舌、缝包头（双针）、缝包头并线（第三道）、缝中后帮、后帮刷胶、擦线迹、剪里等。该工序操作中，使用最多的设备是各种类型的缝制设备。传统针车流水线用人多、流水线比较长，占用生产场地较大，在当前多品种、小批量生产模式中，为了提高生产效率，增加产品制造的柔性，在保证产品质量的前提下，缩短产品生产周期，降低成本，针车流水线不断得以改进。近年来，自动化程度更高、缝制速度更快、功能更多的各类电脑罗拉车、花样机等缝制设备不断更新迭代，模组化的针车流水线不断应用，帮面制作生产效率大幅提升。

帮底制作工序涉及的装备主要包括折边机、压衬机、喷胶机、罗拉车、花样机、靴面冷热定型机、各类橡胶加工设备等。

① 模组化自动车缝流水线：整合传统缝制工序，把缝制工序的物料传输自动化，改变以往一人一机的作业方式，可以实现模组化设计，根据订单需要随时调整组合状态，提高人机互动效率。同时，基于物联网技术，每台自动缝纫机的工作状态数据实时发送到PC端，PC端实时监控及控制自动缝纫机工作状态，对得到大数据进行有效分析，实现设备与设备之间识别和协作。

② 电脑花样机：通过电脑花样机，实现张力一致、高品质的平面或三维缝纫，耗电低、高转速、高效能。通过进一步将电脑车组合在一起通过模组化生产方式，全自动送料系统控制，达到产能价值最大化；通过自动识别条码、自动夹具、自动上下料、断线自动监测、远程数据采集传输等系统控制，还可以配合使用机械臂替代传统手工操作，降低劳动强度，提高产量，提升效率。此外，还有三维缝制的花样机（如缝制后帮弧度、可使内层材料弯曲时不产生皱褶）、多工位（转盘式）的花样机。

③ 电脑罗拉车：新时代智能一体电脑罗拉车采用立柱式工作台，可灵活缝制各种圆弧角；新型切线刀调整方便、剪线头短；液晶屏显示操作简单易学；采用可靠的离合器装置防止旋梭等重要部件损坏；伺服电机直接控制三个同步综合送料机构，精准度高并可实现特殊花样缝制、大量减少机械运动部件数量，使维修率下降25%；自主研发的电控系统多功能控制自动剪线、抬压脚、倒回缝等实现自动化操作提高效率近30%。

④ 智能炼胶系统：智能环保型密炼机上辅机及微机控制系统可满足橡胶、塑料等密炼生产过程中多种原材料（炭黑、粉料、液体、胶料）的全过程密闭式自动输送、贮存、称量配料与投料，并实施加工生产工艺全过程微机智能控制。可以实现以下功能：炭黑、粉料贮存、称量与投料；液体输送、贮存、称量与注射；胶料输送、称量与投料；上辅机微机控制系统（橡胶混炼信息化管理系统）。与上辅机及生产系统配套使用的数字化炼胶 MES 系统是一个全程贯通包含炼胶车间物流、库存、设备运转、生产计划、成本核算、生产监控、生产报表、原材料条码追溯、设备保全、质量检验、人员管理等工作环节的综合性管理系统。本系统能够将上述各环节的状态和信息实时展现给全厂的各级用户，同时将大量的原始数据按照设定的模式保存于数据库中，随时可以回放和查询。数字化 MES 系统还是一个以各生产车间和各管理部门为基础建立起来的全厂信息共享平台。此系统的使用会使工厂的成本控制、生产效率、人员管理得到优化，提高工厂的产品竞争力。

（3）帮底装配工序装备

帮底装配工序是制鞋的关键工序，以男式三接头皮鞋为例，涉及到的具体操作主要包括收成帮、串口门、装包头、缝包头、装主跟、主跟定型、钉修中底、包头软化、主跟软化、绷前帮、刷中帮胶、绷腰、绷后帮、鞋面除皱、整平、绷楦修饰、热定型、擦线迹、绷帮检验、起钉、配鞋底、外底打粗、帮脚打粗、手工复砂、清灰、刷处理剂、刷胶粘剂、帮底黏合、压合、冷定型、中段检验等。其中，绷帮完成了帮面由平面状态向三维空间曲面状态的过渡，是制鞋工艺过程中技术复杂而又十分关键的操作，绷帮质量的好坏对鞋的造型以及穿着的舒适程度等有很大的影响。帮底黏合完成了零部件到成品的转变，黏合质量对产品质量、穿用寿命等影响很大，同时，帮底黏合操作还是制鞋有机废气的主要来源。帮底黏合采用的工艺主要有冷粘工艺、注塑工艺、硫化工艺、模压工艺、线缝工艺等。

帮底装配工序涉及的设备主要包括成型流水线，辅以前帮机、后帮机、热定型机、砂轮机、压合机、装跟机、冷定型机等。目前，本着精益生产和智能制造目的，成型生产线在不断改善与创新中发展，配置 3D 视觉识别系统（扫描自动成像分析软件系统、自动生成喷胶运动轨迹软件系统）、胶粘剂流量检测控制软件系统，以及配置实现各类功能机械臂的智能生产线，向空间发展的双层或多层传输生产线、模组化的精益短线等，给企业提供了新的借鉴与选择。

1）冷粘工艺自动化成型流水线

自动成型流水线是基于点云配准理念的动态柔性算法、三维视觉数据采集与轨迹生成等若干关键算法和技术，利用传感、视觉、图像等信息化技术辅以机械臂等智能化设备，整合成型流水线打粗、抛光、上胶、压合及后整理等工序，通过使用机器人替代人工操作，实现打粗、喷处理剂、喷胶粘剂、贴合等操作使用机械臂替代传统手工操作，利用传感、视觉、图像、机器人等现代工业信息化手段，通过重点研发生产线关键智能化设备，以及制鞋过程中的基于点云配准理念的动态柔性算法、三维视觉数据采集与轨迹生成等若干关键算法和技术，最终集成智能化、完整化的智能鞋业制造生产线。

2）连帮注塑工艺自动化成型流水线

连帮注塑是应用圆盘注射设备辅以智能流水线，采用注射技术达到鞋品一体成型的工艺，适应 PU（聚氨酯）、PU/PU、TPU（热塑性聚氨酯弹性体）/PU、RB（橡胶）/PU、RB/RB 等材料的单、双、多密度的商务、休闲、运动、户外、作训等品类的注射成型加工。

3）聚氨酯底浇注成型环形自动化生产线

聚氨酯底浇注成型环形自动化生产线是基于数据库，结合不同的模具型腔采用不同的注料路径，机械臂三轴联动的机械方式控制浇注头，自动跟踪计量出料，实现自动浇注、自动喷脱模剂、自动合模盖模的智能生产线。

4）硫化工艺自动化成型流水线

采用机器视觉、机器人应用、大数据、人工智能等技术，实现了人机协同的制鞋成型自动化产线，主要技术装备有：

① 智能鞋面三维测量视觉站：可根据鞋码以及款式的不同，在线通过三维视觉实时采集并检测鞋子成型工序中鞋面与鞋底结合的三维分界线，并以该三维施胶线为基础，自动计算施胶工业机器人工作站的施胶轨迹控制点位，并传输到各施胶工作站。

② 智能鞋面施胶工作站：深入研究施胶工艺，如施胶时的施胶胶线位置及形状、施胶宽度、施胶喷嘴到鞋面的距离、施胶厚度、供料压力、雾化压力、胶的黏稠度以及环境温度等之间的关系，以保证施胶质量。

③ 智能鞋底施胶站：基于三维机器视觉和工业机器人的智能柔性鞋底施胶站，以在线实时提取各类鞋底施胶点位，并规划大底施胶时工业机器人的最佳施胶路径。

④ 智能柔性硫化鞋围条贴附站：采用基于三维机器视觉和工业机器人技术进行围条贴附的智能化作业，同时结合数控技术进行围条理料作业。

⑤ 工艺信息平台：运用机器人、机器视觉、传感器、RFID（射频识别）、工业以太网、PLC（可编程控制器）等控制技术，导入数字化、智能化柔性生产线，建立“数字孪生”，实现生产过程数据的采集、映射及工艺参数分析。

将制鞋成型过程中的设计、物料、工艺、质量、市场等环节的数据进行互联互通，实现从用户需求到生产设备、生产过程交互的无缝整合。将企业资源管理系统、制造执行系统、供应链管理系统、产品生命周期管理系统等集成，完成从订单承接到产品交付及售后服务全过程的智能化控制，利用物联网、工业互联网、可视化、大数据分析等手段构建云服务、云制造生产体系，打造制鞋行业智能制造的样板工厂。

5）PUR 成型生产线

PUR（反应型热熔胶）成型生产线由智能 3D 鞋面编织系统、智能鞋面压烫系统、激光切割机、智能标记印线系统、针车、成型前段集成系统、中段环保固态胶智能成型、成型后段系统等组成，采用 PUR 热熔胶黏合工艺，适合不同规格、不同型号编织鞋面产品的加工制造。PUR（反应型热熔胶）成型生产线自动化水平高、精度高、稳定性强、适用于不同规格不同鞋型，性价比高。该生产线的主要特点为：

① 精益环保。整条生产线占地面积仅需 $50m^2$，环保固态胶智能成型系统简化了工艺，改善了喷胶效果与作业环境。

② 自动化智能化程度高。采用视觉识别系统与机械手臂喷涂同步进行，作业效率高；非接触可自动识别鞋码鞋底，读取速度快且精准，可靠性高；4 名员工可实现每小时产出 30 双，满足多品种小批量个性化生产需求。

6）前帮机

五轴伺服控制前帮机采用工业级 IPC 及 15 寸彩色显示屏控制，操作接口使用图形化设计，简单易懂，可记忆 3000 组以上鞋型，并可对不同机台的数据复制；采用工业级相机照相生成胶嘴擦胶路径，并快速完成全套鞋码级放；采用伺服送胶系统，可精准控制送胶量，不会因天气温度或油温、电压高低而产生送胶量的误差，并可分两段胶量控制，胶笔擦胶比胶盘出胶可节省 1/2 胶量。胶笔擦胶均匀较不会有溢胶情况；鞋型的爪盘形状/内撑台位置及速度/扫刀位置/绷帮动作参数等均采用精密电阻尺数值控制并记忆，全记忆型的前帮机；快速更换鞋型，节省更换鞋型的待机时间；左右脚自动切换，包括绷帮参数、爪盘形状、擦胶路径、后跟顶座等均可左右脚自动切换；具有自动侦测鞋码的功能，能快速识别每一码鞋子的擦胶级放的行程；大座下始点（即扫刀圆点）位置电动数值控制并记忆；3D、VR 视觉鞋头绷帮比对系统，可提升绷帮的合格率并可用以不熟练的前帮手的训练与辅助；具备网络通信数据传输功能。主要特点为：

① 节省人工。省去鞋面、中底的擦胶人工 2～3 人。

② 节能。节省烤箱、流水线长度/省电。

③ 节约用胶。某品牌前帮机胶笔式自动上胶与胶盘式比较，年省胶价值约 8 万元。

④ 使用热熔更环保、节省人工、节省用胶成本、提升绷帮品质。

7）中后帮机

四轴伺服控制采用工业级 IPC 及 15 寸彩色显示屏控制，操作接口使用图形化设计，简单易懂，可记忆 3000 组以上鞋型，并可对不同机台的数据复制。采用工业级相机照相生成胶嘴擦胶路径，并快速完成全套鞋码级放，胶笔擦胶比胶盘出胶可节省一半胶量，胶笔擦胶均匀较不会有溢胶情况，同时采用伺服送胶系统，可精准控制送胶量，不会因天气温度或油温、电压高低而产生送胶量的误差，并可分三段胶量控制，每一段胶量长度亦可随码数自动级放。中帮指压块采用三段可调式指推压力设计，提升绷帮效果；1～3 组指压块具有偏摆功能，对窄内腰鞋型及工作鞋型绷帮更有帮助，偏摆功能可左右脚自动切换；快拆式指压块设计，根据不同鞋面材质可快速更换不同材质的指压块，以利完美绷帮；钢琴式指压块设计，对腰窝部位的压着更完美；具备网络通信数据传输功能。主要特点为：

① 节省人工。省去拉腰帮的人工 2～4 人。

② 节省皮料。机器绷帮比手工拉帮约可省半码的材料成本，节省中底细布，视鞋子结构，自动上胶绷帮可省去中底复合细布的成本。

③ 节能。节省烤箱、流水线长度/省电。

④ 使用热熔更环保、节省人工、节省用胶成本、更好地提升鞋的绷帮品质。

（4）成鞋整饰及包装工序装备

以男式三接头皮鞋为例，成鞋整饰及包装工序具体操作包括打填充蜡、擦浮蜡、打抛光蜡、脱楦、成鞋整饰、穿鞋带、刷鞋垫胶、粘鞋垫、后段检验、抛光、撑鞋、成品包装等。成鞋整饰涉及的装备较少。近年来，在包装入库环节，智能后道包装系统得到了一定的应用。

1）智能后道包装系统

智能后道包装系统（SOFA系统）基于鞋行业品类多、同款多码的产品特点；客户订单多变，经常需要配码装箱（混码装箱）、单码装箱的要求；以及行业需要适应现代化智能工厂的智能化、数字化、无人化的趋势；开发了一套，客户与工厂之间实现更快速的链接，及时响应客户的数字化智能打包拣选入库系统。

2）AGV 智能仓储系统

智能仓储系统是智能制造工业 4.0 快速发展的重要组成部分。AGV（自导航车、无人搬运车）智能搬运机器人，车身低矮、承载量大、可潜入料车底部利用电动升降棒挂住物料车进行拖运，也可利用后牵引挂钩牵引多台物料车，适用于物料供应量大的生产体系及形成柔性生产线，替代员工完成满料的配送及空车回收。智能仓储解决方案，涵盖全面物资管理功能，包括动态盘点、动态库存、单据确认、RFID 手持机管理、库位管理、质检管理、定额管理、全生命周期管理、工程项目管理、需求物资采购计划审批，还配有入库机、出库机、查询机等诸多硬件设备可选。智能仓储系统是由立体货架、有轨巷道堆垛机、出入库输送系统、信息识别系统、自动控制系统、计算机监控系统、计算机管理系统以及其他辅助设备组成的智能化系统。系统采用集成化物流理念设计，通过先进的控制、总线、通信和信息技术应用，协调各类设备动作实现自动出入库作业。

通过智能仓储，实现数字化管理，出/入库、物料库存量等仓库日常管理业务可做到实时查询与监控，减少对操作人员经验的依赖性；转变为以信息系统来规范作业流程，以信息系统提供操作指令，节约用地，减轻劳动强度，避免货物损坏或遗失，消除差错，提供仓储自动化水平及管理水平，提高仓库作业的灵活性；降低储运损耗，有效地减少流动资金的积压，提供物流效率，提升仓库货位利用效率。

（5）节能型照明设备

应用节能型照明设备在“节能减排”“低碳环保”理念的指导下，企业采用LED日光灯作为照明设备，能够大大节约能源。例如，泉州的安海永明鞋塑公司在整个厂区的照明电器换成LED节能灯以后，以工作24h计算可节约80%的电费。

6.3.2.3　提高废气收集率

在提高废气收集方面主要包括：

① 调胶工序采用密封式调胶罐，若人工调胶必须安装废气收集系统。非调胶时段，应保持盛放VOCs原辅材料的罐密封状态。

② 刷胶粘剂、处理剂和烘干工序时，需在制鞋流水线或操作台上方，设置集气罩，将挥发性有机物有组织收集。

③ 喷光工序，在专用喷光台进行操作，使用水幕技术，废气有组织收集。

④ 其他工序，如帮底制作，清洁、印刷、注塑、硫化等产生的废气应尽可能收集处理。

⑤ 高、低浓度有机废气应尽可能分类处理，以减少稀释排放。

废气收集可行技术如表6-26所列。

表6-26　废气收集可行技术

操作	技术名称	技术要求	适用范围
调胶	密封式调胶装置	密封式调胶装置调胶，生产间歇均应保持盛放含VOCs原辅材料的装置密封	适用于调胶操作
使用胶粘剂、处理剂	集气罩	在操作台、操作设备上方，加装集气罩。使用自动上胶机等先进设备，减少刷胶等操作过程中的挥发性有机物产生	鞋帮刷胶、鞋底制作、帮底装配刷胶、刷处理剂，帮面清洁等操作
喷光	水帘柜、密闭技术	喷漆房密闭，喷漆工位安装水帘柜，去除漆雾，提高废气收集率	适用于喷光操作
印刷	密闭技术	印刷点位采用集气罩或印刷车间密闭，提高废气收集率	适用于溶剂型油墨的使用工位
涂胶	加强培训	加强员工培训，控制单位鞋的用胶量；生产停歇状态时，采用密闭技术	—

6.3.2.4　末端治理技术

制鞋生产过程的有机废气主要来自于胶粘剂和处理剂。除加强源头替代，积极使用水基型胶粘剂源头替代溶剂型胶粘剂，以及加强过程管理，产生有机废气的操作应采用围闭式集气系统或局部集气系统，废气导入废气收集系统和（或）处理设施之外，还需要加强有机废气的末端治理。

参照2020年发布的《排污许可证申请及核发技术规范　制鞋工业》国家环保标准，目前供参考的有机废气污染防治可行技术主要包括吸附法、生物法、吸附法与低温等离子体法或光催化氧化法组合使用。此外，有条件的企业还可以选用催化燃烧法。对于高浓度VOCs废气，优先采用冷凝、吸附回收等技术对废气中的VOCs回收利用，并辅以催化燃烧、热力燃烧等治理技术实现达标排放及VOCs减排。采用燃烧法VOCs治理技术产生的高温废气宜进行热能回收。对于中、低浓度VOCs废气，有回收价值时宜采用吸附技术回收处理，无回收价值时优先采用吸附浓缩-燃烧技术处理。对于含非水溶性组分的废气不得仅采用水或水溶液洗涤吸收方式处理，原则上禁止将高浓度废气直接与大风量、低浓度废气混合处理。未来，制鞋有机废气治理工艺还需要进一步优化。

（1）吸附法

吸附法是将有机气体直接通过活性炭等吸附介质，有机废气净化率可达到85%～90%。活性炭又分颗粒状和纤维状两类，相比较而言，颗粒状活性炭气孔均匀，除小孔外，还有0.5～5μm的大孔，比表面积一般为600～1600m^2/g，被处理气体要从外向内扩散，通过距离较长，所以吸附、解吸均较慢，经过氧化处理过的颗粒状活性炭具有更强的亲和力，一般用于固定床式活性炭吸附法。而纤维状活性炭气孔均较小，比表面积大，它是靠分子间相互引力发生吸附，相互不发生化学反应，是物理吸附过程，小孔直接开口向外，气体扩散距离短，吸附解吸均较快，一般用于吸附浓缩法。该方法适用于浓度低、污染物不需回收的废气处理，容易产生二次固体废物。活性炭吸附法治理工艺流程见图6-18。

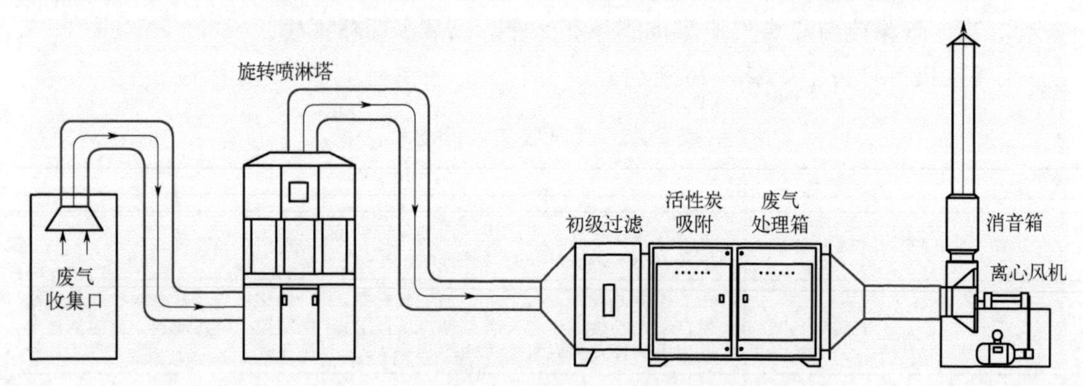

图6-18　活性炭吸附法治理工艺流程

（2）低温等离子体法与吸附法组合

低温等离子体法是利用介质阻挡放电过程中，等离子体内部产生富含极高化学活性的粒子，如电子、离子、自由基和激发态分子等。废气中的污染物质与这些具有较高能量的活性基团发生反应，最终转化为CO_2和H_2O等物质，从而达到净化废气的目的。该法适用于浓度低、气量大的有机废气治理，尤其适用于其他方法难以处理的多组分恶臭气体，因单一低温等离子体治理效率低，不能满足达标排放要求，故推荐使用组合工艺治理废气，一般在低温等离子废气治理设施后面再增加活性炭吸附，确保排放达标，提高废气治理效率。低温等离子+活性炭吸附法治理工艺流程见图6-19。

(3) 光催化氧化法与吸附法组合

① 利用特制的高能UV紫外线光束照射恶臭气体，裂解恶臭气体如氨、三甲胺、硫化氢、甲硫氢、甲硫醇、甲硫醚、二甲二硫、二硫化碳和苯乙烯，硫化物 H_2S、VOCs类，苯、甲苯、二甲苯的分子键。

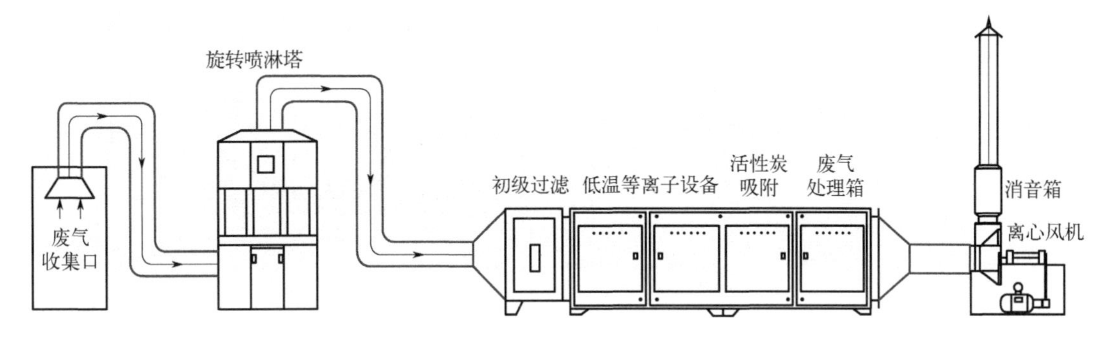

图6-19 低温等离子+活性炭吸附法治理工艺流程

② 利用高臭氧分解空气中的氧分子产生游离氧，即活性氧，因游离氧所携正负电子不平衡所以需与氧分子结合，进而产生臭氧，使呈游离状态的污染物分子与臭氧氧化结合成小分子无害或低害的化合物。如 CO_2、H_2O 等。$UV+O_2 \rightarrow O^-+O^*$（活性氧）$O+O_2 \rightarrow O_3$（臭氧）。

③ 利用特制的催化剂进行氧化还原反应。运用高能UV紫外线光束、臭氧及催化剂对恶臭气体进行协同分解氧化反应，使恶臭气体物质降解转化成低分子化合物、水和二氧化碳，彻底达到脱臭及杀灭细菌的目的。

因为UV光氧催化治理效率低，不能满足达标排放要求，UV本身也会产生一定的臭氧，为了减少臭氧和提高治理效率，推荐使用组合工艺治理废气，一般在UV光氧催化废气治理设施后面再增加活性炭吸附，确保排放达标，提高废气治理效率。UV光氧催化+活性炭吸附法治理工艺流程见图6-20。

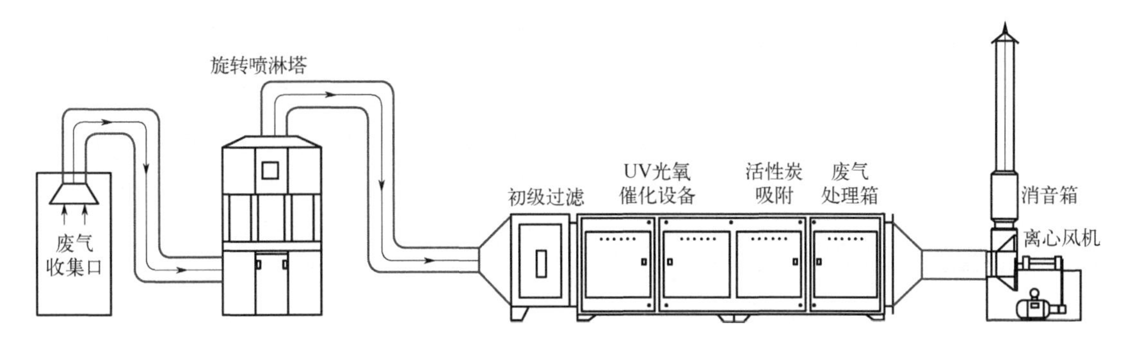

图6-20 UV光氧催化+活性炭吸附法治理工艺流程

(4) 生物法

生物废气净化设备由生物箱体、生物填料、保湿喷淋系统和自动电控系统组成，工艺流程见图6-21。

生物废气净化设备的基本原理是利用专属微生物的生物化学作用，使 VOCs 污染物分解，转化为二氧化碳、水等无害的无机物。专属微生物利用有机物作为其生长繁殖所需的基质，通过物理、化学、生物过程将大分子或结构复杂的有机物最终氧化分解为简单的水、二氧化碳等无机物，同时在此过程中产生能量，专属微生物的生物体利用该能量进行增长繁殖，进一步对有机物进行处理，形成周而复始的处理过程。

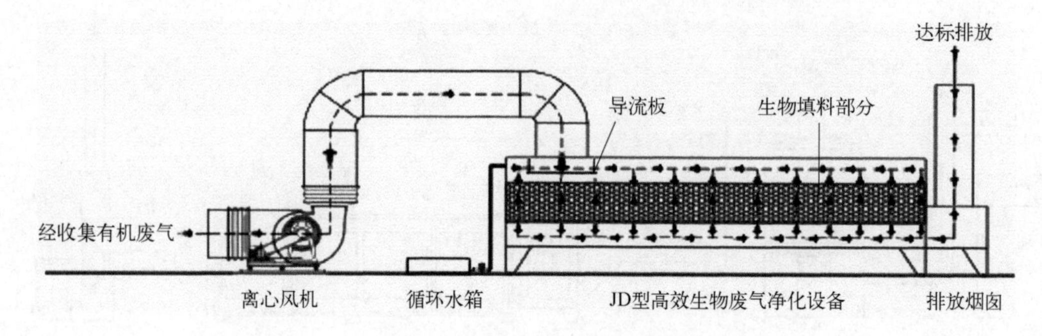

图 6-21　生物法治理工艺流程

运行过程无二次污染物产生。生物废气净化设备中不使用活性炭，没有由于使用活性炭吸附所产生的危险废物（根据《国家危险废物名录》，吸附后的活性炭属于危险废物，需要根据《中华人民共和国固体废物污染环境防治法》中相关规定进行处理，否则需承担刑事责任）。设备中循环水箱中的水作用是保持生物菌种生长环境湿润，由水泵从循环水箱抽出喷淋，喷淋后液体从箱体底部回流至循环水箱，过程中水循环利用，无污水产生。

日常运行管理简便，持续稳定达标。系统调试正常运行后，业主日常只需要按照生产需要开关风机，检查加湿系统水泵是否正常运作即可，不需要更换活性炭，不会产生造成二次污染的危险废物。系统调试正常运行后，处理效果持续稳定达标，安全，无火、电等安全隐患。随着国家对环境保护重视程度不断加大，特别是对挥发性有机气体（VOCs）的排放要求越来越严。中央环保督察组在全国各地的督查过程中，将环保设备的安装与运行情况作为检查的重点。众多排污企业由于缺乏专业知识，未经充分论证与研究，为应付检查，匆忙上马环保治理设备。特别是治理挥发性有机气体的环保设备（由于大多数 VOCs 都属于易燃易爆气体）在运行过程发生爆炸的事件越来越频繁。所以，在挑选挥发性有机气体治理工艺时，需要充分考虑火灾隐患。生物废气净化设备无大功率用电设备，没有任何高温工序，没有火、电等安全隐患，安全可靠。

（5）催化燃烧法

① 活性炭吸脱附催化燃烧。根据吸附（效率高）和催化燃烧（节能）两个基本原理设计，采用双气路连续工作，一个催化燃烧室，2 个或 2 个以上吸附床交替使用。先将有机废气用活性炭吸附，当快达到饱和时停止吸附，然后用热气流将有机物从活性炭上脱附下来再生；脱附下来的有机物已被浓缩（浓度较原来提高几十倍）并送往催化燃烧室催化燃烧成二氧化碳及水蒸气排出。当有机废气的浓度达到 2000cm^3/m^3 以上时，有机废气在催化床可维持自燃，不用外加热。燃烧后的尾气一部分排入大气，大部分被送

往吸附床，用于活性炭再生。这样可满足燃烧和吸附所需的热能，达到节能的目的。再生后的可进入下次吸附；在脱附时，净化操作可用另一个吸附床进行，既适合于连续操作也适合于间断操作。

吸附过程：有机废气在引风机作用下先通过 2 级袋式过滤器预处理去除粉尘颗粒和杂物，然后再通过活性炭吸附单元被吸附净化，达到排放要求。

脱附过程：当活性炭吸附床快达到饱和时停止吸附，然后用热气流将有机物从活性炭上脱附下来使活性炭再生。

工艺示意如图 6-22 所示。

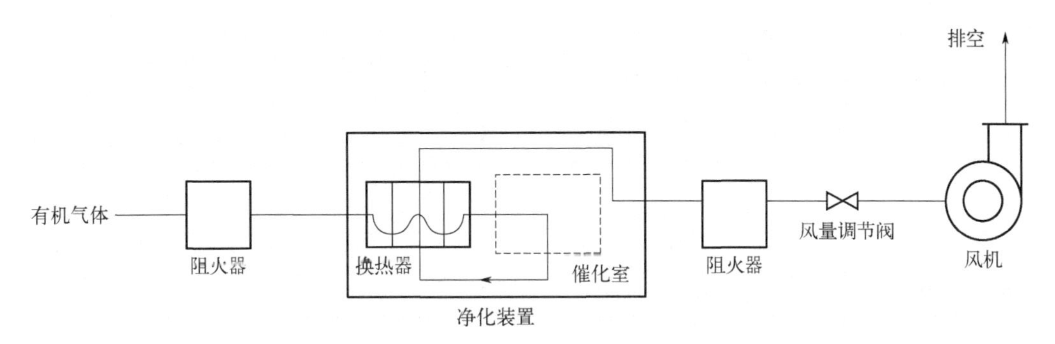

图 6-22　活性炭吸附脱附催化燃烧处理工艺

② 分子筛吸附浓缩催化氧化燃烧。吸附浓缩是将吸附浓缩单元和热氧化单元有机地结合起来的一种方法，主要针对大风量、低浓度的有机废气，经吸附净化并脱附后转换成小风量、高浓度的有机废气，对其进行热氧化处理，并将有机物燃烧释放的热量有效利用。

工艺示意如图 6-23 所示。

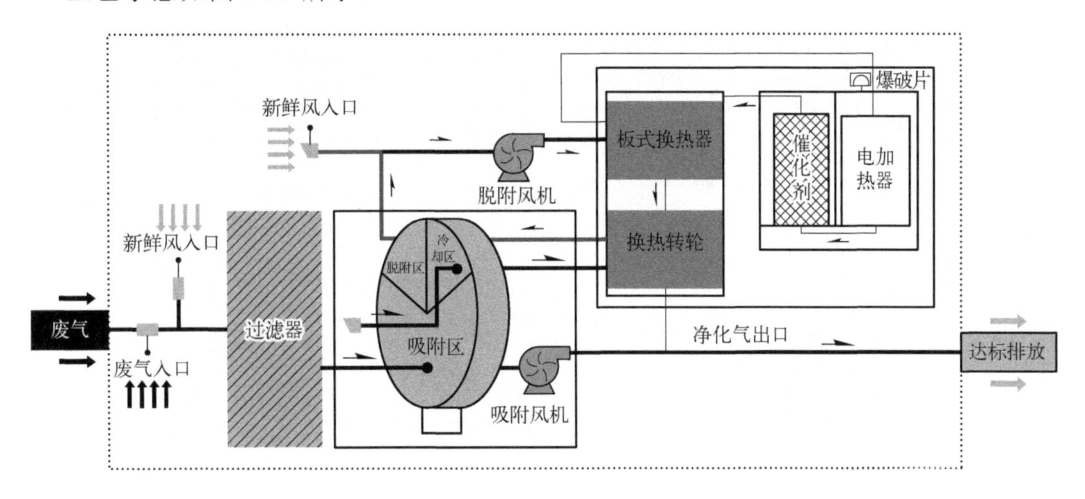

图 6-23　分子筛吸附浓缩催化燃烧处理工艺

（6）喷淋吸收法

该技术适用于喷光工艺废气的治理。使废气中的污染物与吸收剂充分接触，从而达到污染物去除的目的，根据吸收原理的不同，喷淋吸收法可分为物理吸收和化学吸收。

制鞋行业常采用的喷淋吸收技术包括水喷淋吸收与化学喷淋吸收。

1）水喷淋吸收法

该技术适用于水性喷涂油漆工艺废气的治理。利用酮类、醇类等组分易溶解于水的特点，在废气通过水喷淋塔时，易溶解组分被喷淋液吸收，达到净化目的。制鞋行业采用的典型治理技术路线为“多级水喷淋吸收”。

2）化学喷淋吸收法

该技术适用于喷光、喷漆工艺废气的前处理。利用酯类等组分易与吸收剂发生化学反应的特点，在废气通过化学喷淋塔时，VOCs 组分与吸收剂反应，达到净化目的。制鞋行业采用的典型治理技术路线为“多级化学喷淋吸收”，吸收液通常为氢氧化钠。

制鞋行业常见有机废气治理技术如图 6-24 和表 6-27 所示。

表 6-27 有机废气治理技术

治理技术	单套装置适用气体流量范围/（m^3/h）	适用 VOCs 浓度范围/（mg/m^3）	适宜废气温度范围/℃
吸附浓缩-催化燃烧法	10000～180000	100～2000	＜45
低温等离子体法	1000～20000	＜500	<60
光催化氧化法	1000～80000	＜500	＜90
吸附法	1000～60000	<200	＜45

图 6-24 有机废气治理技术

6.3.2.5 无组织排放控制

加强对制鞋行业生产工艺过程废气的收集，减少 VOCs 无组织排放。VOCs 无组织废气的收集和控制应符合 GB 37822 的要求。不同环节无组织排放控制可采取以下措施。

① 原料调配过程控制措施。产生挥发性有机气体的胶粘剂、溶剂、油漆等物料的

调配，应在密闭设备或密闭空间内操作；无法密闭的，采取局部气体收集措施。使用后的物料桶应加盖密闭，生产工位上盛放含挥发性有机物（胶粘剂、处理剂、清洗剂等）的容器要加盖密闭，不能密闭的应确保废气有效收集，产生的废气均经收集后进入 VOCs 废气处理系统。

② 物料输送过程控制措施。大宗即用状态的溶剂鼓励采用压力泵、管道输送。所有盛装溶剂型胶水的容器在转运过程中应保持密闭，推广安装集中供料系统，采用管道式输送挤出刷胶机替代传统胶刷。

③ 生产过程控制措施。胶粘剂、溶剂、涂料、清洗剂、处理剂等含挥发性有机物的原辅材料在使用过程中随取随开，用后应及时密闭，以减少挥发。集气系统和挥发性有机物处理设施应与生产活动及工艺设施同步运行。

6.3.2.6　环境管理措施

企业应根据实际情况优先采用污染预防技术，若仍无法稳定达标排放，应采用适合的末端治理技术。

新建、改建、扩建项目应优先选用热熔胶机、自动上胶机等污染物产生水平较低的制造工艺。

制定环境保护管理制度，包括环保设施运行管理制度、废气处理设施定期保养制度、废气监测制度。按照 HJ 944 的要求建立台账，记录含 VOCs 原辅材料的名称、采购量、使用量、回收量、废弃量、去向、VOCs 含量，污染治理设施的工艺流程、设计参数、投运时间、启停时间、温度、风量，过滤材料更换时间和更换量，吸附剂脱附周期、更换时间和更换量，催化剂更换时间和更换量等信息。台账保存期限不少于 3 年。

制定环保报告程序，包括出现项目停产、废气处理设施停运、检修等情况时企业及时告知当地生态环境主管部门的报告制度。

加强操作运行管理，建立并执行岗位操作规程，制定应急预案，定期对员工进行技术培训和应急演练。

加强生产设备的使用、维护和维修管理，保证设备正常运行。

持续开展清洁生产，建立健康安全环境管理体系。

第 7 章 排污许可管理和其他环境管理制度的关系

7.1 总体思路

污染源的管理涉及许多流程，如环评审批、竣工验收、排污权交易、环境税以及相关行政审批流程。排污许可以“一证式”管理的模式推行，整合相关环境管理制度，对污染源进行综合式管理，避免排污单位申请过程中由于核发主体不统一而产生重复和分歧，极大缩短审批时间，提高行政效率。更有助于健全和完善排污许可后续监管机制，加强对污染源排放污染物的管理。

《国务院办公厅关于印发控制污染物排放许可制实施方案的通知》（国办发〔2016〕81 号）提出：排污许可制衔接环境影响评价管理制度，融合总量控制制度，为排污收费、环境统计、排污权交易等工作提供统一的污染物排放数据，减少重复申报，减轻企事业单位负担，提高管理效能。

各地也积极开展排污许可与其他环境管理制度的衔接工作。例如，《山东省生态环境厅关于落实<排污许可管理条例>的实施意见（试行）》（鲁环字〔2021〕92 号）提出衔接环境管理制度。将生态环境管理要求通过排污许可证落实到排污单位。扣紧环评、排污许可与生态环境执法三个管理环节，建立健全数据移交与问题反馈工作机制。开展“三监”联动（即监管、监测、监督）基础性工作，发挥监测、执法“管落实”作用。

7.2 排污许可与环境影响评价的衔接

7.2.1 相关管理要求

《国务院办公厅关于印发控制污染物排放许可制实施方案的通知》（国办发〔2016〕

81 号）提出：有机衔接环境影响评价制度。环境影响评价制度是建设项目的环境准入门槛，排污许可制是企事业单位生产运营期排污的法律依据，必须做好充分衔接，实现从污染预防到污染治理和排放控制的全过程监管。新建项目必须在发生实际排污行为之前申领排污许可证，环境影响评价文件及批复中与污染物排放相关的主要内容应当纳入排污许可证，其排污许可证执行情况应作为环境影响后评价的重要依据。

《关于印发〈“十三五”环评改革实施方案〉的通知》（环环评〔2016〕95 号）提出：建立环评、“三同时”和排污许可衔接的管理机制。对建设项目环评文件及其批复中污染物排放控制有关要求，在排污许可证中载明。将企业落实“三同时”作为申领排污许可证的前提。

《关于做好环境影响评价制度与排污许可制衔接相关工作的通知》（环办环评〔2017〕84 号）提出两项制度衔接相关要求。例如：在排污许可管理中，严格按照环境影响报告书（表）以及审批文件要求核发排污许可证，维护环境影响评价的有效性。做好《建设项目环境影响评价分类管理名录》和《固定污染源排污许可分类管理名录》的衔接，按照建设项日对环境的影响程度、污染物产生量和排放量，实行统一分类管理。

7.2.2　衔接对策建议

环评制度是新、改、扩建项目的准入门槛，重在事前预防，是新污染源的“准生证”，其内容包括对项目实施后排污行为的环境影响预测评价、环境风险防范以及新建项目选址布局等，也包括项目建设期的“三同时”管理，同时为排污许可提供了污染物排放清单。排污许可重在事中事后监管，是载明排污单位污染物排放及控制有关信息的“身份证”，两者相辅相成，密不可分，是对建设项目全生命周期环境管理的有效手段。从范围来看，排污许可主要针对固定污染源，而环评还包括生态影响类项目，范围更广；从功能定位来看，环评是预测性的决策辅助工具，其功能主要是为利益相关者决策提供支持，其评价范围不仅包括环境影响、生态影响，还包括与之相关的社会影响，而排污许可则聚焦到项目运行期具体的环境管理要求，特别是污染物的排放限值，是法律文书。总的来说，环评为排污许可管理提供了框架和条件，是排污许可管理的前提和基础，环评与排污许可的衔接是排污许可制改革的重要内容。在实际管理工作中提出如下建议。

① 统一技术标准体系。要加强两项制度技术规范体系的统一，实现环评源强核算与排污许可实际排放量核算的统一，提高环境影响评价与排污许可精细化管理能力，建立污染源排放清单和污染防治最佳可行技术名录等，加强环评与排污许可这两项制度的衔接。

② 构建联动管理机制。项目建设前，相关管理部门应加强建设项目的环境影响评价，把好建设许可“门槛”。发放排污许可证要将环境影响评价报告以及审批文件作为填报依据，在建设项目发生实际排污行为之前，排污单位应按照国家环境保护相关法律以及排污许可证申请与核发技术规范等要求申请排污许可证，实现排污许可证的“一证

式”管理，加强排污单位事中事后监管，企业自证守法。

《关于做好环境影响评价制度与排污许可制衔接相关工作的通知》（环办环评〔2017〕84 号）提出：建设项目的环境影响报告书（表）经批准后，建设项目的性质、规模、地点、采用的生产工艺或者防治污染、防止生态破坏的措施发生重大变动的，建设单位应当依法重新报批环境影响评价文件，并在申请排污许可时提交重新报批的环评批复（文号）。发生变动但不属于重大变动情形的建设项目，环境影响报告书（表）2015 年 1 月 1 日（含）后获得批准的，排污许可证核发部门按照污染物排放标准、总量控制要求、环境影响报告书（表）以及审批文件从严核发，其他建设项目由排污许可证核发部门按照排污许可证申请与核发技术规范要求核发。

③ 积极引导排污单位自觉守法。对于清理整顿“未批先建”，需要履行环境影响审批、备案程序的建设项目，可按照“先发证再到位”的原则，排污企业提出整改承诺，生态环境部门应限期其整改，此类“未批先建”排污单位在整改期限内取得环境影响评价文件的，申请变更排污许可证，管理部门要给排污单位改过自新的机会和时限，对排污单位起到指导帮扶的作用，积极引导排污单位自觉守法。对于不需要履行环境影响审批、备案程序的建设项目，通过直接核发排污许可证纳入排污许可管理或豁免排污许可管理，实现环评与排污许可制度在管理程序上的无缝衔接。同时两项制度彼此磨合，良性推行新制度执行。

7.3 排污许可与总量控制制度的衔接

污染物排放总量控制制度对污染物的减排及产业结构调整起到了积极的作用。但通过行政区域分解污染物排放的总量指标，缺乏相应的监管。排污许可制度的改革，代替了区域总量控制制度，将总量控制的责任主体回归排污单位，建立自下向上的总量控制制度，自此排污单位对其排放行为负责，政府对其辖区环境质量负责，二者相辅相成。

以排污许可证为载体有利于污染物总量控制的实施，合理确定污染物许可排放量有利于控制每一个企业的污染物排放总量。在实际排污许可证的发放过程中，多数行业规范许可的是企业主排口排放量，无法与环评中的总量确认指标顺利衔接，带来监管漏洞。将企业废气一般排口和无组织排放量统计在年度许可排放量中，用排污许可规范统一核算总量指标、许可排放量和减排总量，能更好地衔接污染物总量控制与排污许可。总量确认指标可直接变更到许可排放量中，总量减排任务可落实到每个企业的排污许可证中，定位到每个排污环节，从而使污染物排放量做到可监测、减排量可核查，总量控制能够更好地服务于环境质量改善。

7.4 排污许可与环境保护税的衔接

我国于 2018 年 1 月 1 日起实施的《中华人民共和国环境保护税法》（以下简称《环

境保护税法》)，其总体考量建立在“税负平移”原则的基础之上，力图实现环境治理过程中“费改税”的平稳过渡。为保证环境保护税法的顺利实施，我国制定了《中华人民共和国环境保护税法实施条例》（以下简称《实施条例》)，该条例对伪造环境监测数据、违反排污许可、排放污染物以及虚假申报等五种行为的处理作了规定，要求排污企业将其应税大气、水等污染物产生量作为排放量计算。这些规定会导致排污企业税负提升，加大对污染治理的力度，对环境的检测数据质量等要求也随之提高。《环境保护税法》中还规定了免税情形，例如纳税人综合利用的固体废物，符合国家和地方环境保护标准则可以免税；还规定了减税情形，例如低于排放标准30%的可以按照75%征收环境保护税等。这些条款中的标准是我国对企业实行的排污许可证中的相关标准。由此可见，环境保护税的征收与排污许可证的关系密不可分。

排污许可管理与环境保护税的征税客体一致，《排污许可管理条例》中规定了排放污染物的范围是点源污染，也就是包含了水污染物、大气污染物、工业固体废物等。《排污许可管理条例》作为环境保护税中有关减免税收的基础性法律文件，也与《环境保护税法》一样规定了对排放污染物分类管理的模式，依污染物的产生量、排放量以及危害程度的大小分成了重点、简化和许可登记管理，排污许可证的副本内容对排放口数量、位置、方向等进行了规定。企业排污许可标准的制定要依靠环境影响评价文件的主要内容。《排污许可管理条例》从种类、许可排放浓度、排放量等点源污染物具体方面也做出了明确规定，许可排放的浓度是按照国家、地方的污染物排放标准确定。审核企业排放污染物的浓度，如果制定的标准比国家标准更高，则需要在副本中加以说明。有关污染物的排放量许可，是按照规定期限内的许可排放量，以及特殊时期的许可排放量来进行审核。技术标准以及排污许可证的申请等方面的监管主体是生态环境部。在对许可排放污染物的审查上，审查主体为生态环境主管部门，根据排污许可证申请核发的规范内容、标准、环评文件、总量控制指标（包含重点污染物排放源)，对企业的许可排放进行严格把关。因此，排污许可的内容与环境保护税的征收密切相关，对于按照国家许可排放标准排放的污染物不征税，只是对不在许可范围内的排放污染物征税，将两者的数据进行关联也是衔接两个制度的最重要的桥梁。

随着排污许可制改革的持续推进和《环境保护税法》的施行，排污许可证后管理正在逐步走向正轨，管理理念逐渐深入人心，环境质量得到持续改善，排污单位环保责任主体和企业税收责任主体日趋显现。通过“费改税”的平稳过渡和建立环境税征收协作机制，有效形成生态环境“税”与“证”的有机衔接，经济发展与环境保护共生共促逐渐呈现。

《环境保护税法》对落实排污许可制改革和主要污染物排放总量控制制度起到了至关重要的作用。《环境保护税法》实施以来，通过“多排多征、少排少征、不排不征”的税制设计，引导排污单位加大治理力度，加快转型升级，减少污染物排放；鼓励排污单位实施清洁生产、集中处理、循环利用，减少环境污染和生态破坏，其促进污染减排的导向效果初步显现。

在实现排污许可“全覆盖”后，税务部门按照排污许可证上的年许可排放限值（总量指标）预征环境税，生态环境部门分别对排污许可证年度执行情况进行核算与评估，税务机关依照核算与评估结果实施税款抵扣、补缴、加征，促使企业按证排污、诚信纳税逐渐成为自觉。

7.5 排污许可与排污权交易制度的衔接

排污权是政府允许排污单位向环境排放污染物的种类和数量，是排污单位对环境容量资源的使用权。

排污许可证是排污权的确认凭证，但不能简单以许可排放量和实际排放量的差值作为可交易的量，企业通过技术进步、深度治理，实际减少的单位产品排放量，方可按规定在市场交易出售；此外，实施排污权交易还应充分考虑环境质量改善的需求，要确保排污权交易不会导致环境质量恶化。排污许可证是排污交易的管理载体，企业进行排污权交易的量、来源和去向均应在许可证中载明，环保部门将按排污权交易后的排放量进行监管执法。

7.6 排污许可与环保验收的衔接

《建设项目竣工环境保护验收暂行办法》第六条规定：需要对建设项目配套建设的环境保护设施进行调试的，建设单位应当确保调试期间污染物排放符合国家和地方有关污染物排放标准和排污许可等相关管理规定；环境保护设施未与主体工程同时建成的，或者应当取得排污许可证但未取得的，建设单位不得对该建设项目环境保护设施进行调试。

《建设项目竣工环境保护验收暂行办法》第十四条规定：纳入排污许可管理的建设项目，排污单位应当在项目产生实际污染物排放之前，按照国家排污许可有关管理规定要求，申请排污许可证，不得无证排污或不按证排污；建设项目验收报告中与污染物排放相关的主要内容应当纳入该项目验收完成当年排污许可证执行年报。

建设项目水、大气、固体废物污染物环境保护设施由建设单位自行开展验收。

建设项目在投入生产或者使用之前，其环境噪声污染防治设施必须按照国家规定的标准和程序进行验收；达不到国家规定要求的，该建设项目不得投入生产或者使用。

7.7 排污许可与碳减排工作的衔接

7.7.1 相关管理要求

7.7.1.1 环境影响评价与排污许可领域协同推进碳减排工作方案

《关于印发〈环境影响评价与排污许可领域协同推进碳减排工作方案〉的通知》（环

办〔2021〕277号）部分要求如下：

① 组织开展重点行业排放许可管理试点。选取电力、石化、建材等重点行业，率先在重点地区开展二氧化碳纳入许可证实施同步管理的试点工作，逐步扩展非二氧化碳温室气体指标。要求企业填报许可证申请表和提交执行报告时增加、细化能源消耗、能源使用效率、碳排放及相关指标等信息。根据各地区重点行业碳达峰工作目标与进度安排，结合企业环境影响评价文件、碳排放配额等，确定排放强度、总量控制目标、减排目标完成时限，以及碳排放监测、记录、报告等要求，并登载至许可证实施管理。

② 实现固定源排放数据一体化管理。建设固定源环境信息平台，实现全国环境影响评价管理信息系统、全国排污许可证管理信息系统、固定源温室气体排放数据报送系统的集成统一，动态更新和跟踪掌握固定源污染物与温室气体排放、交易情况，实现固定源污染物与温室气体排放数据的统一采集、相互补充、交叉校核，为固定源污染物与碳排放的监测、核查、执法提供数据支撑和管理工具。

7.7.1.2 关于开展重点行业建设项目碳排放环境影响评价试点的通知

《关于开展重点行业建设项目碳排放环境影响评价试点的通知》（环办环评函〔2021〕346号）提出在河北、吉林、浙江、山东、广东、重庆、陕西等地开展试点工作，开展重点行业建设项目碳排放环境影响评价试点。

7.7.2 碳排放来源

国家和地方尚未开展制革、毛皮、制鞋行业的碳核算和碳中和路径研究。本书分别介绍这三个行业，从优化产业、燃料、原料结构，提高能效，标准引领，提升碳资产管理水平等方面提出碳排放管理思路。

7.7.2.1 制革行业

制革企业作为核算主体时，应以企业法人或视同法人为边界，对边界内所有具有独立运营管理权的生产设施产生的温室气体排放进行核算。生产设施边界的范围包括直接制革生产系统、辅助生产系统以及直接为生产服务的附属生产系统。其中，辅助生产系统包括环保、动力、供热、供电、供水、化验、机修、库房、厂内运输等，附属生产系统包括厂区内为生产服务的职能部门（如办公楼、环卫设施等）和职能单位（如职工食堂、车间浴室等），不包括生活区。

根据制革企业的生产边界和制革行业的生产工艺判断，制革企业生产经营过程中涉及的温室气体排放环节可划分为化石燃料的燃烧排放、制革生产的过程排放、废水厌氧处理的生物排放、净购入电力和净购入热力的隐含排放5个部分。

（1）化石燃料的燃烧排放

制革企业生产过程需要大量电力和热力（以蒸汽为主）等能源类型，部分制革企业利用煤炭、天然气等一级能源，使用自有发电设施或锅炉分别制备了电力或热力等二级能源。在构建制革企业温室气体核算方法时，将制革企业自有的发电设施作为特殊生产设施，参照《企业温室气体排放核算方法与报告指南 发电设施》进行单独核算。除自有发电设施外，制革企业生产过程中使用锅炉、食堂炊具等固定源，以及生产用运输车辆等移动源使用的化石燃料，分别参照《常见化石燃料特性参数缺省值》中化石燃料的特性缺省值进行计算。根据《工业其他行业企业温室气体排放核算方法与报告指南》，本章节中涉及的化石燃料计算参数如表 7-1 所列。

表 7-1　化石燃料计算参数

类别	低位发热量	单位热值含碳量/（吨碳/GJ）	燃料碳氧化率/%
柴油	43.33GJ/t	20.20	98
汽油	44.80GJ/t	18.90	98
液化天然气	41.868GJ/t	15.30	99
天然气	$389.31GJ/10^4Nm^3$	15.30	99

（2）制革生产的过程排放

在生产过程中，制革企业经常使用碳酸盐或碳酸氢盐作为提碱剂应用于提碱、中和等工序。由于相关工序使用环境 pH 值为 3.5～5.5，这导致碳酸盐最终以二氧化碳的形式排出，因此本研究将制革生产过程的碳酸盐使用作为温室气体排放源进行核算。常见碳酸盐的 CO_2 排放因默认值参照《工业其他行业企业温室气体排放核算方法与报告指南》，取 Na_2CO_3 的排放因子为 $0.4149tCO_2/t$ 碳酸盐，$NaHCO_3$ 的排放因子为 $0.5237tCO_2/t$ 碳酸盐。

（3）废水厌氧处理的生物排放

制革企业在污水处理过程涉及的温室气体排放，可划分为直接排放和间接排放。直接排放包括制革企业采用无氧处理工艺对综合生产废水处理过程产生的甲烷（CH_4）、氧化亚氮（N_2O），以及废水处理时由于好氧微生物的生物活动产生的二氧化碳（CO_2）。根据《191 皮革鞣制加工行业系数手册》及魏俊飞等的研究工作，制革废水中总氮的产生量和削减量远低于化学需氧量（COD）的产生量和削减量，且制革企业在正常处理制革废水时，废水中被削减部分的氮元素经过硝化和反硝化过程基本转变为氮气，无稳定的 N_2O 排放，同时参照《造纸和纸制品生产企业 温室气体排放核算方法与报告指南》等行业核算方法，可不对制革废水处理过程的 N_2O 排放量进行核算；二氧化碳的排放属于生物因素，参照联合国政府间气候变化专门委员会《国家温室气体清单指南》中的规定，对制革综合废水处理过程释放的二氧化碳排放量不做核算。

间接排放主要包括电量和药剂的消耗。通过调研，制革企业在废水处理过程中，化工材料不涉及温室气体的排放，因此本书构建的核算方法不对废水处理过程中的化工材料使用进行温室气体排放总量核算；电耗隐含的温室气体排放，可按核算边界，对制革企业的净购入电力进行整体核算。

综上所述，制革废水处理过程中，只对甲烷的温室气体排放源进行核算。本研究中甲烷的排放因子（EF）根据 EF＝BO×MCF 计算得到。其中，甲烷最大产生能力（BO）取值为 0.25kgCH_4/kgCOD，甲烷修正因子（MCF）取值为 0.3。

（4）净购入电力的隐含排放

制革企业的生产用电包括外购电力、利用自有发电设施产生的电力（能源类型为煤炭、天然气、汽油等传统能源）和新能源产生的电力（风力发电、光伏发电）3 个类别。企业利用自有发电设施产生的电力，应按《企业温室气体排放核算方法与报告指南　发电设施》进行单独核算；新能源产生的电力（风力发电、光伏发电），本章节认为在不考虑相关设备生产过程碳足迹的前提下，新能源产生的电力不存在隐含的温室气体排放，且新能源发电是国家和国际社会共同认可的清洁能源，故该部分电力不作为电力中隐含的温室气体排放进行核算。

综合考虑，电力的隐含排放只考虑净外购电力中所隐含的温室气体排放。其中，电力隐含温室气体排放计算时的 CO_2 排放因子按制革企业生产场地所属电网的最新平均供电 CO_2 排放因子进行取值。根据 2012 年中国区域电网平均二氧化碳排放因子，排放因子分别为 0.8843kgCO_2/（kW・h）（华北区域电网）和 0.7035kgCO_2/（kW・h）（华东区域电网）。

（5）净购入热力的隐含排放

制革企业核算边界内的热力包括外购热力、自有锅炉制备的蒸汽、太阳能热力系统产生的热水等。其中，自有锅炉制备的蒸汽需对作为一级能源的化石燃料进行整体核算，太阳能热力系统产生的热水不涉及温室气体排放。因此，热力计算环节只需对净购入热力（主要为蒸汽）的温室气体排放量进行计算。热力供应的 CO_2 排放因子为 0.11t CO_2/GJ。

制革行业典型生产企业温室气体排放源及核算边界，如图 7-1 所示。

7.7.2.2　毛皮加工行业

毛皮加工过程全生命周期中所消耗的资源和能源，主要包括水耗、电耗和皮革化学品的消耗。水耗和皮革化学品的输入数据主要是依据企业的生产工艺而定，电耗的输入根据实际操作中机器运行的时间和机器本身的功率计算得到，毛皮加工过程全生命周期中的环境释放仅考虑待处理废水。本章节内容以传统毛皮加工过程制羊剪绒为研究对象，相关数据详见图 7-2。

7.7.2.3　制鞋行业

在制鞋生产过程中，二氧化碳排放源类型主要有化石燃料燃烧排放、购入的电力及热力产生的排放等，如表 7-2 所列。

表 7-2　碳排放源类型

排放源名称	具体排放源	排放源类型	主要设施
化石燃料燃烧排放	煤、天然气、柴油、汽油等燃料燃烧排放	固定排放源、移动排放源	锅炉、厂内机动车辆等
购入的电力及热力产生的排放	企业生产过程购入的电力及热力产生的排放	其他直接排放/间接排放的耗电、用热设备	原料制备、运输、空压机、其他生产设备运行等

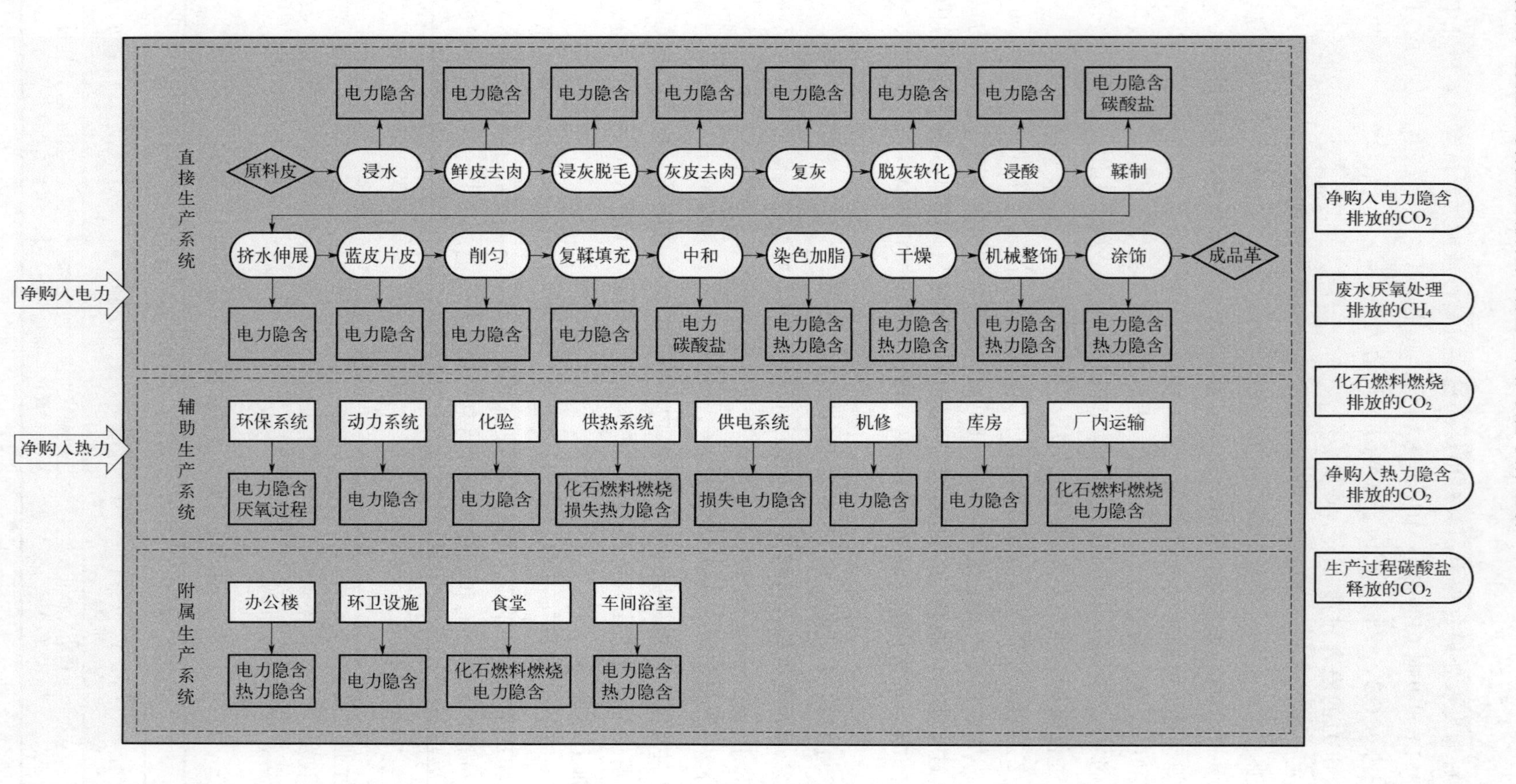

图 7-1　制革行业典型生产企业温室气体排放源及核算边界

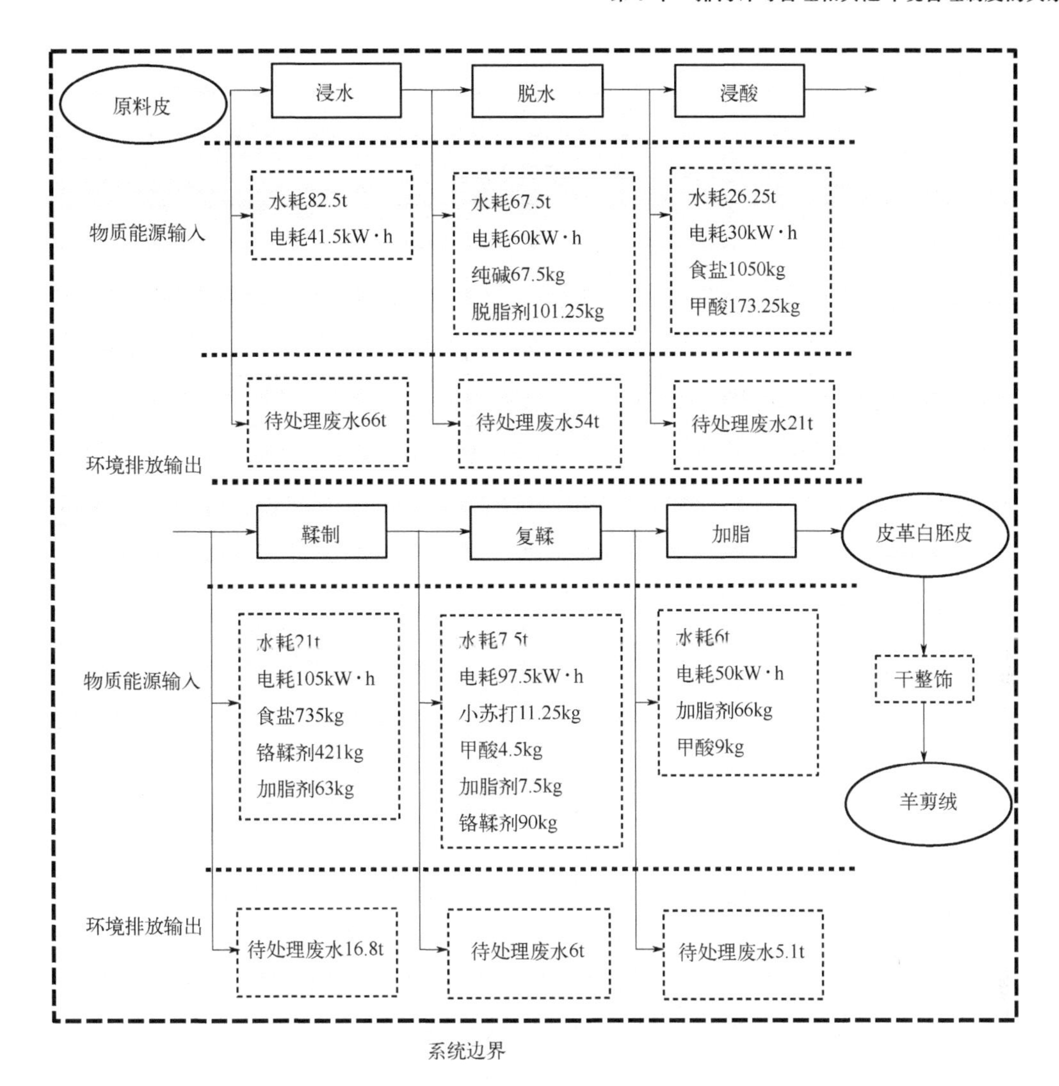

图 7-2　毛皮加工过程生命周期清单数据及系统边界

7.7.3　碳排放量

7.7.3.1　制革行业

根据《京都议定书》附件 A 的规定，温室气体共包括二氧化碳（CO_2）、甲烷（CH_4）、氧化亚氮（N_2O）、氢氟碳化合物（HFCs）、全氟碳化合物（PFCs）、六氟化硫（SF_6）6 类。经调研分析，制革企业温室气体种类及关联排放源如表 7-3 所列。

表 7-3　制革企业温室气体种类及关联排放源

温室气体	制革企业关联排放源	特点
二氧化碳（CO_2）	工业锅炉，生产辅助系统[①]，生产过程使用的碳酸盐，外购电力、热力（蒸汽）隐含	产生量大

续表

温室气体	制革企业关联排放源	特点
甲烷（CH_4）	有机固体废物的贮存及废水处理过程	受固体废物贮存②和废水处理过程影响
氧化亚氮（N_2O）	化石燃料燃烧、尾气排放	几乎不涉及
氢氟碳化物（HFCs）	空调制冷设备	几乎不涉及
全氟化碳（PFCs）	—	不涉及
六氟化硫（SF_6）	变压器等特殊电气装置产生	几乎不涉及

注：① 相关设备应为核算主体核算边界范围内具有独立运营权，且定向服务于核算主体的辅助生产系统；

② 根据标准要求，制革企业对固体废物的管理严格，且固体废物存贮时间较短，因此考虑温室气体的排放。

由表 7-3 可知，常规的 6 种温室气体，在制革企业核算边界内，并非全部存在对应的排放环节和排放源，加上部分排放源的排放量极小，故只需对二氧化碳（CO_2）、甲烷（CH_4）两种温室气体涉及的排放源进行核查，计算其排放量。

制革行业企业的温室气体排放总量等于企业核算边界内，所有化石燃料燃烧排放量、碳酸盐排放量、企业净购入的电力和热力消费的排放量以及废水处理过程排放量之和，即：

$$E_{GHG}=E_{CO_2燃料}+E_{CO_2碳酸盐}+(E_{CH_4废水}-E_{CH_4回用})\times GWP_{CH_4}+E_{CO_2净电}+E_{CO_2净热}$$

式中 E_{GHG}——制革企业温室气体排放总量，tCO_2 当量；

$E_{CO_2燃料}$——制革企业化石燃料燃烧产生的 CO_2 排放，tCO_2 当量；

$E_{CO_2碳酸盐}$——制革企业碳酸盐使用过程分解产生的 CO_2 排放，tCO_2 当量；

$E_{CH_4废水}$——制革企业废水厌氧处理产生的 CH_4 排放，tCH_4；

$E_{CH_4回用}$——制革企业的 CH_4 回收与销毁量，tCH_4；

GWP_{CH_4}——CO_2 的全球变暖潜势（*GWP*）值，根据 IPCC 第二次评估报告，100 年时间尺度内 1t CH_4 相当于 $21tCO_2$ 的增温能力；

$E_{CO_2净电}$——制革企业净购入电力隐含的 CO_2 排放，tCO_2 当量；

$E_{CO_2净热}$——制革企业净购入热力隐含的 CO_2 排放，tCO_2 当量。

以羊皮制革企业（无锅炉）为例，计算得到制革企业不同排放源的温室气体排放量，如图 7-3 所示。

根据图 7-3，制革行业的羊皮制革企业在生产过程中，电力隐含的温室排放量占比最高，均值达到 $3343tCO_2$，其次为热力隐含排放和废水处理的过程排放，分别为 $2426.3tCO_2$ 和 $268tCO_2$，化石燃料和碳酸盐的直接排放占比较小。

羊皮制革企业生产过程中，不同温室气体排放源的占比情况，如图 7-4 所示。

根据图 7-4，制革行业在生产过程中，电力和热力隐含的温室排放量占比最高，而化石燃料、废水处理及碳酸盐使用过程排放合计占比只有 5.6%。实际调研中发现，少量制革企业涉及天然气锅炉的使用，但这部分企业的根本需求是热力。因此，在考虑制革过程的温室气体减排措施时应重点从热力和电力的需求和使用方面出发，通过采用节能降耗的措施来降低电力或热力中隐含温室气体的排放量。

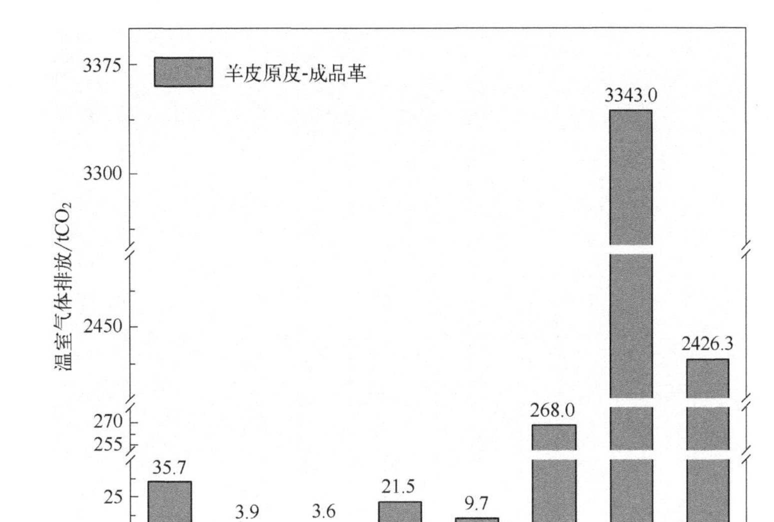

图 7-3　某制革企业不同排放源温室气体排放量

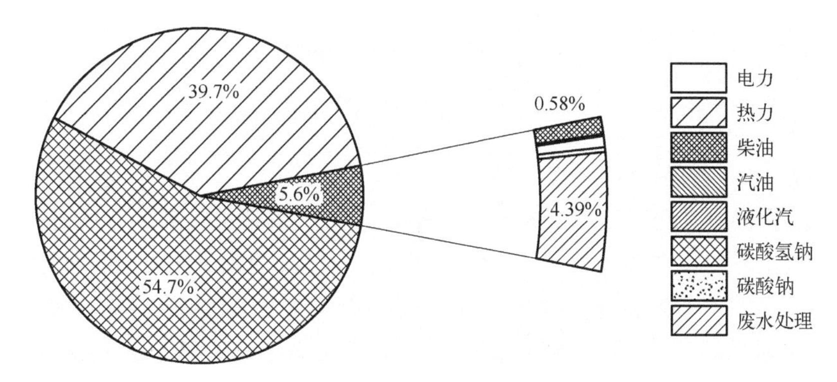

图 7-4　制革行业温室气体排放源排放强度

制革行业电力和热力隐含的温室气体排放是温室气体排放的重要来源，而电力和热力均为制革生产过程中的能耗类型。以羊皮制革企业为例，同一生产工段内，对不同能源的需求情况，如图 7-5 所示。

通过图 7-5 可知，制革企业在各个工段，均对电力有较强程度的需求，在污水治理、办公场所和实验室的占比均达到 90%以上；蒸汽在鞣制工段、湿整饰工段和整饰工段有较高需求，在主要使用环节，蒸汽的需求量均达到 80%以上。由于水和压缩空气等能耗类型对温室气体的排放没有直接影响，因此制革企业在各个生产环节都应重视电力的节约和管理，在鞣制和整饰工段强化对蒸汽的使用管理，并对蒸汽冷凝后的热水进行资源化利用。

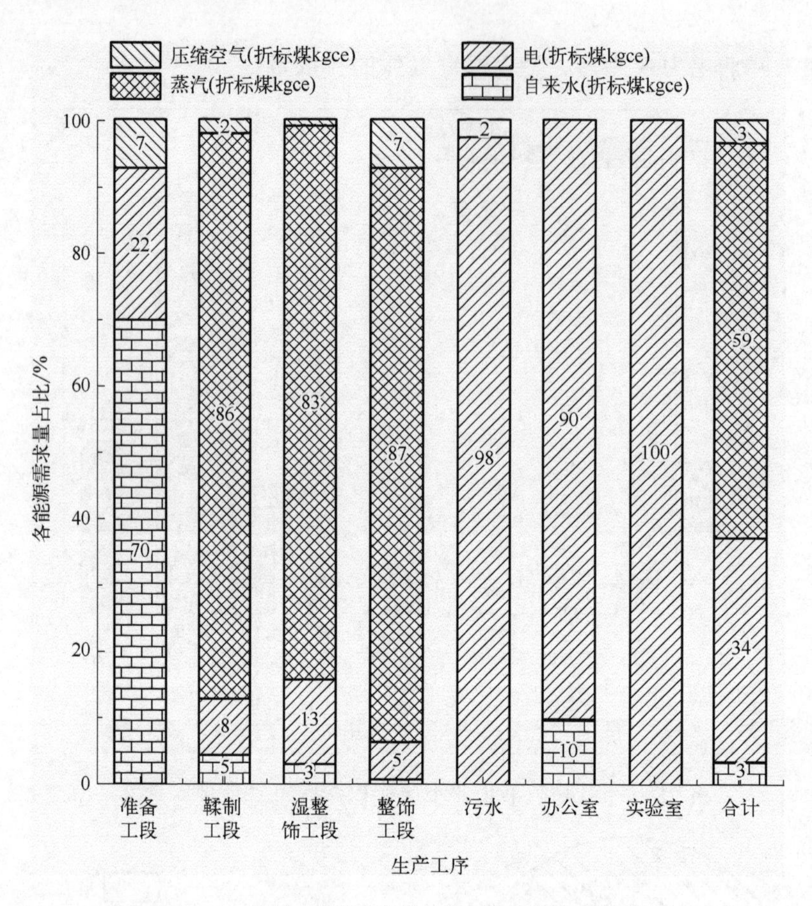

图 7-5　某羊皮制革企业不同工序各能耗水平

7.7.3.2　毛皮加工行业

本章节内容选择毛皮加工过程指标包括：一次能源消耗（*PED*）、酸化潜值（*AP*）、富营养化潜值（*EP*）、全球变暖潜值（*GWP*）。在生命周期清单分析结果的基础上，利用 eBalance 软件可以直接进行分类和特征化。对于任何一种与人类活动有关的资源环境问题，通过建立环境和人类健康的因果关系模型，可以得到用来衡量相同数量的不同物质对同一种相关影响类型的贡献大小的当量因子，将该因子应用于产品的生命周期清单表，可计算出产品生命周期对该影响类型的贡献。e-Balance 内置了一套特征化指标组，包括若干个特征化指标，在每一个特征化指标下，有与其相关的清单物质名称及特征化因子。例如全球暖化潜值采用 IPCC 的方法，CH_4 的特征化因子是 25，CO_2 的特征化因子是 1，表示 1kg 甲烷造成的全球暖化潜值等效于 25kg 二氧化碳造成的全球暖化效果，从而可将各种温室气体数量通过加权求和汇总为全球暖化指标 *GWP*。

利用软件核算出毛皮加工过程各工序生命周期各类环境影响特征化指标的具体数值，如表 7-4 所列，毛皮加工过程中各生产工序对各类环境影响类型的贡献率如图 7-6 所示。

表 7-4 毛皮加工过程特征化指标数值

影响类型	单位	浸水	脱脂	浸酸	鞣制	复鞣	加脂
PED	MJ	2099.26	6208.32	15105.06	32801.94	23219.92	6375.07
AP	$kgSO_2eq$	0.83	3.69	3.94	15.1	10.35	2.2
EP	$kgPO_4^{3-}eq$	0.06	0.54	1.24	4.04	2.54	1.3
GWP	$kgCO_2eq$	158.19	460.85	830	2607.66	1759.33	305.5

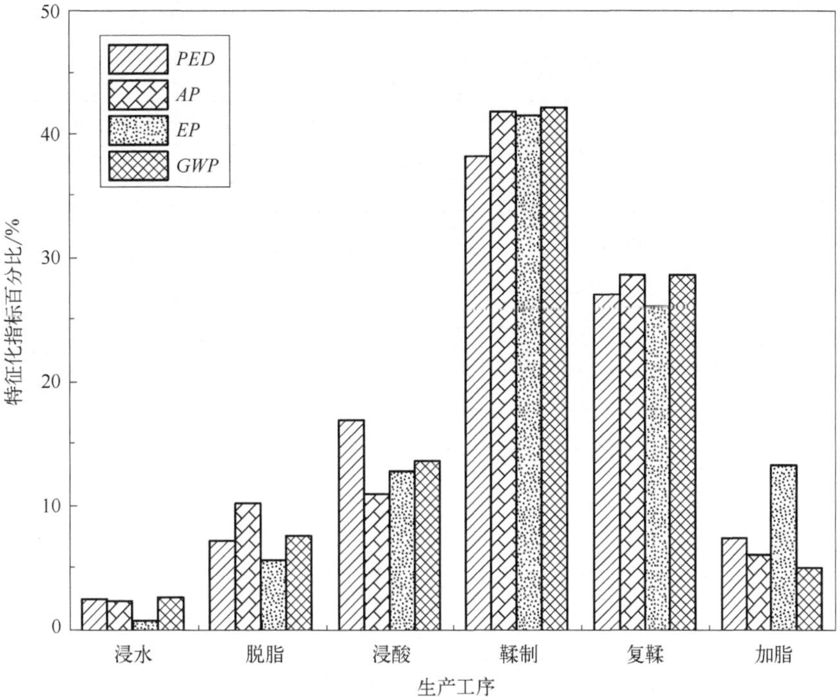

图 7-6 毛皮加工过程各工序对特征化指标的贡献

由表 7-4 和图 7-6 可知对 *PED*、*AP*、*EP*、*GWP* 四项环境影响类型贡献最大的是鞣制和复鞣工序，其次是浸酸、加脂、脱脂、浸水工序。鞣制和复鞣工序是造成环境污染的主要单元，这两个生产工序对各类环境影响类型的贡献合计达到 65.29%～71.34%。

7.7.3.3 制鞋行业

研究表明，对制鞋过程不同工序碳排放进行统计结果如表 7-5 所列，女士休闲鞋的环境影响评价 LCA 结果如表 7-6 所列。

表 7-5 制鞋过程不同工序碳排放进行统计结果

清单名称	所属过程	数据集名称	数据库名称	备注
下料机	裁断工序	南方电网电力	CLCD-China-ECER 0.8	下料机电力消耗
切割机	裁断工序	南方电网电力	CLCD-China-ECER 0.8	切割机电力消耗
修边机	帮面工序	南方电网电力	CLCD-China-ECER 0.8	修边机电力消耗
包头机	帮面工序	南方电网电力	CLCD-China-ECER 0.8	包头机电力消耗

续表

清单名称	所属过程	数据集名称	数据库名称	备注
烤箱	帮面工序	南方电网电力	CLCD-China-ECER 0.8	烤箱电力消耗
压腰机	帮面工序	南方电网电力	CLCD-China-ECER 0.8	压腰机电力消耗
单针高头机	帮面工序	南方电网电力	CLCD-China-ECER 0.8	单针高头机电力消耗
喷胶机	帮面工序	南方电网电力	CLCD-China-ECER 0.8	喷胶机电力消耗
卯边机	帮面工序	南方电网电力	CLCD-China-ECER 0.8	卯边机电力消耗
拉帮机	底工工字	南方电网电力	CLCD-China-ECER 0.8	拉帮机电力消耗
转盘烘箱	底工工序	南方电网电力	CLCD-China-ECER 0.8	转盘烘箱电力消耗
吸尘拉毛机	底工工序	南方电网电力	CLCD-China-ECER 0.8	吸尘拉毛机电力消耗
鞋头拉伸定型机	底工工序	南方电网电力	CLCD-China-ECER 0.8	鞋头拉伸定型机电力消耗
车线机	底工工序	南方电网电力	CLCD-China-ECER 0.8	车线机电力消耗

表 7-6 女士休闲鞋的环境影响评价 LCA 结果

环境影响类型指标	影响类型指标单位	LCA 结果
GWP	$kgCO_2eq$	0.423
PED	MJ	5.819
ADP	kg Sb eq	2.721×10^{-7}
WU	kg	1.519
AP	kg SO_2eq	0.002
EP	$kgPO_4^{3-}eq$	1.458×10^{-4}
RI	kg $PM_{2.5}$ eq	6.536×10^{-4}

女士休闲鞋在初级能源消耗、水资源消耗、气候变化三种类型中对环境负荷影响较大，女士凉鞋生产过程中，底工工序造成的环境负荷最大，其次是帮面工序，裁断工序最小。女士凉鞋在初级能源消耗、水资源消耗、气候变化、生态毒性中对环境负荷影响较大；女士短靴生产过程中，底工工序与帮面工序造成的环境负荷影响相近，裁断工序最小。女士短靴在初级能源消耗、水资源消耗、气候变化中对环境负荷影响较大。生产一双布鞋会产生 76gCO_2；生产一双皮鞋会产生 182gCO_2；生产一双旅游鞋会产生 266gCO_2；生产一双胶鞋会产生 310gCO_2。

7.7.4 碳中和路径

7.7.4.1 制革行业

（1）将皮革生产绿色化

皮革生产“绿色化”是在制革的过程当中选择可以再生的资源或者是无毒无害的资源，也可以将其理解成原料选择上是绿色环保的。为了真实地反映出皮革生产的绿色化，可以采用原子经济的形式将原料中的原子转化成目标生产物，而在此过程中不会产生废弃物和副产品，从而实现污染物的零排放目标。但是在实际生产过程中想要做到零排放废弃物和副产品是很难的，在此过程中或多或少都会产生一定量的废弃物和副产品。产生的废弃物和副产品在某种意义来说却是比较经济的，通过使用催化剂及利用绿色生产组的方式来实现经济反应，废弃物及副产品当作下一个反应的原材料，使各个环节紧密连接，从而实现皮革生产零排放的生产目标。

（2）皮革生产过程中废水治理技术的应用

在皮革生产过程中会产生大量的废水，如果不对废水进行有效的治理，极有可能会对环境产生污染，同时对资源也是一种浪费。因此，皮革生产过程中废水治理技术的应用至关重要。将废水进行分类标注，目的是方便后期废水的治理。通过检测，如果废水中有害污染物含量较高，则需进行针对性处理。在处理皮革脱毛工艺产生的废水时，为了实现氧化物的催化回收，而采用酸中和的治理方式。在处理皮革脱脂工艺产生的废水时，利用酸化方法将废油脂进行回收利用。在处理皮革鞣制工艺产生的废水时，通过检测分析废水中铬含量，如果含量较高则选择加碱法进行治理。其原理是将固体废物进行分离，分离成功后再将处理的废水排放到综合废水里。

皮革各个工艺产生的废水经过相应的处理后，排放到综合废水处理中心进行 3 个步骤的废水处理，分别是物理治理、化学治理及生物治理。首先，将废水进行沉降分离、分级格栅、过筛、曝气、初凝处理，即进行简单的物理治理；其次，检测废水的 pH 值和废水的初凝情况，通过调节废水的 pH 值和选择合理的助凝方法将不易处理的污染物转换成易于处理的污染物；最后，对废水进行二级生化处理，使其满足废水排放标准，在此过程中由于加入了生化菌会相应的产生污泥。

经过层层处理的废水，根据不同的排放标准实现废水的治理。而在皮革生产过程中还应注意对水的循环利用，例如，在对皮革进行清洁处理时控制好用水量，做好用水量的统计工作，避免发生水资源浪费，从而使废水处理量大大增加。另外，进行湿加工处理时，可以采用封闭式水洗法进行加工，实现水资源的循环利用。通过应用废水治理技术获得的废水，采用相应的过滤方式以满足皮革的生产使用要求及实现水的循环再利用，同时进一步提升水的利用率。

（3）发展循环经济经营模式

在传统的经济模式下，高消耗、低产出的皮革产业已经满足不了发展需求。因此，需要一种绿色化、低消耗、低排放、低污染、高回报的循环经济，发展循环经济已经成为未来经济的发展方向。

首先，打开新能源开发的新格局。皮革产业要结合自身的优势，大力地发展皮革制造的优势能源项目，如废水处理、人造革原材料的研发等，不断地探索和利用新能源开发的产品，以此来拓展皮革产业的新能源领域。

其次，注重环境友好型皮革产业的建造工作。加大皮革制造工艺中清洁工作的关注度，在生产过程中进行全面严格的管控，积极地采用绿色环保的新技术和原材料，注重各个环节污染物的处理，以打造质量较高的环境友好型皮革产业。

在皮革加工过程中，为了更好地使低碳经济理念融入皮革废物处理及排污工作之中，皮革企业需要进一步健全加工生产过程中的碳循环产业链，使生产过程与排污处理过程优化，从而实现皮革全生命周期的废弃物综合回收利用。

具体的碳循环产业链设计方法如图 7-7 所示，包含了具体的皮革生产制造过程（即从半成品到成品革等）和皮革废料处理过程（即制革废料废水、回收及统一处理等）以及生产制造中的监控与能源管理过程（制造监控系统 SCADA 及水电能管理等）；通过加工、处理、排污到统一的利用率进行合理化评估，将制革过程中的废物分为回收可用与回收不可用，进行有效的回收利用资源管理，最终形成完整的皮革加工生产碳循环产业链。

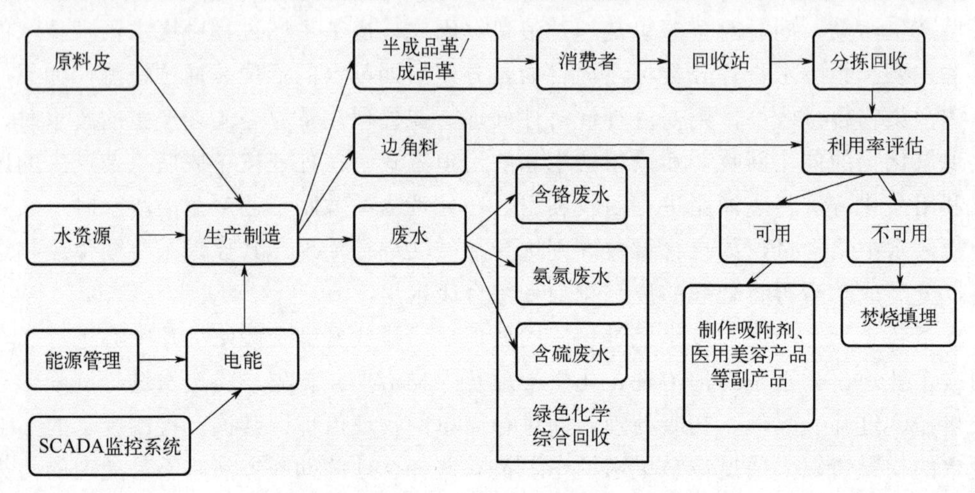

图 7-7 皮革加工生产碳循环产业链

（4）发展绿色技术

引入绿色技术是皮革产业未来发展的需求，同时研发绿色技术将成为企业未来的发展核心。皮革产业需建立长期性的、全局性的规划目标，将绿色技术引入到皮革产业中来，不断地开发和利用绿色技术，使皮革产业的经济增长模式适应科技进步的要求。通过引入绿色技术改变消耗能源、污染环境的传统经济模式，明确发展经济的同时不能以破坏生态环境为代价，并将绿色技术作为皮革产业发展的保障措施，通过绿色技术发展经济和提升生产效率，全面平衡经济、资源、环境的协调发展。

国家持有绿色经济将成为新技术和皮革产业革命的引领之一，只有注重新能源、绿色技术方面的探索和发展，才能保证在国际市场中具有充足的竞争优势。因此，国内也应对皮革产业发展绿色技术给予经济上和政策上的支持，从而实现皮革产业的可持续发展，让绿色技术作为绿色经济发展的支撑，不断地推动绿色技术的进步。皮革产业发展绿色技术的保障措施有以下两个方面。

1）完善皮革制造工艺促进节能减排

在皮革制造过程中利用的技术能否实现节能减排将成为关键因素。皮革企业在进行绿色化转型时，要遵循绿色与发展同行的原则，注重使用绿色技术，控制资源的消耗和污染物的排放，将废水进行绿色化处理，确保废水能够实现循环再利用，将各个环节进行充分结合，让资源更加高效地转化，推动皮革产业绿色化发展。

2）创新工艺技术

工艺技术的创新包含了皮革制造工艺和产品研发和售卖过程的创新，注重科技与经济的融合，其特点是创新、综合性强，同时伴随的风险也较高。皮革产业的创新工艺技术与产业状况紧密相关，通过对工艺技术的不断创新和发展，逐渐实现高效、风险低、资源循环再利用的发展目标。

（5）选择合适的经营方式，采取有效的发展模式

皮革产业的经营方式能够直观地表达其经营的思想，但也会限制其经营行为。经营方式的选择需从多个角度入手，皮革企业掌握的关键技术、人员素质、企业机制、发展趋势等方面都可能影响其经营的方式。由于企业的情况不同，所采取的经营方式也是多种多样，相应的发展模式也不尽相同，但大多数都是以灵活的经营思想来引导经营方式进行有效的调整，采取有效的发展模式以求企业平衡发展。

1）发展绿色物流模式

皮革产业为了实现绿色化的发展模式，在物流发展模式上也要遵循绿色物流模式，建立以生态经济学为基础，以可持续发展为原则，以生态理论为依据的物流发展模式，目的是实现低耗能，改善物流行为对环境的伤害，逐步实现皮革产业物流生态化，为皮革产业运营提供有效保障。

2）采取循环经济发展模式

皮革产业在传统的经济发展模式下，是以消耗资源、污染环境为代价来实现经济效益的，其获得的效益往往与消耗的能源不平衡。因此，在国家实行低碳发展的大环境下提出了循环经济发展模式，进一步地优化人力、资源、科学技术、资源配置、皮革生产、营销，以及回收等各个流程，改变原有的以资源消耗为代价来实现经济增长的发展模式和经营方式，强调以生态理论为依据的经济发展模式，通过提高资源利用率达到降低污染和低排放的发展目标，注重环境的保护与经济增长之间的平衡，从而实现皮革产业的可持续发展。

（6）构建回用利用体系

废料回收利用系统的构建，主要包括皮革加工制造废料集中回收模块、废料分类评估模块、废料处理模块和废料回收再利用模块，回收系统如图 7-8 所示。这样不仅有助于缓解资源浪费问题，提高原料利用效率，还对皮革企业低碳经济模式的发展有着积极的促进作用。

（7）深化低碳经济理念

深化低碳经济意识的途径需要皮革企业从 3 方面入手：首先，要积极引进与开发防污治理技术，利用新技术、新模式来改变传统的皮革制作加工模式，积极开发清洁新能源、新材料、新设备，降低皮革加工机械生产的能耗，从而减少制革污染物的产生，实现清洁制革、低碳发展；其次，皮革生产企业也需要将低碳发展理念融入企业经营管理中，作为企业文化的核心；最后，要培养一批高素质的低碳管理人才，进一步提高皮革企业的低碳领导力。

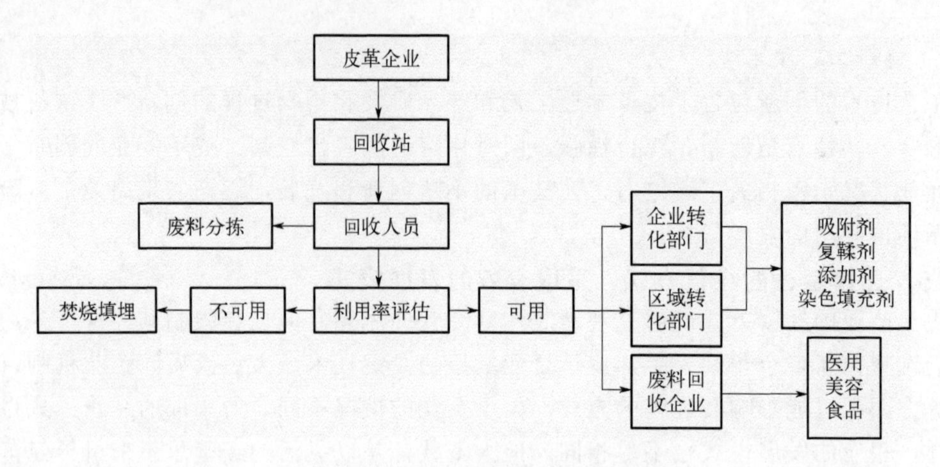

图 7-8　皮革企业废料回收系统

7.7.4.2　毛皮加工行业

（1）工艺改进

1）鞣制工序

清洁化鞣制工艺主要包括高吸收铬鞣技术和无铬鞣技术。高吸收铬鞣技术主要是通过优化鞣制工序中的工艺参数，如温度和 pH 值等参数，以及添加铬鞣助剂，以减少铬的用量，同时提高皮胶原与铬的结合效率；无铬鞣制主要有醛鞣法、非铬金属鞣法和有机磷盐鞣法等。根据文献资料，如采用硅铝鞣剂进行羊剪绒无铬鞣制工艺，则一次能源消耗（*PED*）、酸化潜值（*AP*）、富营养化潜值（*EP*）、全球变暖潜值（*GWP*）将分别降低 46%、28%、37%、54%，如图 7-9 所示。可见，毛皮加工过程中铬鞣剂的使用对环境的影响较大，应当加快毛皮加工行业少铬或无铬化进程。

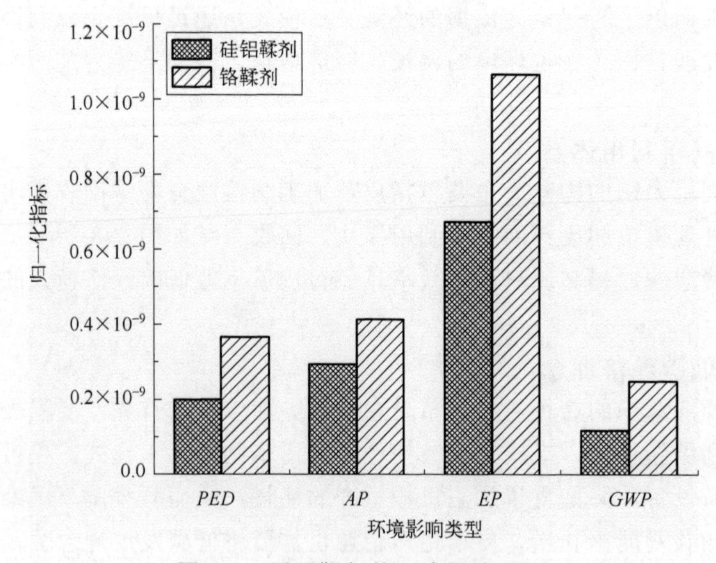

图 7-9　不同鞣剂的环境影响对比

2）浸酸工序

浸酸工序一般推荐的清洁生产技术有浸酸废液循环利用技术和不浸酸铬鞣技术，从而减少甲酸使用量。根据文献资料，如果采用不浸酸铬鞣技术，则一次能源消耗（*PED*）、酸化潜值（*AP*）、富营养化潜值（*EP*）、全球变暖潜值（*GWP*）将分别降低 92%、90%、94%、91%，如图 7-10 所示。可见，不浸酸铬鞣技术对降低毛皮加工过程的环境影响具有明显的作用，不仅降低了铬鞣废液中铬的含量，大大减轻铬对环境的污染，而且还能减少甲酸的使用量，从而降低因甲酸的消耗对环境的影响。

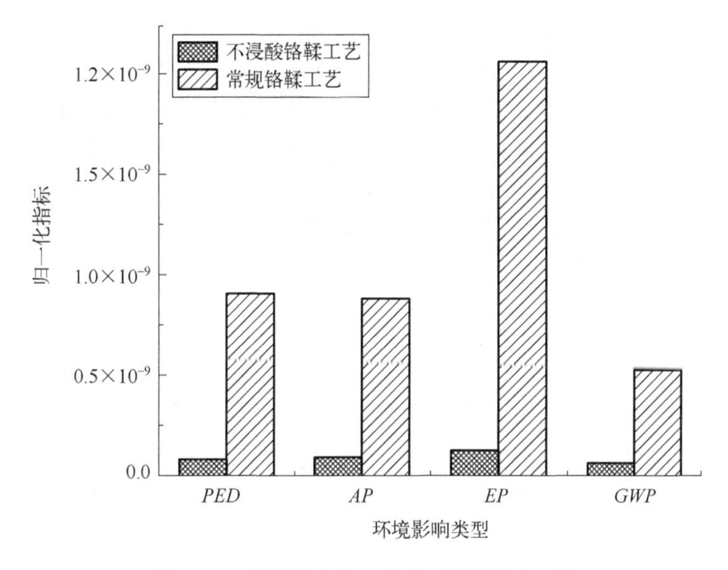

图 7-10　不同浸酸工艺的环境影响对比

3）加酯工序

加脂工序对环境的影响仅次于鞣制和复鞣工序，且加脂剂用量大、种类繁多，为减轻加脂工序对环境的影响，可考虑选择替代产品，当选择加脂剂替代产品时，在保证其具有必需的使用性能外，还应考虑具备环境友好的特性。意大利的 AndreaLuca Tasca 和 Monica Puccini 等对环氧植物油及氯化石蜡作为替代加脂剂进行了 LCA 的对比分析，得出环氧化植物油的使用对环境的影响大于氯化石蜡的使用。原因在于环氧化植物油的原料主要是植物油，在农业种植时要使用大量的农药，从而增加了环氧化植物油对环境的影响。但因短链氯化石蜡是持久性有机污染物（POPs），目前欧盟、日本及国内都出台了相关法律法规对短链氯化石蜡提出了限制要求。因此改进农业生产方式，减少农药及化肥的使用，可提高环氧化植物油作为替代加脂剂的环境友好性。

（2）节水及循环利用

毛皮加工过程的用水量比牛皮加工过程要大得多，导致了废水量的增加，从而增加了废水处理过程的电耗。经计算，废水量的变化对生命周期评价中各项环境影响指标值的变化不大，虽然废水量的减少不能直接降低毛皮加工过程对环境造成的影响，但对毛皮加工生产全过程采用节水技术，可以减少废水的排放，同时减少了污染物的排放，以达到节能减排的效果。常用的节水技术包括：a. 将传统的流水洗改为闷水洗；b. 采用新型节水设备，如将划槽替换为转鼓；c. 将不同工序废液经处理后进行回用等。

（3）过程控制

低碳生产模式也可以通过智能化控制实现能源的有效利用和环境保护。例如，某毛皮加工企业采用了先进的过程控制系统，通过在线监测和调控生产工艺中的温度、湿度、压力等参数，实现了能源的精确控制和优化调配；同时，通过数据分析和预测，优化生产流程，减少了能源消耗和废物产生，达到了节能减排的目的。

（4）低 VOCs 原料利用

选用对环境友好的水性化料，代替作为渗透剂、稀释剂和清洗剂的有机溶剂，采用水基涂饰剂替换原有溶剂型涂饰剂，优化水性涂饰系统，并通过在顶涂中添加防水剂提高其防水性能。由于涂饰剂的配制与涂饰设备的清洗均不再使用溶剂，不仅可降低涂饰成本，而且可降低涂饰产生的 VOCs，减少污染物排放。

（5）制革、毛皮工业企业绿色发展建议

1）构建环保信用评价机制

为了更好地促使制革、毛皮工业企业绿色发展，在环保税征收背景之下，制革、毛皮工业企业需要自身实施监督管理规范制度，按照现行的环保标准进行排污指标对应，构建环保信用评价机制，提升皮革企业经济质量内涵，根据指标要求来进一步强化企业制革、毛皮加工污染物治理。同时，环保信用评价机制不仅是帮助制革、毛皮工业企业判断环境污染风险、企业治理进度开展、构建完善规范制度的重要保障，更是推动制革、毛皮工业企业绿色发展的长效机制，通过建设相对完善的企业环保信用评价体系，有效促使制革和毛皮加工生产中的各个环节按照环保规范要求进行，企业通过技术创新实现更为可观的利润，实现经济效益与环境效益的统一，在很大程度上降低皮革企业环境污染的风险，助力制革、毛皮工业企业在绿色经济中更好地成长。

2）建立循环产业链

循环产业链的建立可以转变当下并不闭环的皮革产业产、消、废模式。为了优化和推动废旧皮革产品的循环利用，需要整合皮革企业、协会、销售卖场、二手回收厂家及政府多方资源，建立循环产业链。通过相关法规的建立及多方的协助运营，将会在回收改造上极大地改善循环利用的速度，形成企业生产、在地销售及消化的一体化废旧皮革再生运营体系。其次为了让废旧皮革的价值传递给更多的社会大众，可以将来源、去向、清洗、再造、售卖的循环流程以透明化的形式呈现于公众，让用户了解到企业皮具品的生产流程及货物取材来源，以此建立对企业的信任。在皮具品废弃—回收—再处理环节中，可以将废弃皮具品的去向反馈给用户，提升公众的环保参与意识，更好地呼吁更多用户参与其中。

3）履行企业环保责任

对于皮革企业而言，显然应该在废水排放控制、综合能耗控制等方面投入更多努力。一方面，企业应该利用更先进的技术和生产理念降低废水的排放总量及进行废水处理；另一方面，则可以通过全流程的企业生产管理降低制革过程中形成的综合能耗，从产品设计之初便充分考虑环境、资源与能耗问题等，加强废弃物、废弃皮革等的再循环利用，从而实现皮革产品的绿色化。

4）强化企业内部绿色环保意识

中国皮革协会在 2022 年曾提出“绿色转型是皮革行业的基因”，因为皮革是肉类生产中产生的不可避免的残留物的再利用结果，可以说，皮革行业就是循环经济的典型例子。环保税对皮革企业起到了强制约束的作用，对于皮革企业而言这既是机遇也是挑战，不断促使皮革企业要强化内部绿色环保意识，狠抓制革污染的治理工作。同时，皮革企业还要根据政策要求企业内部积极开展环保税政策培训工作，了解环保税对“三废”的征收标准和具体规范，进一步强化企业管理人员的环保意识和长效发展意识，将企业文化与皮革产业绿色经济有机融合，促使企业上下从可持续发展角度来进一步协调好“生产与污染”的关系。

7.7.4.3　制鞋行业

在鞋的全生命周期工程中考虑环境因素，进行生命周期工程设计，将可拆卸、可回收、循环重复利用等有利于环保的绿色要素融入其中。从选材、设计、制造、包装、使用、废弃、处理等综合流程中，以废弃物的减量化、减容化、最小化、资源化为目标，做出切实可行的设计方案。

在鞋类产品设计中应减少原材料种类，应考虑使用容易回收的材料，使用可降解的材料，尽量用成分类似或接近的材料从而避免回收时的分离工序，或设法减少分离难度。在设计制造之初，就考虑到未来可以被拆解以及最大程度上的回收利用，制造过程中采用环保无污染的黏结剂和生产工艺、采用便于拆解的连接工艺，进行绿色包装，考虑鞋使用过程以及废弃后的回收利用，进行可拆卸性和可回收性设计，从而达到尽可能回收再利用的目的，减少废旧产品造成的环境污染，推动可持续发展和制鞋工业的绿色化。

采用绿色设计理念和技术，对鞋的全生命周期工程整个范围内的环境影响、资源综合利用、产品及其换代产品等因素综合考虑，进行产品研究与研发，可以使产品的全生命周期工程中废弃物得到最大限度的控制，实现废弃物减量化、减容化、最小化和资源化。当然，要想达到真理想的绿色设计技术并将其很好地实施，需要人们不断地探索和努力，不断提高理论和技术水平，这样才能更好地利用资源，保护环境，实现经济和社会的可持续发展。

具体各方面介绍如下：

（1）鞋类产品的材料选用

选材时不仅要考虑产品的使用和性能，而且在设计之初就要考虑环境因素，了解所选材料在鞋的整个生命周期中对环境的影响。选材时，应遵循以下原则优先选用可再生材料和可回收材料，提高资源利用率。在鞋的设计之初就考虑其报废后的回收，使用可回收可循环利用的原材料，如有机棉、可回收聚酯、环保橡胶等环保材料。一些用在涂层、装饰等工艺上的原料是很难再被回收利用的，在鞋选材时应尽量避免或减少使用这些原料。

减少使用材料的种类，尽量用类似的成分进行加工从而避免或简化回收处理时的成分分离程序而达到鞋生命末期回收再利用的目的。如鞋底上钉的钉子，在回收处理时需先剔除这样的金属件，会增加回收处理工艺和成本。

尽量选用低能耗、少污染的材料。避免选用有毒、有害和有辐射特性的材料和助剂，所用材料应易于回收、再利用、再制造和易降解。天然原料皮经过鞣制后，其中残留有微量的有害物质，即五氯苯酸、芳香胺类有毒物质、甲醛及六价铬，应降低天然皮革的使用量，寻找可以代替天然皮革的人造革、合成革。

材料要易于识别，在回收过程中识别各部分的材料有时是非常困难的，在产品设计时如果能够加以标识，如用不同颜色标注，建立材料档案等，便能大大加快回收时的材料识别。

另外，选择鞋材时要考虑到所选鞋材在制备过程中的环保因素。例如，选用皮革、合成革时要考虑制革的清洁化生产，应从生产工艺的制定和皮化材料的选择上下功夫，尽量避免固体废物、废水、废气的产生。

（2）鞋类产品的结构设计

鞋的结构设计在满足用户对其使用功能、质量、寿命的基本要求下，应从节省材料、易于装配、可拆卸和回收等方面考虑。采用模块化结构设计的方法，这不仅有利于产品的制造，也使废旧产品易于检测分类、回收再利用。楦型、帮样和底部的设计等应认真考虑其生命末期的处理。例如，在皮鞋的帮样设计和样板处理过程中，不仅要考虑其合脚性，还要便于后续工艺的操作，利于节省人力、物力，而且样板制作要在合理的基础上便于套划、利于节省材料。此外，鞋类产品的结构设计还应考虑技术、经济方面的可行性，保证在生产过程中能够顺利实施。

鞋的结构在其生命周期工程设计中起到了极大的作用，主要是结构的可拆卸性设计要求在产品设计的初级阶段就将可拆卸性作为结构设计的一个评价准则，采用易于拆卸的连接方式，使所设计的结构易于拆卸，以确保在产品报废后可以重用的部分能充分有效地回收和重用，以提高产品的重用率，达到节约资源和能源、保护环境的目的。

目前各类产品的回收利用阶段，拆解出现了难题。鞋类产品难于拆卸的主要因素有设计时没有考虑适货拆解：一是连接结构难于拆卸，产品的连接方法是根据简化装配和安全连接而选择的，因而存在不可拆卸的连接以及难以接近的连接要素，使得拆卸难以进行；二是材料的多样性，材料选择时考虑的是经济性和最佳性能，这就导致采用了大量不同种类甚至不可回收的材料，从而需要高昂的拆卸和分类费用。

在设计时考虑到鞋的拆解对于回收有很大帮助，如目前流行一种鞋底与鞋帮可拆卸式鞋子。其鞋帮与鞋底相互独立，并通过连接件连接成一体；连接件采用拉链，连接处上方有沿鞋帮轮廓设置的遮挡块。现有的鞋子通常采用一体化设计，因此，清洗内部非常不方便，总有污渍留存，并不易晾干。如果鞋子某部分有损坏，就无法再穿，这不仅浪费了资源也污染环境。这种新型鞋拆卸开后方便清洗、晾干；当鞋帮或鞋底一部分损坏时，可以将鞋帮和鞋底拆卸下来，只更换损坏部分即可，不浪费资源，也保护了环境，而且易于回收。

可回收性设计要求在设计之初就充分考虑其各部分材料回收的可能性、回收处理方法、回收处理结构工艺性等与回收性有关的一系列问题，以达到零件、材料的最充分利用，并对环境污染最小。

在产品的整个生命周期中，拆卸和回收对提高资源的利用率起至关重要的作用。良好的可拆卸性和可回收性是实现有效回收利用的前提条件，它在产品的绿色制造中扮演着重要的角色，因此在产品设计的过程中，应考虑产品的可拆卸性和可回收性。

(3) 合理的工艺流程

鞋的工艺要将节约资源及环境保护等因素、措施纳入其中，将环境性能作为鞋的工艺设计的目的和出发点，合理规划生产工艺，力求减少物料和能源消耗，减少环境污染，减少废弃物的排放，提高资源利用率。

采取节约资源的工艺技术，改善工艺控制，改造原有设备，在生产过程中简化工艺系统组成，将原材料消耗量、废物生产量、能源消耗、健康与安全风险以及对生态的损害减少到最低程度。

工艺流程要从具体情况出发，合理规划物流方向，避免重复、交叉运输，尽量利用空间，以提高作业效率；其次，要以经济实用为目的，考虑生产可能发生的变化及系统中其他环节的影响，增加系统柔度，设置相应的功能；再者，运输装置应当符合人机工程学的要求，便于工人的操作。

制鞋装配工艺是指把鞋帮和鞋底等鞋部件装配在一起而成为鞋产品的技术和方法，主要有胶粘鞋工艺、缝制鞋工艺、模压鞋工艺、注塑鞋工艺、硫化鞋工艺等多种类型。以上五种工艺各有优缺点，如胶粘工艺适合各种材料，生产效率高，适合流水线作业，不过多使用胶粘剂，或使用无责害可分解的胶粘剂，以免造成环境污染。缝制工艺环境性能好，技术要求比较高，不适合大批量生产。合理选择和使用制鞋工艺，能有效减少环境污染，提高生产效率，也能为鞋废弃后的收拆卸提供便利条件，实现对废弃物的综合利用和处理，减少环境污染及因此而产生的各种附加费用。

(4) 清洁化生产

对生产过程而言，清洁生产包括节约原材料和能源，淘汰有毒材料，在全部排放物和废物离开生产过程以前，减少它们的数量和毒性，对产品而言清洁生产策略旨在减少产品的整个生命周期过程中对人类和环境的负影响。清洁生产内容包括清洁的能源，清洁的生产过程，清洁的产品。

第一，在生产过程中削除减少废物或污染的产生。利用无污染、少污染的先进工艺和设备替代消耗高排污量大的落后工艺和设备，选择无毒、低毒、少污染的原材料、能源替代污染严重的原材料和能源，加强企业管理，减少物料流失和污染物排放。

第二，对不能削减的废物，以环境安全的方式进行循环回收，综合利用，并采用高效能、低费用的净化处理设备进行处理，尽量减少对人体健康和环境的影响。

鞋要达到绿色生产的要求，就必须降低或消除有毒化学品的用量，使用对环境影响小的原材料和助剂，在生产过程中不使用有害物质。

采用可以任意组合且高度自动化的制鞋设备来代替现有设备，使设备柔性化。确保生产环境的通风和胶粘剂等的正确使用，对刷胶作业场所采取隔离措施等，以实现生产环境的清洁。在生产过程中，采用降低能量损耗的工艺技术，采用环境保护的工艺技术，使生产过程中产生的废液、废气、废渣、噪声等对环境和操作者有影响或危害的物质尽可能减少或完全消除。

（5）鞋类产品的绿色包装

鞋的包装也是其全生命周期工程中的一个重要组成部分。鞋的包装一方面消耗大量资源，另一方面包装残留物也易造成环境污染。世界各地制造商都很重视这个问题，绿色包装是人们所追求的目标。考虑环保因素，鞋的绿色包装一般有以下 5 个方面的内容。

① 实行减量化包装。尽量减少包装使用的材料数量和种类，消除不必要的包装，使包装轻量化，以节约资源。

② 包装应易于重复利用或回收再生。尽量使用同一种材料，避免回收时的成分分离，包装材料的再利用，并设计长寿命的包装材料等。

③ 包装废弃物可以降解。在满足其功能的条件下，要考虑所选材料的可降解的能力，用真正能生物降解的适用于包装的塑料。例如，美国研究出一种以淀粉和合成纤维为原料的塑料袋，它可在大自然中分解成水和二氧化碳，还有人研究出一种不易破损，就可溶于水的保鲜膜。

④ 包装材料对人体和生物应无毒无害。鞋的包装从原材料采集、加工、制造、使用、废弃物回收直到最终处理的生命周期全过程均不应对人体和环境造成危害。据报道，德国发明了一种由淀粉做的，遇到流质不溶化的包装杯，这项发明每年为德国节省了制造 40 亿只塑料瓶的材料，这种包装杯一旦废弃也很容易在大自然中被分解掉，这值得借鉴。

⑤ 包装设计可拆卸化和资源化，采用便于拆卸的结构设计。例如台湾地区宏基公司于 1991 年成功开发了不用螺丝组装的个人电脑，容易拆卸回收。1992 年该公司采用再生纸与瓦楞纸包装电脑取代传统使用的发泡聚苯乙烯塑料。

鞋企可以在销售时回收包装纸盒，顾客要鞋盒多收包装费，不要鞋盒少收包装费，这样部分纸盒可以回收到企业或在商场再次使用。又例如，目前多用的包装纸盒减少彩色印刷，可以在纸盒废弃回收到造纸厂时减少纸架脱墨使用的化学药品，减少对环境的不利影响。

近些年来，与日俱增的包装垃圾给环境保护带来了相当大的压力。据统计，20 世纪城市固体垃圾废物排放量日益增加。1995 年美国达 1.5 亿吨，其中包装废弃物占城市废物体积的 50%，重量的 33%，已成为各国政府颇感头痛的问题。一些发达国家迫于资源危机和防治污染的双重压力，纷纷开发“绿色包装”。目前包装材料的再回收利用已在欧美发达国家形成拳头产业体系，这些国家成功的经验和做法值得我国借鉴。

（6）延长鞋的使用寿命

由于科学技术的迅猛发展，产品生命周期将越来越短，因此为了实现产品多生命周期工程的目标，必须在综合考虑环境和资源效率问题的前提下，高质量地延长产品或其零部件的回用次数和回用率，以延长产品的使用时间。

鞋的绿色使用主要是延长鞋的生命周期。延长其使用寿命可以最终减少鞋废弃后的各种处置工作，从而提高资源利用率。

要尽量减少鞋在使用过程中对环境和人的不利影响，如甲醛气体排放超标等。应尽量考虑鞋的使用寿命，防止过快被废弃。对于发达地区过时的鞋类产品，可以建立收集体系，支援灾区和不发达地区。

（7）鞋类产品回收处理再利用

我国是世界第一产鞋大国，每年生产各类型鞋约亿双，对鞋底材料的需求量相当大，且随着人们生活水平和消费水平日益提高，鞋底材料的消耗量会不断增加。近年来，由于来自环保方面的压力以及人们对鞋性能深层次的需求，鞋底材料是向着高性能和环保的方向发展的，利用两种或几种材料进行复配，制备新型的鞋底材料是今后的一个发展趋势。

鞋类产品废弃后的回收处理和再利用，主要包括回收的经济性、回收处理工艺及方法、可回收材料的再利用几方面的内容。回收利用是产品生命周期中的关键环节，为了提高产品的回收利用率和降低产品的回收处理成本，有必要根据产品材料的可回收性、结构的可拆卸性以及回收处理成本等因素设计合理的产品回收处理方案，以全生命周期工程观念研究鞋类产品的回收再利用。

废旧鞋类产品的回收处理再利用是鞋类产品全生命周期工程研究中关键的一步，而废旧鞋类产品回收利用的关键是废旧鞋类产品再生利用工艺及用途的研究和开发，如何利用其再生资源，产生一定的经济效益。

鞋类产品的回收利用，不仅要在设计之初进行考虑，而且应该由相关的部门进行具体落实，实现绿色回收和绿色处理。绿色回收是指对产品生命周期工程内产生的废弃物、末端产品，通过有效回收、科学拆卸及再制造等先进技术，使其重新获得废旧产品或缺陷产品的使用价值。绿色处理首先是尽量能让废弃物重新转变为有用的物质。例如北京一家废塑料处理厂，通过一些工序处理把废塑料转变为可供利用的燃油和蒸气；至于废纸、废钢铁、废玻璃等的回收处理和再利用，已经有了比较成熟的工艺和效益。其次，废弃物处理方法对环境不造成二次污染。但是目前的大多数处理方式如填埋、焚烧等都会对环境造成二次污染。因此，绿色处理的实现显得尤为重要。

基于全生命周期工程的角度，研究鞋类产品的回收利用，应重视废弃产品的回收处理方式。例如，生产过程中的边角料是在企业内部发生的，可以不必花费太多的成本，使其回流到正常物流系统中去。而库存或运输过程中损坏的产品，以及顾客的退货，则可沿原有物流系统逆向回流到企业内部进行处理。包装材料和已完全使用过的产品的回流，则必须回收后才能得到合理的处理。

对回收物品绿色处理方式的划分，可以借助“4rs的层次及处理方式”观点：直接再利用、修理、再生、再制造。（简称为能够减少要处置的废旧物品数量，降低企业处理废旧物品的成本，减少因焚烧填埋带来的资源浪费和环境污染）。不同层次的绿色处理方式、绿色处理方法和示例如表7-7所列。

表7-7　4rs的层次及处理方式（方法和示例）

层次	绿色处理方式	绿色处理方法	示例
1	直接再利用	回收的物品不经任何修理可直接再用（或需要花费比较低的维护费用）	如集装箱、瓶子等包装容器

续表

层次	绿色处理方式	绿色处理方法	示例
2	修理	通过修理将已坏产品恢复到可工作状态	如家用电器、工厂机器等
3	再生	只是为了物料资源的循环再利用而不再保留回收物品的任何结构	如从边角料中再生金属（玻璃及纸制品再生等）
4	再制造	通过拆卸、检修、替换等工序使回收物品恢复到新产品的状态	如汽车发动机的再制造（复印机的再制造等）

一般来讲，产品本身的属性以及设计方案很大程度上决定了回收处理方式。回收处理方式也会影响产品设计方案的制定。例如：若设计之初决定采用原材料再循环的回收处理方式，应优先考虑尽量减少原材料的使用种类，以方便回收。鞋类产品由于其自身的特点，回收处理方式一般分为两种：一是捐赠直接再利用；二是再生材料利用。

目前，一些发达国家已有相关的旧鞋回收体系，他们回收洗净未破损有使用价值的旧鞋，分发给需要的人二次使用。据了解，近年来回收利用旧鞋的行业在德国开始兴旺起来。德国有一家专门从事旧鞋回收的公司，名为“汉诺威旧鞋回收公司”。它在全国设有 11000 个旧鞋回收站。除了全国性的公司回收旧鞋外，一些个体企业从事旧鞋的回收，回收旧鞋的效益相当可观。我国也有一些小型二手鞋市场，衣物回收捐赠部门，但还不够完善。要建立完善的旧鞋回收体系，呼吁在全国范围内推广旧鞋的捐赠再利用工作。

我国将废弃鞋类产品回收再利用的例子也有，但确实很少。有报道我国对制鞋企业的下脚料（制鞋过程中剪裁时无法利用的边角料）再生利用的实例。我国制鞋企业每年产生大量的废旧鞋料。仅以广东省惠州市吉隆和黄埠两镇为例，每年大约产生 3.3 万亿吨。我国制鞋企业众多，全国各主要鞋业生产基地每年产生的废料数目可想而知。如何处理这么多的废旧鞋料，一直是困扰各地制鞋企业和政府的难题。2018 年，广东省惠州市吉隆和黄埠两镇先后组建了一定规模的两个制鞋下脚料回收加工公司，年处理制鞋下脚料可能达到数千吨乃至上万吨。在加工生产出的制鞋材料中，大部分属于鞋底材料，依照这个产量来估算，至少能生产数十万乃至数百万双鞋底。据悉，下脚料回收加工一般经过分类、粉碎、高温高速溶解、压膜和液压成型等工序。用破碎机将废料打碎；再将其制成塑料用品的原材料，通过压制制成各种塑料制品，使废料堆积的现象得以改观，回收的鞋底材料再制成鞋底，制鞋下脚料的回收利用率可达较高比例。从鞋厂回收回去的废旧鞋料，除了鞋底以外的材料，旧鞋翻新用于体育场地表面材料的制作，明胶提取，堆肥，修复，直接再利用，气化焚烧回收能源。

福建省泉州市三斯达塑胶有限公司利用专门的工艺和技术设备对下脚料进行回收，通过专业的技术进行分解、发泡，能重新生产出性能更好、质量更优的发泡产品。公司从周边企业和广东等地每年回收 5 万吨废弃下脚料，加工成新的材料，应用于箱包、鞋材、船舶、建筑等各个领域，该项目年产值就达亿元。

废旧鞋回收利用的工艺相对而言比较复杂，一双鞋含有多种物质，有棉布、薄纸板、皮革、橡胶，还有乙烯醋酸纤维、聚酯、聚氨酯等。相比制鞋企业下脚料的回收利用，废旧鞋类产品回收难度更大。废旧鞋类产品回收以后，需要去污、破碎和分类，回收的难度也更大。制鞋企业下脚料的回收利用，是废旧鞋类产品回收的良好开端。

（8）回收政策体系

1）建立完善的废旧鞋类产品收集体系

在销售环节就考虑鞋报废后的回收，和顾客建立相应的约定，或是在鞋的价格中加入一定的回收费用，回收时退回。例如，现在啤酒业和很多玻璃制品的外包装，在销售的时候就让顾客预付一定的外包装费用，顾客送回的时候就将该部分费用退还。这样，既保证了产品的回收，又提高了顾客的环保意识。鞋报废后鼓励顾客将废旧鞋送回销售部门，再统一收集返回制造厂家或者相应的回收再利用部门。

2）建立一些废旧鞋的回收站点

可以在小区里设置一些专门的废旧鞋类回收箱筒，另外还可以建立一些大的回收站点。例如国外一些国家，在处理一些废旧物资时，人们就自觉地将其分类，放入相应的回收站点。能二次利用的都会自觉洗净，废弃的也会放入相应的分区，以便于物资的回收。这都是值得我们学习和借鉴的宝贵经验，鞋类产品废弃后的回收和处理，不仅要在设计之初进行考虑，而且应该由相关的部门进行具体落实。

3）实行鞋类产品的标识码

鞋类产品由于其组成成分复杂，给回收再利用带来了很多困难。对于材料的分离，也是很重要而又烦琐的一个环节。鞋类产品可以实行标识码，例如在鞋类各部分印上其材料成分、回收价值、环保性能等。可以对材料及其标识进行统一规定，厂家在制造和出售的时候标上相应的标识码，以便于回收和分类，减少回收处理的工作量。加强管理，鼓励回收利用建立完善废物分类回收体制。废物能否分类收集是回收的关键。政府应鼓励实行产品标识制度，并对鞋类产品回收给予政策倾斜。

4）引导企业放弃一些不利于回收的制品设计方案

我们都知道，产品的设计对其废弃后的回收工作有很大影响。例如，耐克的球鞋在设计之初就考虑到了其产品报废后的回收处理，所以其鞋主要分成鞋底、鞋塾、鞋帮三部分，易拆解且对各部分都有相应的回收工序。而且在鞋设计时，每部分尽量使用单一材料成分，也避免了回收时的再分离。做好废旧鞋类产品的回收工作，应该引导企业放弃一些不利于其回收的设计方案。例如制鞋装配工艺是指把鞋帮和鞋底等鞋部件装配在一起而成为鞋产品的技术和方法，主要有胶粘、缝制、模压、注塑、硫化五种工艺。胶粘鞋工艺，是利用黏合剂将鞋帮、内底、外底连接在一起。缝制鞋工艺，是利用缝隙将鞋帮和鞋底及其他连接部件缝合在一起，在胶粘鞋工艺中具有辅助功能，并产生了粘缝工艺。模压鞋工艺是利用橡胶外底在模具硫化过程中所产生的胶料流动和合模压力，将外底和鞋帮粘接在一起的工艺方法。注塑鞋工艺是将熔融的塑料注射入外模具并与鞋帮黏合为一体的。硫化鞋工艺是将外底、沿条和外包头等生胶片与鞋帮黏合后，在硫化罐中加热加压而硫化成型的工艺方法。采用胶粘和线缝工艺相对于另外三种工艺更便于回收。

5）加大宣传力度，增强全民环保意识

鞋类产品的回收利用，涉及其全生命周期工程，与设计者、制造商、销售商以及使用者都是密切相关的。只有各个环节都重视和努力才能做好这项工作，我们应该加大鞋类产品回收利用的宣传和引导工作，提高全民的环保意识。

7.7.5 企业碳资产管理提升建议

（1）建立健全企业碳管理体系

在企业层面建立碳管理体系是应对碳交易的重要抓手，制度体系建设由上而下，数据统计报送由下至上，双管齐下共同建立起碳管理体系，能够有效应对碳交易政策和市场环境变化。企业应通过建立能源管理体系、计量管理体系等，利用信息化、数字化和智能化技术加强能耗的控制和监管。

（2）发挥技术减碳潜力和作用

企业应充分运用已有政策，加大对行业低碳技术的研发、示范、推广与应用，加大低碳技术升级和设备升级力度，充分发挥技术降碳的潜力和作用，努力降低产品碳排放强度。

企业应考虑将行业上下游企业进行紧密衔接，推动建立绿色低碳循环发展产业体系，打造绿色供应链和绿色产业链。通过借助行业协会等平台，督促相关企业积极运用先进低碳排放技术，带动上下游企业开展绿色制造项目申报和认证工作，达到主动减少碳排放的目的。

（3）积极参与全国碳市场建设

一方面要跟踪掌握国内外碳市场政策走向，及时把握政策方向；另一方面要按照国家和地方主管部门的部署，配合相关部门认真开展温室气体的监测、报告、核查等相关工作。

（4）积极开展碳金融业务创新

企业应积极参与、主动学习国家碳交易市场的操作规范和市场准则。结合企业实际情况，在碳资产项目开发、碳资产优化管理、碳资产融资等领域先行先试，抢占碳市场先机。加强企业之间的交流，进一步提高对碳减排成本、履约成本、碳市场参与和碳资产管理的综合管控能力。

（5）加强碳资产管理队伍培训

积极组织企业相关部门参与专业培训，推动企业内部专职的碳资产管理队伍建设，培养碳资产管理专职人员，切实提高从业人员的业务素养和工作能力，为全面参与全国碳市场提供人才保障。

附录

附录1　制革、毛皮加工与制鞋行业排污许可管理参考政策标准

1.1　国家标准

《危险废物鉴别标准　毒性物质含量鉴别》（GB 5085.6—2007）

《污水综合排放标准》（GB 8978—1996）

《水质　悬浮物的测定　重量法》（GB 11901—1989）

《工业企业厂界环境噪声排放标准》（GB 12348—2008）

《锅炉大气污染物排放标准》（GB 13271—2014）

《恶臭污染物排放标准》（GB 14554—1993）

《环境保护图形标志——排放口（源）》（GB 15562.1—1995）

《环境保护图形标志-固体废物贮存（处置）场》（GB 15562.2—1995）

《大气污染物综合排放标准》（GB 16297—1996）

《危险废物贮存污染控制标准》（GB 18597—2023）

《危险废物焚烧污染控制标准》（GB 18484—2020）

《危险废物贮存污染控制标准》（GB 18597—2023）

《危险废物填埋污染控制标准》（GB 18598—2020）

《一般工业固体废物贮存和填埋污染控制标准》（GB 18599—2020）

《工业防护涂料中有害物质限量》（GB 30981—2020）

《挥发性有机物无组织排放控制标准》（GB 37822—2019）

《油墨中可挥发性有机化合物（VOCs）含量的限值》（GB 38507—2020）

《清洗剂挥发性有机化合物含量限值》（GB 38508—2020）

《水质 pH 值的测定　玻璃电极法》（GB/T 6920—1986）

《煤质颗粒活性炭 气相用煤质颗粒活性炭》（GB/T 7701.1—2008）

《水质 悬浮物的测定 重量法》（GB/T 11901—1989）

《环境空气 总悬浮颗粒物的测定 重量法》（GB/T 15432—1995）

《固定污染源排气中颗粒物测定与气态污染物采样方法》（GB/T 16157—1996）

《排风罩的分类及技术条件》（GB/T 16758—2008）

《环境管理体系 要求及使用指南》（GB/T 24001—2016）

《污水排入城镇下水道水质标准》（GB/T 31962—2015）

《包装材料用油墨限制使用物质》（GB/T 36421—2018）

《制革及毛皮加工工业水污染物排放标准》（GB 30486—2013）

1.2 行业标准

《近岸海域环境监测规范 第一部分 总则》（HJ 442.1—2020）

《环境影响评价技术导则 声环境》（HJ 2.4—2021）

《建设项目环境影响评价技术导则 总纲》（HJ 2.1—2016）

《环境影响评价技术导则 大气环境》（HJ 2.2—2018）

《环境影响评价技术导则 地表水环境》（HJ 2.3—2018）

《超声波明渠污水流量计技术要求及检测方法》（HJ 15—2019）

《固定污染源排气中氯化氢的测定 硫氰酸汞分光光度法》（HJ/T 27—1999）

《固定污染源排气中酚类化合物的测定 4-氨基安替比林分光光度法》（HJ/T 32—1999）

《固定污染源废气 总烃、甲烷和非甲烷总烃的测定 气相色谱法》（HJ 38—2017）

《大气污染物无组织排放监测技术导则》（HJ/T 55—2000）

《固定污染源烟气（SO_2、NO_x、颗粒物）排放连续监测技术规范》（HJ 75—2017）

《固定污染源烟气（SO_2、NO_x、颗粒物）排放连续监测系统技术要求及检测方法》（HJ 76—2017）

《地表水和污水监测技术规范》（HJ/T 91—2002）

《污水监测技术规范》（HJ 91.1—2019）

《水污染物排放总量监测技术规范》（HJ/T 92—2002）

《pH 水质自动分析仪技术要求》（HJ/T 96—2003）

《氨氮水质在线自动监测仪技术要求及检测方法》（HJ 101—2019）

《建设项目环境风险评价技术导则》（HJ 169—2018）

《水质 氨氮的测定 气相分子吸收光谱法》（HJ/T 195—2005）

《水质 总氮的测定 气相分子吸收光谱法》（HJ/T 199—2005）

《水污染源在线监测系统（COD_{Cr}、NH_3-N 等）安装技术规范》（HJ 353—2019）

《水污染源在线监测系统（COD_{Cr}、NH_3-N 等）验收技术规范》（HJ 354—2019）

《水污染源在线监测系统（COD_{Cr}、NH_3-N 等）运行技术规范》（HJ 355—2019）

《水污染源在线监测系统（COD_{Cr}、NH_3-N 等）数据有效性判别技术规范》（HJ 356—2019）

《固定污染源监测质量保证与质量控制技术规范（试行）》（HJ/T 373—2007）

《化学需氧量（COD_{Cr}）水质在线自动监测仪技术要求及检测方法》（HJ 377—2019）

《环境保护产品技术要求　工业废气吸附净化装置》（HJ/T 386—2007）

《环境保护产品技术要求 工业有机废气催化净化装置》（HJ/T 389—2007）

《固定源废气监测技术规范》（HJ/T 397—2007）

《水质　化学需氧量的测定　快速消解分光光度法》（HJ/T 399—2007）

《水质　样品的保存和管理技术规定》（HJ 493—2009）

《水质　采样技术指导》（HJ 494—2009）

《水质　采样方案设计技术规定》（HJ 495—2009）

《水质　五日生化需氧量（BOD_5）的测定　稀释与接种法》（HJ 505—2009）

《环境空气和废气　氨的测定　纳氏试剂分光光度法》（HJ 533—2009）

《水质　氨氮的测定　纳氏试剂分光光度法》（HJ 535—2009）

《水质　氨氮的测定　水杨酸分光光度法》（HJ 536—2009）

《水质　氨氮的测定　蒸馏-中和滴定法》（HJ 537—2009）

《环境空气　苯系物的测定　固体吸附/热脱附-气相色谱法》（HJ 583—2010）

《环境空气　苯系物的测定　活性炭吸附/二硫化碳解吸-气相色谱法》（HJ 584—2010）

《水质　甲醛的测定　乙酰丙酮分光光度法》（HJ 601—2011）

《环境空气　总烃、甲烷和非甲烷总烃的测定　直接进样-气相色谱法》（HJ 604—2017）

《环境影响评价技术导则　地下水环境》（HJ 610—2016）

《企业环境报告书编制导则》（HJ 617—2011）

《固定污染源废气　二氧化硫的测定　非分散红外吸收法》（HJ 629—2011）

《环境监测质量管理技术导则》（HJ 630—2011）

《水质　总氮测定　碱性过硫酸钾消解紫外分光光度法》（HJ 636—2012）

《水质　石油类和动植物油的测定　红外分光光度法》（HJ 637—2018）

《环境空气　挥发性有机物的测定　吸附管采样-热脱附/气相色谱-质谱法》（HJ 644—2013）

《空气和废气　颗粒物中铅等金属元素的测定　电感耦合等离子体质谱法》（HJ 657—2013）

《水质　氨氮的测定　连续流动-水杨酸分光光度法》（HJ 665—2013）

《水质　氨氮的测定　流动注射-水杨酸分光光度法》（HJ 666—2013）

《水质　总氮的测定　连续流动-盐酸萘乙二胺分光光度法》（HJ 667—2013）

《水质　总氮的测定　流动注射-盐酸萘乙二胺分光光度法》（HJ 668—2013）

《水质　磷酸盐和总磷的测定　连续流动-钼酸铵分光光度法》（HJ 670—2013）

《水质　总磷的测定　流动注射-钼酸铵分光光度法》（HJ 671—2013）

《固定污染源废气　铅的测定　火焰原子吸收分光光度法》（HJ 685—2014）

《固定污染源废气 氮氧化物的测定 非分散红外吸收法》（HJ 692—2014）

《固定污染源废气 氮氧化物的测定 定电位电解法》（HJ 693—2014）

《水质 65种原子的测定 电感耦合等离子体质谱法》（HJ 700—2014）

《固定污染源废气 挥发性有机物的采样 气袋法》（HJ 732—2014）

《固定污染源废气 挥发性有机物的测定 固相吸附-热脱附/气相色谱-质谱法》（HJ 734—2014）

《环境空气 挥发性有机物的测定 罐采样/气相色谱-质谱法》（HJ 759—2015）

《空气和废气 颗粒物中金属元素的测定 电感耦合等离子体发射光谱法》（HJ 777—2015）

《排污单位自行监测技术指南 总则》（HJ 819—2017）

《排污单位自行监测技术指南 制革及毛皮加工工业》（HJ 946—2018）

《水质 化学需氧量的测定 重铬酸盐法》（HJ 828—2017）

《环境空气 颗粒物中无机元素的测定 能量色散X射线荧光光谱法》（HJ 829—2017）

《环境空气 颗粒物中无机元素的测定 波长色散X射线荧光光谱法》（HJ 830—2017）

《固定污染源废气 低浓度颗粒物的测定 重量法》（HJ 836—2017）

《污染源源强核算技术指南 准则》（HJ 884—2018）

《排污许可证申请与核发技术规范 总则》（HJ 942—2018）

《排污单位环境管理台账及排污许可证执行报告技术规范 总则（试行）》（HJ 944—2018）

《排污许可证申请与核发技术规范 制革及毛皮加工工业—制革工业》（HJ 859.1—2017）

《排污许可证申请与核发技术规范 制革及毛皮加工工业—毛皮加工业》（HJ 1065—2019）

《排污许可证申请与核发技术规范 制鞋工业》（HJ 1123—2020）

《制革工业污染防治可行技术指南》（HJ 1304—2023）

《制革及毛皮加工废水治理工程技术规范》（HJ 2003—2010）

《蓄热燃烧法工业有机废气治理工程技术规范》（HJ 1093—2020）

《固定污染源废气 二氧化硫的测定 便携式紫外吸收法》（HJ 1131—2020）

《固定污染源废气 氮氧化物的测定 便携式紫外吸收法》（HJ 1132—2020）

《环境空气和废气 颗粒物中砷、硒、铋、锑的测定 原子荧光法》（HJ 1133—2020）

《袋式除尘工程通用技术规范》（HJ 2020—2012）

《吸附法工业有机废气治理工程技术规范》（HJ 2026—2013）

《催化燃烧法工业有机废气治理工程技术规范》（HJ 2027—2013）

《电除尘工程通用技术规范》（HJ 2028—2013）

《局部排风设施控制风速检测与评估技术规范》（WS/T 757—2016）

《高温电除尘器》（JB/T 13732—2019）

1.3 地方标准

北京市地方标准：《水污染物综合排放标准》（DB 11/ 307—2013）

北京市地方标准：《工业涂装工序大气污染物排放标准》（DB 11/1226—2015）

北京市地方标准：《大气污染物综合排放标准》（DB 11/501—2017）

天津市地方标准：《污水综合排放标准》（DB 12/356—2018）

天津市地方标准：《工业企业挥发性有机物排放控制标准》（DB 12/524—2020）

河北省地方标准：《工业企业挥发性有机物排放控制标准》（DB 13/2322—2016）

河北省地方标准：《大清河流域水污染物排放标准》（DB 13/2795—2018）

河北省地方标准：《子牙河流域水污染物排放标准》（DB 13/2796—2018）

河北省地方标准：《黑龙港及运东流域水污染物排放标准》（DB 13/2797—2018）

山西省地方标准：《污水综合排放标准》（DB 14/1928—2019）

辽宁省地方标准：《污水综合排放标准》（DB 21/1627—2008）

上海市地方标准：《污水综合排放标准》（DB 31/199—2018）

福建省地方标准：《厦门市水污染物排放标准》（DB 35/322—2018）

江西省地方标准：《鄱阳湖生态经济区水污染物排放标准》（DB 36/852—2015）

山东省地方标准：《流域水污染物综合排放标准　第 1 部分：南四湖东平湖流域》（DB 37/3416.1—2018）

山东省地方标准：《流域水污染物综合排放标准　第 2 部分：沂沭河流域》（DB 37/3416.2—2018）

山东省地方标准：《流域水污染物综合排放标准　第 3 部分：小清河流域》（DB 37/3416.3—2018）

山东省地方标准：《流域水污染物综合排放标准　第 4 部分：海河流域》（DB 37/3416.4—2018）

山东省地方标准：《流域水污染物综合排放标准　第 5 部分：半岛流域》（DB 37/3416.5—2018）

河南省地方标准：《省辖海河流域水污染物排放标准》（DB 41/777—2013）

河南省地方标准：《清漠河流域水污染物排放标准》（DB 41/790—2013）

河南省地方标准：《贾鲁河流域水污染物排放标准》（DB 41/908—2014）

河南省地方标准：《惠济河流域水污染物排放标准》（DB 41/918—2014）

湖北省地方标准：《湖北省汉江中下游流域污水综合排放标准》（DB 42/1318—2017）

广东省地方标准：《水污染物排放限值》（DB 44/26—2001）

广东省地方标准：《汾江河流域水污染物排放标准》（DB 44/1366—2014）

广东省地方标准：《茅洲河流域水污染物排放标准》（DB 44/2130—2018）

广东省地方标准：《小东江流域水污染物排放标准》（DB 44/2155—2019）

四川省地方标准：《四川省岷江、沱江流域水污染物排放标准》（DB 51/2311—2016）

四川省地方标准：《四川省固定污染源大气挥发性有机物排放标准》（DB 51/2377—2017）

贵州省地方标准：《贵州省环境污染物排放标准》（DB 52/864—2022）

1.4 团体标准

中国皮革协会：《制鞋行业挥发性有机物治理工程技术规范》（T/CLIAS 006—2022）

1.5 政策法规

《排污许可管理条例》（中华人民共和国国务院令 第736号）

《固定污染源排污许可分类管理名录（2019年版）》（生态环境部令 第11号）

《排污许可管理办法（试行）》（环境保护部令 第48号）

《关于加快解决当前挥发性有机物治理突出问题的通知》（环大气〔2021〕65号）

《建设项目环境影响评价分类管理名录（2021年版）》（生态环境部令 第16号）

《国家危险废物名录（2021年版）》（生态环境部令 第15号）

《中共中央 国务院关于完整准确全面贯彻新发展理念做好碳达峰碳中和工作的意见》（中发〔2021〕36号文）

《国务院关于印发2030年前碳达峰行动方案的通知》（国发〔2021〕23号）

《关于发布〈碳排放权登记管理规则（试行）〉〈碳排放权交易管理规则（试行）〉和〈碳排放权结算管理规则（试行）〉的公告》（生态环境部 公告 2021年 第21号）

《关于印发〈环境影响评价与排污许可领域协同推进碳减排工作方案〉的通知》（环办〔2021〕277号）

《关于印发〈企业温室气体排放报告核查指南（试行）〉的通知》（环办气候函〔2021〕130号）

《“十四五”全国清洁生产推行方案》（发改环资〔2021〕1524号）

《关于加强高耗能、高排放建设项目生态环境源头防控的指导意见》（环环评〔2021〕45号）

《关于开展重点行业建设项目碳排放环境影响评价试点的通知》（环办环评函〔2021〕346号）

《关于加强企业温室气体排放报告管理相关工作的通知》（环办气候〔2021〕9号）

《国家发展改革委等部门关于发布〈高耗能行业重点领域能效标杆水平和基准水平（2021年版）〉的通知》（发改产业〔2021〕1609号）

《环评与排污许可监管行动计划（2021—2023年）》（环办环评函〔2020〕463号）

《关于深入推进重点行业清洁生产审核工作的通知》（环办科财〔2020〕27号）

《关于印发〈重污染天气重点行业应急减排措施制定技术指南（2020年修订版）〉的函》（环办大气函〔2020〕340号）

《产业结构调整指导目录（2019年本）》（中华人民共和国国家发展和改革委员会令第29号）

《关于做好环境影响评价制度与排污许可制衔接相关工作的通知》（环办环评〔2017〕84号）

《国务院办公厅关于印发控制污染物排放许可制实施方案的通知》（国办发〔2016〕81号）

《关于印发〈“十三五”环评改革实施方案〉的通知》（环环评〔2016〕95号）

附录2 制革、毛皮加工与制鞋企业自行监测方案模板

2.1 制革、毛皮加工行业

制革、毛皮加工企业自行监测方案包括企业基本情况、企业产污情况、监测内容、执行标准、监测结果公开、监测方案实施等内容。自行监测模板如下文所示。

2.1.1 企业基本情况

企业基本情况如附表2-1所列。

附表2-1 企业基本情况

企业名称		法人代表	
所属行业		单位代码	
生产周期		联系人	
联系电话		联系邮箱	
单位地址			
生产规模	年产XX（产品）XX（万张）		
主要生产设备			
生产工艺（附工艺流程图）			
主要鞣剂	含铬鞣剂年用量（吨）		
	无铬鞣剂年用量（吨）		

2.1.2 企业产污情况

2.1.2.1 废水

（1）废水治理及排放情况

废水治理及排放情况如附表2-2所列。

附表 2-2　废水治理及排放情况

	排污口	车间废水排放口	废水总排放口	雨水排放口	生活污水排放口
废水治理及排放情况	类别	含铬废水	综合污水	雨水	生活污水
	主要污染物				
	产生量/(t/a)				
	排放量/(t/a)				
	处理设施（工艺）				
	去向				
	运行时间				
	…药剂使用量				

填写指引：①排污口：可根据排污证上编写。
②类别：根据排污口对应编写类别，如若无排放口，也需填写出。
③主要污染物：可参考排污证及环评等环保资料填写。
④产生量、排放量：可参考排污证及环评等环保资料填写。
⑤处理设施：根据实际情况填写，如无处理，可填“无”。
⑥去向：具体排放至哪条河流（或污水处理厂），如果无外排，根据实际情况填写“循环使用、回用于何处”等

（2）废水处理流程图

对废水处理工艺进行描述，附废水处理流程图。

（3）全厂废水流向图

对全厂废水流向进行描述，附全厂废水流向图。

2.1.2.2　废气

废气治理及排放情况如附表 2-3 所列。

附表 2-3　废气治理及排放情况

	排污口	…废气排放口	…废气排放口	…废气排放口	…废气排放口	…
废气治理及排放情况	类别	喷浆设施废气	烫毛工序废气	磨革废气	…工序废气	…
	主要污染物					
	处理设施（工艺）					
	排放方式	经 X 米排气筒高空排放	…	…	无组织排放	…

填写指引：①排污口：可根据排污许可证上编写。
②类别：根据排污口对应编写类别，如若无排放口，也需填写出。
③主要污染物：可参考排污许可证及环评等环保资料填写。
④处理设施：根据实际情况填写，如无处理，可填“无”

2.1.3　监测内容

2.1.3.1　监测点位布设

全公司/全厂污染源监测点位、监测因子及监测频次如附表 2-4 所列（附全公司/全厂平面布置及监测点位分布图）。

附表 2-4　全公司/全厂污染源点位布设（注：可根据实际情况增加监测因子或选择适合的监测因子进行填报，夜间 22：00-6：00 有生产的需加测夜间噪声，共用厂界可以删除）

污染源类型	排污口编号	排污口类型	排污口位置（经纬度）	检测位置分布	监测因子	样品个数	监测方式	监测频次	备注
废气	采样孔个数：…个，采样点个数：…个	喷涂、喷染设施，涂饰车间排气筒	…度…分…秒 …度…分…秒	烟囱高度：…米，监测孔距地面：…米	苯、甲苯、二甲苯、非甲烷总烃	非连续采样每次采集…个样	…	每半年1次	
	… 采样孔个数：…个，采样点个数：…个	污水处理设施排气筒	…度…分…秒 …度…分…秒	烟囱高度：…米 监测孔距地面：…米	臭气浓度、氨、硫化氢	非连续采样每次采集…个样	…	每年1次	
无组织	上风向	厂界	/	/	颗粒物	…	…	每年1次	建有磨革车间
	下风向	厂界	/	/	颗粒物		…	每年1次	
	下风向	厂界	/	/	颗粒物		…	每年1次	
	下风向	厂界	/	/	颗粒物		…	每年1次	
	上风向	厂界	/	/	颗粒物		…	每年1次	建有煤场
	下风向	厂界	/	/	颗粒物		…	每年1次	
	下风向	厂界	/	/	颗粒物		…	每年1次	
	下风向	厂界	/	/	颗粒物		…	每年1次	
	上风向	厂界	/	/	臭气浓度、硫化氢		…	每年1次	建有硫化物脱毛车间
	下风向	厂界	/	/	臭气浓度、硫化氢		…	每年1次	
	下风向	厂界	/	/	臭气浓度、硫化氢		…	每年1次	
	下风向	厂界	/	/	臭气浓度、硫化氢		…	每年1次	
	上风向	厂界	/	/	臭气浓度、氨		…	每年1次	建有原料皮库
	下风向	厂界	/	/	臭气浓度、氨		…	每年1次	
	下风向	厂界	/	/	臭气浓度、氨		…	每年1次	

续表

污染源类型	排污口编号	排污口类型	排污口位置（经纬度）	检测位置分布	监测因子	样品个数	监测方式	监测频次	备注
无组织	下风向	厂界	/	/	臭气浓度、氨	…	…	每年1次	
	上风向	厂界	/	/	臭气浓度、氨、硫化氢		…	每年1次	纳入无组织管理的污水处理设施
	下风向	厂界	/	/	臭气浓度、氨、硫化氢		…	每年1次	
	下风向	厂界	/	/	臭气浓度、氨、硫化氢		…	每年1次	
	下风向	厂界	/	/	臭气浓度、氨、硫化氢		…	每年1次	
	门外1m，地面1.5m以上	厂房外	/	/	非甲烷总烃		…	每年1次	建有涂饰车间
	上风向	厂界	/	/	苯、甲苯、二甲苯、非甲烷总烃		…	每年1次	建有涂饰车间
	下风向	厂界	/	/	苯、甲苯、二甲苯、非甲烷总烃		…	每年1次	
	下风向	厂界	/	/	苯、甲苯、二甲苯、非甲烷总烃		…	每年1次	
	下风向	厂界	/	/	苯、甲苯、二甲苯、非甲烷总烃		…	每年1次	
	上风向	工业园区边界	/	/	臭气浓度、氨、硫化氢、颗粒物、苯、甲苯、二甲苯、非甲烷总烃		…	每半年1次	制革及毛皮加工工业园区
	下风向	工业园区边界	/	/	臭气浓度、氨、硫化氢、颗粒物、苯、甲苯、二甲苯、非甲烷总烃		…	每半年1次	
	下风向	工业园区边界	/	/	臭气浓度、氨、硫化氢、颗粒物、苯、甲苯、二甲苯、非甲烷总烃		…	每半年1次	
	下风向	工业园区边界	/	/	臭气浓度、氨、硫化氢、颗粒物、苯、甲苯、二甲苯、非甲烷总烃		…	每半年1次	

续表

污染源类型	排污口编号	排污口类型	排污口位置（经纬度）	检测位置分布	监测因子	样品个数	监测方式	监测频次	备注
废水	…	废水总排放口	…度…分…秒 …度…分…秒	/	流量、pH值、化学需氧量、氨氮	/	…	自动监测	重点排污单位
				/	总氮	/	…	日（自动监测）	
				/	五日生化需氧量、悬浮物、色度、硫化物、动植物油、氯离子、总磷	/	…	每月一次（直接排放）	
								每季度一次（间接排放）	
				/	流量、pH值、化学需氧量、氨氮、总氮、总磷、五日生化需氧量、悬浮物、色度、硫化物、动植物油、氯离子	/	…	每季度一次（直接排放）	非重点排污单位
								每半年一次（间接排放）	
	…	车间或生产设施	…度…分…秒 …度…分…秒	/	总铬、流量	/	…	每周一次	重点排污单位
				/	六价铬	/	…	每月一次	
	…	雨水排放口	…度…分…秒 …度…分…秒	/	化学需氧量、悬浮物	/	…	每日一次（排放口有流量时开展监测）	重点排污单位
噪声（厂界紧邻交通干线不布点）	厂界…面边界外1米	/	…度…分…秒 …度…分…秒	/	等效连续A声级	/	…	每季度昼间一次（如夜间生产还需监测夜间噪声）	
	厂界…面边界外1米	/	…度…分…秒 …度…分…秒	/	等效连续A声级	/	…		
	厂界…面边界外1米	/	…度…分…秒 …度…分…秒	/	等效连续A声级	/	…		
	厂界…面边界外1米	/	…度…分…秒 …度…分…秒	/	等效连续A声级	/	…		

续表

污染源类型	排污口编号	排污口类型	排污口位置（经纬度）	检测位置分布	监测因子	样品个数	监测方式	监测频次	备注
周边环境	/	地表水	/	/	pH值、化学需氧量、五日生化需氧量、氨氮、总磷、总氮、动植物油、总铬、六价铬	/	…	每季度1次	无明确要求的排污单位或工业园区
	/	海水	/	/	pH值、化学需氧量、五日生化需氧量、溶解氧、活性磷酸盐、无机氮、动植物油、总铬、六价铬	/	…	每半年1次	
	/	土壤	/	/	pH值、总铬、六价铬	/	…	每年1次	

注：1. 监测方式是指1）“自动监测”、2）“手工监测”、3）“手工监测与自动监测相结合”；

2. 检测结果超标的，应增加相应指标的检测频次；

3. 排气筒废气检测要同步监测烟气参数；

4. 建有原料皮库的排污单位仅贮存生皮的原料皮库监测臭气浓度和氨；

5. 建有煤场的排污单位煤场完全封闭的可不监测颗粒物；

6. 建有涂饰车间的排污单位仅使用水性涂饰材料的可不监测苯、甲苯、二甲苯和非甲烷总烃；

7. 制革及毛皮加工工业园区内所有排污单位仅使用水性涂饰材料的可不监测苯、甲苯、二甲苯和非甲烷总烃；

8. 根据环境影响评价文件及其批复［仅限2015年1月1日（含）后取得环境影响评价批复的排污单位］以及原料工艺等确定是否监测其他臭气污染物；

9. 待总氮自动监测技术规范发布后，必须采取自动监测；

10. 对排污单位或工业园区有其他环境管理政策或环境影响评价文件及其批复［仅限2015年1月1日（含）后取得环境影响评价批复的排污单位］有明确要求的，按相关要求执行周边环境质量影响监测；无明确要求的，若排污单位认为有必要的，可对周边水、土壤环境质量开展监测；可参照HJ/T 164、HJ/T 166、HJ 610中相关规定设置周边地下水、土壤环境影响监测点位，对于废水直接排入地表水、海水的排污单位或工业园区，可参照HJ/T 2.3、HJ/T 91、HJ 442设置监测断面和监测点位。

2.1.3.2 监测时间及工况记录

记录每次开展自行监测的时间，以及开展自行监测时的生产工况。

2.1.3.3 监测分析方法、依据和仪器

废水、废气以及噪声将委托有资质的检测机构代为开展检测，部分监测分析方法、仪器如附表 2-5 所列。

企业自行监测委托有资质的检测机构代为开展，企业负责对其资质进行确认。

附表 2-5 部分监测分析方法、仪器

监测因子		监测分析方法	检出限	监测仪器名称	采样方法
废气	颗粒物	《固定污染源废气 低浓度颗粒物的测定 重量法》（HJ 836—2017）	1.0mg/m^3	天平	《固定污染源排气中颗粒物测定与气态污染物采样方法》（GB/T 16157—1996）；《固定污染源废气 低浓度颗粒物的测定 重量法》（HJ 836—2017）
		《固定污染源排气中颗粒物测定与气态污染物采样方法》（GB/T 16157—1996）	20mg/m^3	天平	《固定污染源排气中颗粒物测定与气态污染物采样方法》（GB/T 16157—1996）
	二氧化硫	《固定污染源废气 二氧化硫的测定 定电位电解法》（HJ 57—2017）	3mg/m^3	定电位法二氧化硫测定仪	《固定污染源排气中颗粒物测定与气态污染物采样方法》（GB/T 16157—1996）；《固定污染源废气 二氧化硫的测定 定电位电解法》（HJ 57—2017）
	氮氧化物	《固定污染源废气 氮氧化物的测定 定电位电解法》（HJ 693—2014）	3mg/m^3	定电位法氮氧化物测定仪	《固定污染源排气中颗粒物测定与气态污染物采样方法》（GB/T 16157—1996）；《固定污染源废气 氮氧化物的测定 定电位电解法》（HJ 693—2014）
		《固定污染源废气 氮氧化物的测定 非分散红外吸收法》（HJ 692—2014）	3mg/m^3	非分散红外法氮氧化物测定仪	《固定污染源排气中颗粒物测定与气态污染物采样方法》（GB/T 16157—1996）；《固定污染源废气 氮氧化物的测定 非分散红外吸收法》（HJ 692—2014）
	硫化氢	《空气质量 硫化氢、甲硫醇、甲硫醚和二甲二硫的测定 气相色谱法》（GB/T 14678—1993）	—	气相色谱仪	《固定污染源排气中颗粒物测定与气态污染物采样方法》（GB/T 16157—1996）、《空气质量 硫化氢、甲硫醇、甲硫醚和二甲二硫的测定 气相色谱法》（GB/T 14678—1993）
	臭气浓度	《环境空气和废气 臭气的测定 三点比较式臭袋法》（HJ 1262—2022）	—	嗅辨	《固定污染源排气中颗粒物测定与气态污染物采样方法》（GB/T 16157—1996）、《恶臭污染环境监测技术规范》（HJ 905—2017）
	氨	《环境空气和废气 氨的测定 纳氏试剂分光光度法》（HJ 533—2009）	0.5μg /10mL 吸收液	分光光度计	《固定污染源排气中颗粒物测定与气态污染物采样方法》（GB/T 16157—1996）；《环境空气和废气 氨的测定 纳氏试剂分光光度法》（HJ 533—2009）
	苯	《固定污染源废气 苯系物的测定 气袋采样/直接进样-气相色谱法》（HJ 1261—2022）	0.2mg/m^3	气相色谱仪	《固定污染源排气中颗粒物测定与气态污染物采样方法》（GB/T 16157—1996）；《固定污染源废气 挥发性有机物的采样 气袋法》（HJ 732—2014）
	甲苯	《固定污染源废气 苯系物的测定 气袋采样/直接进样-气相色谱法》（HJ 1261—2022）	0.2mg/m^3	气相色谱仪	《固定污染源排气中颗粒物测定与气态污染物采样方法》（GB/T 16157—1996）；《固定污染源废气 挥发性有机物的采样 气袋法》（HJ 732—2014）

续表

监测因子		监测分析方法	检出限	监测仪器名称	采样方法
废气	二甲苯	《固定污染源废气　苯系物的测定　气袋采样/直接进样-气相色谱法》(HJ 1261—2022)	对二甲苯 0.3mg/m³、间二甲苯 0.2mg/m³、邻二甲苯 0.2mg/m³	气相色谱仪	《固定污染源排气中颗粒物测定与气态污染物采样方法》(GB/T 16157—1996);《固定污染源废气　挥发性有机物的采样　气袋法》(HJ 732—2014)
	非甲烷总烃	《环境空气　总烃、甲烷和非甲烷总烃的测定　直接进样-气相色谱法》(HJ 604—2017)	0.07mg/m³	气相色谱仪	《固定污染源排气中颗粒物测定与气态污染物采样方法》(GB/T 16157—1996);《固定污染源废气　挥发性有机物的采样　气袋法》(HJ 732—2014)
无组织废气	颗粒物	《环境空气　总悬浮颗粒物的测定　重量法》(GB/T 15432—1995)	0.001mg/m³	天平	《大气污染物无组织排放监测技术导则》(HJ/T 55—2000);《环境空气　总悬浮颗粒物的测定　重量法》(GB/T 15432—1995)
	臭气浓度	《环境空气和废气　臭气的测定　三点比较式臭袋法》(HJ 1262—2022)	—	嗅辨	《恶臭污染环境监测技术规范》(HJ 905—2017)、《大气污染物无组织排放监测技术导则》(HJ/T 55—2000)
	氨	《环境空气和废气　氨的测定　纳氏试剂分光光度法》(HJ 533—2009)	0.01mg/m³	分光光度计	《大气污染物无组织排放监测技术导则》(HJ/T 55—2000);《环境空气和废气　氨的测定　纳氏试剂分光光度法》(HJ 533—2009)
	硫化氢	《空气质量　硫化氢、甲硫醇、甲硫醚和二甲二硫的测定　气相色谱法》(GB/T 14678—1993)	0.2×10^{-3}mg/m³	气相色谱仪	《大气污染物无组织排放监测技术导则》(HJ/T 55—2000);《空气质量　硫化氢、甲硫醇、甲硫醚和二甲二硫的测定　气相色谱法》(GB/T 14678—1993)
	苯	《固定污染源废气　苯系物的测定　气袋采样/直接进样-气相色谱法》(HJ 1261—2022)	0.2mg/m³	气相色谱仪	《大气污染物无组织排放监测技术导则》(HJ/T 55—2000)
	甲苯	《固定污染源废气　苯系物的测定　气袋采样/直接进样-气相色谱法》(HJ 1261—2022)	0.2mg/m³	气相色谱仪	《大气污染物无组织排放监测技术导则》(HJ/T 55—2000)
	二甲苯	《固定污染源废气　苯系物的测定　气袋采样/直接进样-气相色谱法》(HJ 1261—2022)	对二甲苯 0.3mg/m³、间二甲苯 0.2mg/m³、邻二甲苯 0.2mg/m³	气相色谱仪	《大气污染物无组织排放监测技术导则》(HJ/T 55—2000)
	非甲烷总烃	《环境空气　总烃、甲烷和非甲烷总烃的测定　直接进样-气相色谱法》(HJ 604—2017)	0.07mg/m³	气相色谱仪	《大气污染物无组织排放监测技术导则》(HJ/T 55—2000)
废水	流量	《超声波明渠污水流量计技术要求及检测方法》(HJ 15—2019)	—	超声波明渠污水流量计	—
	pH 值	《水质　pH 值的测定　玻璃电极法》(GB/T 6920—1986)	0.01pH	便携式 pH 计	《污水监测技术规范》(HJ 91.1—2019);《水质　pH 值的测定　玻璃电极法》(GB/T 6920—1986)
		《pH 水质自动分析仪技术要求》(HJ/T 96—2003)	—	pH 水质自动分析仪	—

续表

监测因子		监测分析方法	检出限	监测仪器名称	采样方法
废水	悬浮物	《水质　悬浮物的测定　重量法》（GB 11901—89）	—	—	《污水监测技术规范》（HJ 91.1—2019）；《水质　悬浮物的测定　重量法》（GB 11901—89）
	化学需氧量	《水质　化学需氧量的测定　重铬酸盐法》（HJ 828—2017）	4mg/L	酸式滴定管	《污水监测技术规范》（HJ 91.1—2019）；《水质　化学需氧量的测定　重铬酸盐法》（HJ 828—2017）
		《水质　化学需氧量的测定　快速消解分光光度法》（HJ/T 399—2007）	15mg/L	分光光度计	《污水监测技术规范》（HJ 91.1—2019）；《水质　化学需氧量的测定　重铬酸盐法》（HJ 828—2017）
		《化学需氧量（COD_{Cr}）水质在线自动监测仪技术要求及检测方法》（HJ 377—2019）	—	化学需氧量（COD_{Cr}）水质在线自动检测仪	《水污染源在线监测系统（COD_{Cr}、NH_3-N等）运行技术规范》（HJ 355—2019）
	五日生化需氧量	《水质　五日生化需氧量（BOD_5）的测定　稀释与接种法》（HJ 505—2009）	0.5mg/L	培养箱	《污水监测技术规范》（HJ 91.1—2019）；《水质　五日生化需氧量（BOD_5）的测定　稀释与接种法》（HJ 505—2009）
	氨氮	《水质　氨氮的测定　纳氏试剂分光光度法》（HJ 535—2009）	0.025mg/L	分光光度计	《污水监测技术规范》（HJ 91.1—2019）；《水质　氨氮的测定　纳氏试剂分光光度法》（HJ 535—2009）
		《水质　氨氮的测定　水杨酸分光光度法》（HJ 536—2009）	0.25mg/L	分光光度计	《污水监测技术规范》（HJ 91.1—2019）；《水质　氨氮的测定　水杨酸分光光度法》（HJ 536—2009）
	氯离子	《水质 无机阴离子的测定　离子色谱法》（HJ/T 84—2016）	0.007mg/L	离子色谱仪	《污水监测技术规范》（HJ 91.1—2019）；《水质　采样技术指导》（HJ494—2009）
	总磷	《水质　总磷的测定　钼酸铵分光光度法》（GB/T 11893—1989）	0.01mg/L	分光光度计	《污水监测技术规范》（HJ 91.1—2019）；《水质 总磷的测定 钼酸铵分光光度法》（GB/T 11893—1989）
	总氮	《水质　总氮的测定　碱性过硫酸钾消解紫外分光光度法》（HJ 636—2012）	0.05mg/L	紫外分光光度计	《污水监测技术规范》（HJ 91.1—2019）；《水质　总氮的测定　碱性过硫酸钾消解紫外分光光度法》（HJ 636—2012）
		《水质　总氮的测定　流动注射-盐酸萘乙二胺分光光度法》（HJ 668—2013）	0.03mg/L	流动注射仪	《污水监测技术规范》（HJ 91.1—2019）；《水质　总氮的测定　流动注射-盐酸萘乙二胺分光光度法》（HJ 668—2013）
	石油类	《水质　石油类和动植物油类的测定　红外分光光度法》（HJ 637—2018）	0.06mg/L	红外分光光度计	《污水监测技术规范》（HJ 91.1—2019）；《水质　石油类和动植物油类的测定　红外分光光度法》（HJ 637—2018）
	动植物油	《水质　石油类和动植物油类的测定　红外分光光度法》（HJ 637—2018）	0.06mg/L	红外分光光度计	《污水监测技术规范》（HJ 91.1—2019）；《水质　石油类和动植物油类的测定　红外分光光度法》（HJ 637—2018）
	硫化物	《水质　硫化物的测定　碘量法》（HJ/T 60—2000）	0.40mg/L	滴定管	《污水监测技术规范》（HJ 91.1—2019）；《水质　硫化物的测定　碘量法》（HJ/T 60—2000）
		《水质　硫化物的测定　亚甲基蓝分光光度法》（HJ 1226—2021）	0.01mg/L（10mm光程）	分光光度计	《污水监测技术规范》（HJ 91.1—2019）；《水质　硫化物的测定　亚甲基蓝分光光度法》（HJ 1226—2021）

续表

监测因子		监测分析方法	检出限	监测仪器名称	采样方法
废水	总铬	《水质　65种元素的测定　电感耦合等离子体发射光谱法》(HJ 700—2014)	0.11mg/L	电感耦合等离子体发射光谱仪	《污水监测技术规范》(HJ 91.1—2019);《水质 65种元素的测定　电感耦合等离子体发射光谱法》(HJ 700—2014)
	六价铬	《水质　六价铬的测定　二苯碳酰二肼分光光度法》(GB/T 7467—1987)	0.004 mg/L(10mm光程)	分光光度计	《污水监测技术规范》(HJ 91.1—2019);《水质　六价铬的测定　二苯碳酰二肼分光光度法》(GB/T 7467—1987)
		《水质　六价铬的测定　流动注射-二苯碳酰二肼光度法》(HJ 908—2017)	0.001 mg/L(10mm光程)	分光光度计	《污水监测技术规范》(HJ 91.1—2019);《水质　六价铬的测定　流动注射-二苯碳酰二肼光度法》(HJ 908—2017)
噪声	等效连续A声级	《工业企业厂界环境噪声排放标准》(GB 12348—2008)	25dB(A)	—	《工业企业厂界环境噪声排放标准》(GB 12348—2008)

2.1.4　执行标准

各污染因子排放标准限值如附表2-6所列(如地方有排放速率要求,应填写相关要求)。

附表2-6　各污染因子排放标准限值

污染物类别	监测点位	污染因子	执行标准	标准限值	单位
有组织废气	喷涂、喷染设施,涂饰车间排气筒	苯	GB 16297	12	mg/m^3
		甲苯		40	mg/m^3
		二甲苯		70	mg/m^3
		非甲烷总烃		120	mg/m^3
	污水处理设施排气筒(15m)	臭气浓度	GB 14554	2000	无量纲
		氨		4.9	kg/h
		硫化氢		0.33	kg/h
无组织废气	厂界(原料皮库)	臭气浓度	GB 14554	20	无量纲
		氨		1.5	mg/m^3
	厂界(脱毛车间)	氨	GB 14554	1.5	mg/m^3
		硫化氢		0.06	mg/m^3
	厂界(磨革车间)	颗粒物	GB 16297	1.0	mg/m^3
	厂界(污水处理站)	臭气浓度	GB 14554	20	无量纲
		氨		1.5	mg/m^3
		硫化氢		0.06	mg/m^3
	厂界(涂饰车间)	苯	GB 16297	0.4	mg/m^3
		甲苯		2.4	mg/m^3
		二甲苯		1.2	mg/m^3
		非甲烷总烃		4.0	mg/m^3

续表

污染物类别	监测点位	污染因子	执行标准	标准限值	单位
无组织废气	车间外（涂饰车间）	非甲烷总烃	GB 37822	10（监控点处1h平均浓度值）	mg/m^3
				30（监控点处任意一次浓度值）	mg/m^3
	园区厂界	苯	GB 16297	0.4	mg/m^3
		甲苯		2.4	mg/m^3
		二甲苯		1.2	mg/m^3
		非甲烷总烃		4.0	mg/m^3
	厂界（煤场）	颗粒物	GB 16297	1.0	mg/m^3
废水	车间/废水排放口（间排）	pH值	GB 30486	6～9	—
		色度		100	—
		悬浮物		120	mg/L
		五日生化需氧量		80	mg/L
		化学需氧量		300	mg/L
		动植物油		30	mg/L
		硫化物		1.0	mg/L
		氨氮		70	mg/L
		总氮		140	mg/L
		总磷		4	mg/L
		氯离子		4000	mg/L
		总铬		1.5	mg/L
		六价铬		0.1	mg/L
厂界噪声	厂界…面边界外1米	等效连续A声级(3类)	GB 12348	65（昼间）	dB（A）
	厂界…面边界外1米	等效连续A声级(3类)		55（夜间）	dB（A）
	……	等效连续A声级			dB（A）

2.1.5 监测结果公开

2.1.5.1 监测结果的公开时限

（1）企业基础信息随监测数据一并公开。

（2）在线监测污染因子采用在线连续监测和手动监测相结合，公布在线仪表数据时，采用实时公报的方式，监测数据自动上传；在线监测设备故障时启动手工监测，手工监测结果在检测完成后次日公开。

（3）其余手工监测的污染因子在收到检测报告后次日完成公开。

2.1.5.2 监测结果的公开方式

全国污染源监测信息管理与共享平台（网址：……）

…省排污单位自行监测信息公开平台（网址：……）

2.1.6 监测方案实施

本监测方案于……年……月……日开始执行。

2.2 制鞋行业

制鞋企业自行监测方案包括企业基本情况、企业产污情况、监测内容、执行标准、监测结果公开、监测方案实施等内容。自行监测模板如下文所述。

2.2.1 企业基本情况

企业基本情况如附表 2-7 所列。

附表 2-7 企业基本情况

企业名称		法人代表	
所属行业		单位代码	
生产周期		联系人	
联系电话		联系邮箱	
单位地址			
生产规模	年产 XX（产品）XX（万双）		
主要生产设备			
生产工艺 （附工艺流程图）			

2.2.2 企业产污情况

2.2.2.1 废水

（1）废水治理及排放情况

废水治理及排放情况如附表 2-8 所列。

附表 2-8　废水治理及排放情况

	排污口	车间废水排放口	循环冷却水排放口	雨水排放口	生活污水排放口
废水治理及排放情况	类别	生产废水	冷却水	雨水	生活污水
	主要污染物				
	产生量/（t/a）				
	排放量/（t/a）				
	处理设施/（工艺）				
	去向				

填写指引：①排污口：可根据排污证上编写。
②类别：根据排污口对应编写类别，如若无排放口，也需填写出。
③主要污染物：可参考排污证及环评等环保资料填写。
④产生量、排放量：可参考排污证及环评等环保资料填写。
⑤处理设施：根据实际情况填写，如无处理，可填“无”。
⑥去向：具体排放至哪条河流（或污水处理厂），如果无外排，根据实际情况填写“循环使用、回用于何处”等

（2）废水处理流程图

对废水处理工艺进行描述，附废水处理流程图。

（3）全厂废水流向图

对全厂废水流向进行描述，附全厂废水流向图，注明厂区雨水和污水集输管线走向。

2.2.2.2　废气

废气治理及排放情况如附表 2-9 所列。

附表 2-9　废气治理及排放情况

	排污口	…废气排放口	…废气排放口	…废气排放口	…废气排放口	…
废气治理及排放情况	类别					…
	主要污染物					
	处理设施（工艺）					
	排放方式					…

填写指引：①排污口：可根据排污许可证上编写。
②类别：根据排污口对应编写类别，如若无排放口，也需填写出。
③主要污染物：可参考排污许可证及环评等环保资料填写。
④处理设施：根据实际情况填写，如无处理，可填“无”

2.2.3　监测内容

2.2.3.1　监测点位布设

全公司/全厂污染源监测点位、监测因子及监测频次如附表 2-10 所列（附全公司/全厂平面布置及监测点位分布图）。

附表 2-10　全公司/全厂污染源点位布设（注：可根据实际情况增加监测因子或选择适合的监测因子进行填报，夜间 22：00-6：00 有生产的需加测夜间噪声，共用厂界可以删除。烟尘、颗粒物等需要等速采样的项目需注明采样孔个数、采样点个数）

污染源类型	排污口编号	排污口类型	排污口位置（经纬度）	检测位置分布	监测因子	样品个数	监测方式	监测频次	备注
废气									
无组织									
废水									

续表

污染源类型	排污口编号	排污口类型	排污口位置（经纬度）	检测位置分布	监测因子	样品个数	监测方式	监测频次	备注
噪声（厂界紧邻交通干线不布点）									

注：1. 监测方式是指 1）“自动监测”、2）“手工监测”、3）“手工监测与自动监测相结合”；
2. 检测结果超标的，应增加相应指标的检测频次；
3. 排气筒废气检测要同步监测烟气参数。

2.2.3.2 监测时间及工况记录

记录每次开展自行监测的时间，以及开展自行监测时的生产工况。

2.2.3.3 监测分析方法、依据和仪器

废水、废气以及噪声将委托有资质的检测机构代为开展检测。

2.2.3.4 监测质量保证与质量控制

企业自行监测委托有资质的检测机构代为开展，企业负责对其资质进行确认。

2.2.4 执行标准

各污染因子排放标准限值如附表 2-11 所列（如地方有排放速率要求，应填写相关要求）。

附表 2-11 各污染因子排放标准限值

污染物类别	监测点位	污染因子	执行标准	标准限值	单位
有组织废气					mg/m^3
					mg/m^3
					mg/m^3
					mg/m^3
					mg/m^3
					mg/m^3
					mg/m^3
					mg/m^3
					mg/m^3
					mg/m^3
					mg/m^3
					mg/m^3
					mg/m^3
					mg/m^3
					mg/m^3

续表

污染物类别	监测点位	污染因子	执行标准	标准限值	单位
有组织废气					mg/m³
					mg/m³
无组织废气					mg/m³
					mg/m³
					mg/m³
					mg/m³
废水					mg/L
					mg/L
					mg/L
					mg/L
					mg/L
					mg/L
					mg/L
					mg/L
					mg/L
					mg/L
					mg/L
					mg/L
					mg/L
					mg/L
					mg/L
					mg/L
					mg/L
					mg/L
					mg/L
					mg/L
					mg/L
厂界噪声				昼间	dB（A）
				夜间	dB（A）
					dB（A）

2.2.5 监测结果公开

2.2.5.1 监测结果的公开时限

（1）企业基础信息随监测数据一并公开。

（2）在线监测污染因子采用在线连续监测和手动监测相结合，公布在线仪表数据时，采用实时公报的方式，监测数据自动上传；在线监测设备故障时启动手工监测，手工监测结果在检测完成后次日公开。

（3）其余手工监测的污染因子在收到检测报告后次日完成公开。

2.2.5.2 监测结果的公开方式

全国污染源监测信息管理与共享平台（网址：……）

...省排污单位自行监测信息公开平台（网址：……）

2.2.6 监测方案实施

本监测方案于……年……月……日开始执行。

附录 3　排污许可证后监管检查清单

3.1　制革、毛皮加工行业

3.1.1　企业基本情况

现场执法检查前应了解企业基本情况，并对照企业排污许可证填写企业基本信息表，标明被检查企业的单位名称、注册地址、生产经营场所和行业类别，根据企业实际情况填写主要生产工艺及设计产能，填写各车间功能，填写通用工序锅炉（非电锅炉）单台和合计出力参数以及水处理设施的日处理能力，判断企业排污许可证管理类别是否有误。具体检查表如附表 3-1 所列。

附表 3-1　企业基本情况表

<table>
<tr><td>单位名称</td><td></td><td>注册地址</td><td></td></tr>
<tr><td>地理位置</td><td></td><td>位置与许可证生产经营场所是否一致</td><td>是□　否□</td></tr>
<tr><td>是否取得排污许可证</td><td>是□　否□</td><td>排污许可证编号</td><td></td></tr>
<tr><td>许可证是否在有效期</td><td>是□　否□</td><td>许可证是否有涂改行为</td><td>是□　否□</td></tr>
<tr><td>行业类别</td><td></td><td>行业类别与许可证是否一致</td><td>是□　否□</td></tr>
<tr><td>是否有出租、出借、买卖或者其他方式非法转让行为</td><td colspan="3">是□　否□</td></tr>
<tr><td>主要生产工艺</td><td colspan="3"></td></tr>
<tr><td rowspan="2">通用工序</td><td>锅炉（单台）　t/h</td><td>数量　　台</td><td>锅炉（合计）t/h</td></tr>
<tr><td>水处理设施　　万 t/日</td><td>废气收集</td><td>是□　否□</td></tr>
<tr><td>重点排污单位</td><td>是□　否□</td><td>管理类别</td><td>重点□　简化□
登记□</td></tr>
<tr><td>原料皮库</td><td>有□　无□</td><td>种类</td><td>生皮□　蓝湿革□
坯革□</td></tr>
<tr><td>硫化物脱毛车间</td><td colspan="3">有□　无□</td></tr>
<tr><td>磨革车间</td><td colspan="3">有□　无□</td></tr>
<tr><td>涂饰车间</td><td>有□　无□</td><td>仅用水性涂饰材料</td><td>是□　否□</td></tr>
<tr><td>煤场</td><td>有□　无□</td><td>完全封闭</td><td>是□　否□</td></tr>
</table>

3.1.2 有组织废气污染防治合规性检查

（1）废气排放口检查

有组织废气排放口检查表如附表 3-2 所列。

附表 3-2 有组织废气排放口检查表

污染源	采样孔规范设置是否合规	采样监测平台规范设置是否合规	排气口规范设置是否合规	备注
喷涂、喷染设施，涂饰车间	是□ 否□	是□ 否□	是□ 否□	
烫毛设施	是□ 否□	是□ 否□	是□ 否□	
污水处理设施	是□ 否□	是□ 否□	是□ 否□	收集时

（2）废气治理设施

有组织废气治理设施检查表如附表 3-3 所列。

附表 3-3 有组织废气治理设施检查表

污染源	污染因子	排污许可证载明治理措施	实际治理措施	是否合规	备注
喷涂、喷染设施，涂饰车间	苯			是□ 否□	
	甲苯				
	二甲苯				
	非甲烷总烃				
烫毛设施	非甲烷总烃			是□ 否□	
污水处理设施	臭气浓度			是□ 否□	
	氨				
	硫化氢				

（3）污染治理措施运行合规性检查

有组织废气治理措施检查表如附表 3-4 所列。

附表 3-4 废气治理措施检查表

排放口	治理措施		备注/填写内容
一般排放口	治理设施是否正常运行	是□ 否□	
	是否适时开展废气处理设备维护保养	是□ 否□	

（4）污染物排放浓度与许可排放浓度的一致性检查

有组织废气浓度达标情况检查表如附表 3-5 所列。

附表 3-5　有组织废气浓度达标情况检查表

污染源	污染因子	自行监测		执法监测数据是否达标	备注
		频次满足要求	数据是否达标		
喷浆设施	苯	是□　否□	是□　否□	是□　否□	
	甲苯	是□　否□	是□　否□	是□　否□	
	二甲苯	是□　否□	是□　否□	是□　否□	
	非甲烷总烃	是□　否□	是□　否□	是□　否□	
污水处理设施	臭气浓度	是□　否□	是□　否□	是□　否□	
	氨	是□　否□	是□　否□	是□　否□	
	硫化氢	是□　否□	是□　否□	是□　否□	
烫毛设施	非甲烷总烃	—	是□　否□	是□　否□	

注：采用全生化除臭等先进污水处理技术的排污单位，臭气浓度、氨、硫化氢等污染物排放标准按照无组织排放限值要求执行。

3.1.3　无组织废气污染防治合规性检查

无组织废气污染防治合规性检查表如附表 3-6 所列。

附表 3-6　无组织废气污染防治合规性检查表

治理环境要素	排污节点	治理措施		备注
恶臭	生皮库	低温保藏	是□　否□	
	污水处理设施	采用全生化除臭等先进污水处理技术	是□　否□	未收集
挥发性有机污染物	涂饰车间	是否设有防泄漏围堰	是□　否□	
颗粒物	露天堆煤场	采用防尘抑尘网、喷淋、洒水等抑尘措施	是□　否□	
	磨革车间	建立封闭除尘系统	是□　否□	

3.1.4　废水污染治理设施合规性检查

（1）废水排放口检查

废水排放口检查表如附表 3-7 所列。

附表 3-7　废水排放口检查表

排放口类型	排污许可证排放去向	实际排放去向	是否一致	备注
含铬废水车间或生产设施废水排放口			是□　否□	
全厂废水总排放口（综合污水处理站）			是□　否□	
生活污水排放口（单独排放）			是□　否□	

(2) 废水治理措施检查

废水治理措施检查表如附表 3-8 所列。

附表 3-8　废水治理措施检查表

废水类型	治理措施		备注
含铬废水	采用封闭循环利用、碱沉淀、过滤、吸附及深度处理	是□　否□	
全厂废水	经物理处理（筛滤截留，重力分离，离心分离，其他）；化学处理（化学混凝，中和，其他）；二级生化处理（活性污泥法、生物膜、其他）；深度处理（超滤/纳滤，反渗透，吸附过滤，氧化塘，生物滤池，芬顿，其他）	是□　否□	
	采用全生化工艺处理后回用	是□　否□	
生活污水	是否有生活污水处理设施	是□　否□	

(3) 污染物排放浓度与许可排放浓度的一致性检查

企业废水排放口污染物的排放浓度达标是指任一有效日均值均满足许可排放浓度要求。废水达标情况检查表如附表 3-9 所列。

附表 3-9　废水达标情况检查表

废水污染因子	自动监测数据是否达标	手工监测数据是否达标	执法监测数据是否达标	备注
化学需氧量	是□　否□	是□　否□	是□　否□	
氨氮	是□　否□	是□　否□	是□　否□	
pH 值	是□　否□	是□　否□	是□　否□	
总氮	是□　否□	是□　否□	是□　否□	
总磷	—	是□　否□	是□　否□	
五日生化需氧量	—	是□　否□	是□　否□	
悬浮物	—	是□　否□	是□　否□	
色度	—	是□　否□	是□　否□	
硫化物	—	是□　否□	是□　否□	
动植物油	—	是□　否□	是□　否□	
氯离子	—	是□　否□	是□　否□	

(4) 污染物实际排放量与许可排放量的一致性检查

污染物实际排放量与许可排放量的一致性检查表如附表 3-10 所列。

附表 3-10　污染物实际排放量与许可排放量的一致性检查表

污染物	许可排放量/（t/a）	实际排放量/（t/a）	是否满足许可要求	备注
化学需氧量			是□　否□	
氨氮			是□　否□	

3.1.5 环境管理执行情况合规性检查

（1）自行监测执行情况检查

自行监测执行情况检查表如附表3-11所列。

附表3-11 自行监测执行情况检查表

序号	合规性检查		执行情况	是否合规	备注
1	是否编制自行监测方案			是□ 否□	
2	自行监测方案是否满足排污许可证要求	监测点位是否齐全		是□ 否□	
3		监测指标是否满足规范要求		是□ 否□	
4		监测频次是否满足规范要求		是□ 否□	
5		监测方法是否满足规范要求		是□ 否□	
6	是否按照监测方案开展自行监测工作			是□ 否□	

（2）环境管理台账执行情况检查

环境管理台账执行情况检查表如附表3-12所列。

附表3-12 环境管理台账执行情况检查表

序号	环境管理台账记录内容	项目	排污许可证要求	执行情况	是否合规
1	运行台账	记录内容			是□ 否□
2		记录频次			是□ 否□
3		记录形式			是□ 否□
4		保存时间			是□ 否□

（3）执行报告上报执行情况检查

执行报告上报执行情况检查表如附表3-13所列。

附表3-13 执行报告上报执行情况检查表

序号	执行报告内容	排污许可证要求	执行情况	是否合规	备注
1	上报内容			是□ 否□	
2	上报频次			是□ 否□	

（4）信息公开执行情况检查

信息公开执行情况检查表如附表3-14所列。

附表3-14 信息公开执行情况检查表

序号	信息公开内容		是否公开	公开方式	备注
1	基础信息	包括单位名称、组织机构代码、法定代表人、生产地址、联系方式，以及生产经营和管理服务的主要内容、产品及规模	是□ 否□		

续表

序号	信息公开内容		是否公开	公开方式	备注
2	排污信息	包括主要污染物及特征污染物的名称、排放方式、排放口数量和分布情况、排放浓度和总量、超标情况，以及执行的污染物排放标准、核定的排放总量	是□ 否□		
3	防治污染设施的建设和运行情况		是□ 否□		
4	建设项目环境影响评价及其他环境保护行政许可情况		是□ 否□		
5	突发环境事件应急预案		是□ 否□		
6	自行监测信息		是□ 否□		

3.1.6 其他合规性检查

其他合规性检查表附表 3-15 所列。

附表 3-15 其他合规性检查表

固废及危废管理	固废外委是否签订合同协议	是□ 否□
	危废外委是否签订合同协议	是□ 否□
	是否存在在非指定区域堆放固废或危废	是□ 否□
	一般固废和危废是否分开贮存（分构筑物或分区）	是□，且有规范标识
		是□，但无规范标识
		否□
	危废转移联单是否严格落实到位	是□ 否□
排污许可证载明有关要求是否落实		是□ 否□ 部分落实□

3.2 制鞋行业

3.2.1 企业基本情况

现场执法检查前应了解企业基本情况，并对照企业排污许可证填写企业基本信息表，标明被检查企业的单位名称、注册地址、生产经营场所和行业类别，根据企业实际情况填写主要生产工艺，填写生产线数量以及单条生产线的规模，具体检查表如附表 3-16 所列。

附表 3-16　企业基本情况表

单位名称		注册地址	
地理位置		位置与许可证生产经营场所是否一致	是□　否□
是否取得排污许可证	是□　否□	排污许可证编号	
许可证是否在有效期	是□　否□	许可证是否有涂改行为	是□　否□
行业类别		行业类别与许可证是否一致	是□　否□
是否有出租、出借、买卖或者其他方式非法转让行为	是□　否□		
主要生产工艺			

3.2.2　有组织废气污染防治合规性检查

(1) 废气排放口检查

有组织废气排放口检查表如附表 3-17 所列。

附表 3-17　有组织废气排放口检查表

污染源	采样孔规范设置是否合规	采样监测平台规范设置是否合规	排气口规范设置是否合规	备注
	是□　否□	是□　否□	是□　否□	
	是□　否□	是□　否□	是□　否□	
	是□　否□	是□　否□	是□　否□	

(2) 废气治理设施

有组织废气治理设施检查表如附表 3-18 所列。

附表 3-18　有组织废气排放口检查表

污染源	污染因子	排污许可证载明治理措施	实际治理措施	是否合规	备注
				是□　否□	
				是□　否□	
				是□　否□	
				是□　否□	
				是□　否□	
				是□　否□	
				是□　否□	
				是□　否□	
				是□　否□	

（3）污染治理措施运行合规性检查

有组织废气治理措施检查表如附表3-19所列。

附表3-19 废气治理措施检查表

排放口	治理措施		备注/填写内容
一般排放口	治理设施是否正常运行	是□ 否□	
	是否适时开展废气处理设备维护保养	是□ 否□	

（4）污染物排放浓度与许可排放浓度的一致性检查

有组织废气浓度达标情况检查表如附表3-20所列。

附表3-20 有组织废气浓度达标情况检查表

污染源	污染因子	自行监测		执法监测数据是否达标	备注
		频次满足要求	数据是否达标		
废气治理设施		是□ 否□	是□ 否□	是□ 否□	
		是□ 否□	是□ 否□	是□ 否□	
		是□ 否□	是□ 否□	是□ 否□	
		是□ 否□	是□ 否□	是□ 否□	
污水处理设施		是□ 否□	是□ 否□	是□ 否□	
		是□ 否□	是□ 否□	是□ 否□	
		是□ 否□	是□ 否□	是□ 否□	

（5）污染物实际排放量与许可排放量的一致性检查

污染物实际排放量与许可排放量的一致性检查表如附表3-21所列。

附表3-21 污染物实际排放量与许可排放量的一致性检查表

污染物	许可排放量/（t/a）	实际排放量/（t/a）	是否满足许可要求	备注
			是□ 否□	
			是□ 否□	
			是□ 否□	
……			是□ 否□	

3.2.3 无组织废气污染防治合规性检查

无组织废气污染防治合规性检查表如附表3-22所列。

附表 3-22　无组织废气污染防治合规性检查表

治理环境要素	排污节点	治理措施		备注
挥发性有机污染物	制鞋车间	是否设有防泄漏围堰	是□　否□	
颗粒物	露天堆煤场	采用防尘抑尘网、喷淋、洒水等抑尘措施	是□　否□	
	硫化车间	建立封闭除尘系统	是□　否□	

3.2.4　废水污染治理设施合规性检查

（1）废水排放口检查

废水排放口检查表如附表 3-23 所列。

附表 3-23　废水排放口检查表

废水类型	排污许可证排放去向	实际排放去向	是否一致	备注
生产废水			是□　否□	
生活污水			是□　否□	
……			是□　否□	

（2）废水治理措施检查

废水治理措施检查表如附表 3-24 所列。

附表 3-24　废水治理措施检查表

废水类型	治理措施			备注
生产废水	辅助生产废水	经过滤、沉淀、冷却等处理	是□　否□	
	循环冷却水	经过滤、沉淀、冷却等处理后回用	是□　否□	
	……	……	是□　否□	
生活污水	是否有生活污水处理设施		是□　否□	

（3）污染物排放浓度与许可排放浓度的一致性检查

企业废水排放口污染物的排放浓度达标是指任一有效日均值均满足许可排放浓度要求。废水达标情况检查表如附表 3-25 所列。

附表 3-25　废水达标情况检查表

废水污染因子	自动监测数据是否达标	手工监测数据是否达标	执法监测数据是否达标	备注
化学需氧量	是□　否□	是□　否□	是□　否□	

续表

废水污染因子	自动监测数据是否达标	手工监测数据是否达标	执法监测数据是否达标	备注
氨氮	是□　否□	是□　否□	是□　否□	
悬浮物	是□　否□	是□　否□	是□　否□	
总氮	是□　否□	是□　否□	是□　否□	
总磷	是□　否□	是□　否□	是□　否□	
……	是□　否□	是□　否□	是□　否□	

(4) 污染物实际排放量与许可排放量的一致性检查

污染物实际排放量与许可排放量的一致性检查表如附表 3-26 所列。

附表 3-26　污染物实际排放量与许可排放量的一致性检查表

污染物	许可排放量/(t/a)	实际排放量/(t/a)	是否满足许可要求	备注
化学需氧量			是□　否□	
氨氮			是□　否□	
……			是□　否□	

3.2.5 环境管理执行情况合规性检查

(1) 自行监测执行情况检查

自行监测执行情况检查表如附表 3-27 所列。

附表 3-27　自行监测执行情况检查表

序号	合规性检查		执行情况	是否合规	备注
1	是否编制自行监测方案			是□　否□	
2	自行监测方案是否满足排污许可证要求	监测点位是否齐全		是□　否□	
3		监测指标是否满足规范要求		是□　否□	
4		监测频次是否满足规范要求		是□　否□	
5		监测方法是否满足规范要求		是□　否□	
6	是否按照监测方案开展自行监测工作			是□　否□	

(2) 环境管理台账执行情况检查

环境管理台账执行情况检查表如附表 3-28 所列。

附表 3-28　环境管理台账执行情况检查表

序号	环境管理台账记录内容	项目	排污许可证要求	执行情况	是否合规
1	运行台账	记录内容			是□　否□
2		记录频次			是□　否□
3		记录形式			是□　否□
4		保存时间			是□　否□

（3）执行报告上报执行情况检查

执行报告上报执行情况检查表如附表 3-29 所列。

附表 3-29　执行报告上报执行情况检查表

序号	执行报告内容	排污许可证要求	执行情况	是否合规	备注
1	上报内容			是□　否□	
2	上报频次			是□　否□	

（4）信息公开执行情况检查

信息公开执行情况检查表如附表 3-30 所列。

附表 3-30　信息公开执行情况检查表

序号	信息公开内容		是否公开	公开方式	备注
1	基础信息	包括单位名称、组织机构代码、法定代表人、生产地址、联系方式，以及生产经营和管理服务的主要内容、产品及规模	是□　否□		
2	排污信息	包括主要污染物及特征污染物的名称、排放方式、排放口数量和分布情况、排放浓度和总量、超标情况，以及执行的污染物排放标准、核定的排放总量	是□　否□		
3	防治污染设施的建设和运行情况		是□　否□		
4	建设项目环境影响评价及其他环境保护行政许可情况		是□　否□		
5	突发环境事件应急预案		是□　否□		
6	自行监测信息		是□　否□		

3.2.6　其他合规性检查

其他合规性检查表附表 3-31 所列。

附表 3-31　其他合规性检查表

<table>
<tr><td rowspan="7">固废及危废管理</td><td>固废外委是否签订合同协议</td><td>是□　否□</td></tr>
<tr><td>危废外委是否签订合同协议</td><td>是□　否□</td></tr>
<tr><td>是否存在在非指定区域堆放固废或危废</td><td>是□　否□</td></tr>
<tr><td rowspan="3">一般固废和危废是否分开贮存（分构筑物或分区）</td><td>是□，且有规范标识</td></tr>
<tr><td>是□，但无规范标识</td></tr>
<tr><td>否□</td></tr>
<tr><td>危废转移联单是否严格落实到位</td><td>是□　否□</td></tr>
<tr><td colspan="2">排污许可证载明有关要求是否落实</td><td>是□　否□　部分落实□</td></tr>
</table>

参考文献

[1] 鞋类固废下脚料回收处理将有国家标准［J］. 中国橡胶，2017，33（10）：21.

[2] 李瑞. 皮鞋制鞋厂的生命周期评价的研究［D］. 西安：陕西科技大学，2017.

[3] 张军娥. 鞋类产品全生命周期工程的研究［D］. 天津：天津科技大学，2012.

[4] 汪红，胡珉，王滢. 关于排污许可证后监管问题的思考［J］. 环境科学与技术，2023，46（S1）：237-239.

[5] 邓启明. 谈我国制鞋业的环境污染与保护［J］. 中外鞋业，2000，4：32-34.

[6] 石飞，刘旗. 制鞋中的环境污染问题［J］. 中国皮革，2003，（08）：148-149.

[7] 卢学强，唐运平，隋峰，等. 制革废水综合处理技术研究［J］. 城市环境与城市生态，1999，12（6）：22-24.

[8] 高忠柏. 制革工业废水处理［M］. 北京：化学工业出版社，2000.

[9] 吴浩汀. 制革工业废水处理技术及工程实例［M］. 北京：化学工业出版社，2002.

[10] 董贵平，兰云军，鲍利红. 皮革的绿色化工艺之路一铬鞣废弃物的回收利用［J］. 西部皮革，2006，04：12-17.

[11] 陈占光，张正洁.《制革及毛皮加工工业水污染物排放标准》解读［J］. 轻工标准与质量，2014（1）：1.

[12] 陈占光. 制革行业产业政策分析［J］. 西部皮革，2015，04：7-14.

[13] 肖明波. 广州市制革及毛皮加工工业特征污染物调查［J］. 广州环境科学，2015（1）：44-47.

[14] 刘德杰，谢静，杨方圆，等. 河南省制革及毛皮加工行业发展现状［J］. 广东化工，2017，44（9）：5.

[15] 刘德杰，杨方圆，杨立敏. 制革及毛皮加工行业危险废物处理探讨［J］. 有色冶金节能，2017（1）：4.

[16] 周律，辛怡颖，彭标，等. 工业园区废水深度处理的风险识别及控制-以制革及毛皮加工工业园为例［J］. 中国皮革，2015（16）：5.

[17] 张长，张志华. 制革及毛皮加工废水处理技术及案例分析［J］. 工业水处理，2019，39（7）：5.

[18] 周律，辛怡颖，彭标，等. 制革及毛皮加工工业园废水深度处理的风险识别及控制［C］//全国排水委员会 2015 年年会论文集. 2015.

[19] 关民普，鲁雪燕. 制革及毛皮加工项目污染治理措施建议［J］. 资源节约与环保，2018（4）：2.

[20] 张莹，刘佳泓. 制革及毛皮加工企业自行监测开展现状及方案研究［J］. 西部皮革，2019，41（19）：2.

[21] 王庆伟. 基于制革工业浅析地下水环境影响评价［J］. 皮革制作与环保科技，2021，2（5）：3.

[22] 姜楠. 制革行业污染防治“红宝书”——《制革工业污染防治可行技术指南》问与答［J］. 中国皮革，2018，47（7）：65-69.

[23] 无. 皮革行业“十四五”高质量发展指导意见［J］. 北京皮革，2022，47（1）：4.

[24] 骆倩，杨易帆，郭陈娴，等. 制革工业排污许可证填报的问题研析［J］. 中国资源综合利用，2019，37（5）：3.

[25] 中华人民共和国环境保护部 . HJ 859.1—2017 排污许可证申请与核发技术规范制革及毛皮加工工业-制革工业 ［S］. 北京：中国环境出版社，2017.

[26] 无.《排污许可证申请与核发技术规范 制革及毛皮加工工业——毛皮加工工业》十五问十五答［J］. 北

京皮革：中外皮革信息版（中），2020.

［27］焦翔．制革废水处理工艺运行优化研究［D］．杭州：浙江工业大学［2023-09-28］．

［28］鲁骎，王亮亮，郑鹏飞，等．蓝湿皮生产废水处理工艺升级改造工程［J］．给水排水，2013，39（8）：4.

［29］周富春．《排污许可证申请与核发技术规范 制革及毛皮加工工业：毛皮加工工业》标准发布［J］．北京皮革，2020（Z1）：48-51.

［30］陈小珂，刘鹏杰．不规范无春天：解读《制革行业规范条件》［J］．中国皮革，2014（13）：54-58.

［31］万宪庆，朱彦锋．毛皮加工行业中环境保护与治理要点分析［J］．河南科技，2021，40（27）：3.

［32］刘静，许新宣．制革企业产污节点分析及现场环境监管要点解析［J］．环境保护，2012（12）：3.

［33］陈静，Zach Armitage，沈鹏程，等．制鞋业中皮革对环境影响的量化评估［J］．皮革科学与工程，2018，28（1）：6.DOI：10.19677/j.issn.1004-7964.2018.01.003.

［34］魏俊飞，马宏瑞，郗引引．制革工段废水中COD，氨氮和总氮的分布与来源分析［J］．中国皮革，2008，37（17）：4.

［35］Guan Y R，Shan Y L，Huang Q，et al．Assessment to China's recent emission pattern shifts［J］．Earth's Future，2021，9（11）：1-13.

［36］省级温室气体清单编制指南（试行）［S］．

［37］工业其他行业企业温室气体排放核算方法与报告指南［S］．

［38］Carbon Neutrality in the UNEC Region：Integrated Life-cycle Assessment of Electricity Sources［R］．United Nations Economic Commision for Europe，2021.

［39］高俊云．碳中和背景下皮革企业环境成本控制管理研究［J］．中国皮革，2023，52（1）：4.

［40］武倩．绿色可持续视角下中国皮革产业低碳转型与发展模式构建［J］．中国皮革，2021，50（12）：126-130.

［41］张浩楠，申融容，张兴平，等．中国碳中和目标内涵与实现路径综述［J］．气候变化研究进展，2022，18（2）：240-252.

［42］齐晔，蔡琴．碳中和背景下的城市治理创新［J］．治理研究，2021，37（6）：88-98.

［43］张瑾华，陈强远．碳中和目标下中国制造业绿色转型路径分析［J］．企业经济，2021，40（8）：36-43.

［44］杨舒雯．制革企业成本问题与内部控制策略研究［J］．中国皮革，2021，50（12）：14-17.

［45］高雪琪．“碳中和”视角下制造企业环境成本管理研究［J］．长春工程学院学报（社会科学版），2021，22（2）：43-46.

［46］李洪言，赵朔，林傲丹，等．2019年全球能源供需分析：基于《BP世界能源统计年鉴（2020）》［J］．天然气与石油，2020，38（6）：122-130.

［47］安国俊．碳中和目标下的绿色金融创新路径探讨［J］．南方金融，2021（2）：3-12.

［48］孙殿群．新形势下节能减排与环境保护［J］．皮革制作与环保科技，2022，3（2）：62-64.

［49］高菲．基于清洁生产的皮革企业环境成本控制［J］．中国皮革，2021，50（7）：91-93，97.

［50］李晗琳．大数据背景下的环境成本控制体系构建［J］．广西质量监督导报，2020（3）：201-202.

［51］兰芬．某制革企业污染控制与环境管理中若干问题研究［J］．环境科学与管理，2017，42（8）：19-23.

［52］张修凡，范德成．碳排放权交易市场对碳减排效率的影响研究：基于双重中介效应的实证分析［J］．科

学学与科学技术管理，2021，42（11）：20-38.

［53］张修凡. 我国碳排放权交易机制运行评价及政策建议［J］. 四川轻化工大学学报（社会科学版），2021，36（5）：24.

［54］范素珍. 新经济背景下的应用型财会人才培养研究［J］. 会计师，2018（16）：65-66.

［55］花金岭，程凤侠，董荣华，等. 毛皮生产废水特点及处理现状分析［J］. 中国皮革，2008，（21）：55-58.

［56］王玉涛，王丰川，洪静兰，等. 中国生命周期评价理论与实践研究进展及对策分析［J］. 生态学报，2016，36（22）：7179-7184.

［57］李玉红，廖学品，王安，等. 基于 LCA 方法对毛皮加工过程的环境影响评价［J］. 皮革科学与工程，2020，30（2）：6.

［58］傅瑛. 皮革和毛皮加工废水处理技术进展研究［J］. 皮革制作与环保科技，2022（010）：003.

［59］Sivasubramanian S，B Murali M，Rajaram A，et al. Ecofriendly lime and sulfide free enzymatic dehairing of skins and hides using a bacterial alkaline protease［J］. Chemosphere，2008，70（6）：1015-1024.

［60］李敬. 牛皮酶法脱毛工艺优化及其对食用质量的影响［D］. 北京：中国农业科学院. 2016.

［61］Paul R G，Mohamed I，Addy D D D C L. The Use of Neutral Protease in Enzymatic Unhairing［J］. Journal of the American Leather Chemists Association，2001，96（5）：180-185.

［62］Senthilvelan T，Kanagaraj J，Mandal A B. Application of enzymes for dehairing of skins：cleaner leather processing［J］. Clean Technologies & Environmental Policy，2012，14（5）：889-897.

［63］Pati A，Chaudhary R，Subramani S. A review on management of chrome-tanned leather shavings：a holistic paradigm to combat the environmengtal issues［J］. Environmental Science and Pollution Research，2014，21（19）：11266-11282.

［64］Jia X J，Chattha S A，et al. A salt-free pickling chrome tanning technology：pretreatment with the collective polyoxyethylene diepoxy ether and urotropine［J］. Journal of Cleaner Production，2020，244：118706.

［65］Sundar V J，Muralidharan C，Mandal A B. A novel chrome tanning process for minimization of total dissolved solids and chromium in effluents［J］. Journal of Cleaner Production，2013，59：239-244.

［66］Saravanabhavan S，Thanikaivelan P，Rao J R，et al. Reversing the Conventional Leather Processing Sequence for Cleaner Leather Production［J］. Environmental Science & Technology，2006，40（3）：1069-1075.

［67］Silambarasan S，Aravindhan R，Raghava Rao J，et al. Waterless tanning：chrome tanning in ethanol and its derivatives［J］. RSC Advances，2015，5（82）：66815-66823.

［68］Sathish M，Sreeram K J，Rao J R，et al. Cyclic carbonate：a recyclable medium for zero discharge tanning［J］. ACS Sustainable Chemistry & Engineering，2016，4（3）：1032-1040.

［69］廖隆理，李志强，但卫华，等. CO_2超临界流体技术在制革铬鞣中的应用研究［J］. 四川大学学报（工程科学版），2002.

［70］Zhang J W，Chen W Y. A rapid and cleaner chrome tanning technology based on ultrasound and microwave［J］. Journal of Cleaner Production，2020，247：119542.

［71］China C R，Maguta M M，Nyandoro S S，et al. Alternative tanning technologies and their suitability in curbing environmental pollution from the leather industry：a comprehensive review［J］. Chemosphere，2020，254：126804.

[72] Mai O Y，Hu K H，Jiang Q W，et al. An approach on chromium discharge reduction：Effect and mechanism of ketone carboxylic acid as high exhaustion chrome tanning agent [J]. Journal of Cleaner Production，2022，367：133125.

[73] Fuchs K，Kupfer R，Mitchell J W. Glyoxylic acid an interesting contribution to clean technology [J]. The Journal of the American Leather Chemists Association，1993，88（11）：402-413.

[74] 王鸿儒，王文勇，薛朝华. 丙烯酸接枝铬鞣方法的研究 [J]. 中国皮革，2002，31（5）：4.

[75] 白云翔，王鸿儒. 醛酸型铬鞣剂助剂 SYY 的结构及应用研究 [J]. 西北轻工业学院学报，2002（04）：12-17.

[76] 陈苗苗，强西怀，陈渭，等. 环保无铬鞣剂 F-90 与铬结合鞣制的研究 [J]. 中国皮革，2016，45（2）：32-36.

[77] 陈渭，强西怀，孙哲，等. 亚硫酸氢钠封端多羧基聚氨酯助鞣性能的研究 [J]. 皮革科学与工程，2016，26（2）：6.

[78] 陈渭，强西怀，孙哲，等. 无盐浸酸助剂的发展动态 [J]. 中国皮革，2015（14）：3.

[79] Ramamurthy G，Krishnamoorthy G，Sastry T P. Rationalized method to enhance the chromium uotake in tanning process：role of Gallic acid [J]. Clean Technologies and Environmental Policy，2014，16（3）：647-654.

[80] 王新刚，王鸿儒. 丙烯酸铬吸收助剂的合成研究 [J]. 中国皮革，2004，33（19）：5.

[81] 张磊，兰云军. 非线型共聚物高吸收铬鞣助剂的制备及应用 [J]. 精细化工，2012，29（4）：6.

[82] Yao Q，Chen H L，et al. Mechanism and effect of hydroxyl-terminated debdrimer as excellent chrome exhausted agent for tanning of pickled pelt [J]. Journal of Cleaner Production，2018，202：543-552.

[83] 强西怀，刘安军，管建军，等. 端羟基超支化聚合物助鞣剂的合成及应用 [J]. 精细化工，2008，25（9）：5.

[84] Yao Q，Wang Y T，Chen H L，et al. Mechanism of High Chrome Uptake of Tanning Pickled Pelt by Carboxyl-Terminated Hyper-Branched Polymer Combination Chrome Tanning[J]. Chemistry Select，2019，4（2）：670-680.

[85] 于婧，靳丽强，李彦春. 超支化聚（胺-酯）型铬鞣助剂的合成及应用 [J]. 中国皮革，2009（7）：5.

[86] 姚棋，陈华林. 超支化聚合物高吸收铬鞣助剂研究进展 [J]. 广东石油化工学院学报，2020，30（1）：7.

[87] Ibrahim A A，Moshera S A Y，ENashy I H A，et al. Using of Hyperbranched Poly（amidoamine）as Pretanning Agent for Leather [J]. International Journal of Polymer Science，2013，2013：1-8.

[88] Lyu B，Change R，Gao D G，et al. Chromium footprint reduction：nanocomposites as efficient pretanning agents for cowhide shoe upper leather [J]. ACS Sustainable Chemistry & Engineering，2018，6（4）：5413-5423.

[89] 高党鸽，吕秀娟，马建中，等. 纳米复合高吸收铬鞣助剂在牛皮鞣制中的应用 [J]. 中国皮革，2013，42（19）：5.

[90] Raji P，Samrot A V，Bhavya K S，et al. Greener Approach for Leather Tanning Using Less Chrome with Plant Tannins and Tannins Mediated Nanoparticles [J]. Journal of Cluster Science，2019，30：1533-1543.

[91] Nishad Fathima N，Raghava Rao J，Unni Nair B. Chapter 23-Effective Utilization of Solid Waste from Leather Industry [J]. The Role of Colloidal Systems in Environmental Protection，2014：593-613.

[92] Shanmugam P，Horan N J. Optimising the biogas production from leather fleshing waste by co-digestion with MSW [J]. Bioresource Technology，2009，100（8）：4117-4120.

[93] Ravindran B，Dinesh S L，Kennedy L J，et al. Vermicomposting of Solid Waste Generated from Leather Industries Using Epigeic Earthworm Eisenia foetida [J]. Applied Biochemistry and Biotechnology，2008，151（2-3）：480-488.

[94] Yuvaraj P，Raghava Rao J，Nishad Fathima N，et al. Complete replacement of carbon black filler in rubber sole with CaO embedded activated carbon derived from tannery solid waste [J]. Journal of Cleaner Production，2017，170：446-450.

[95] Palani Y，Jonnalagadda R R，Nishter N F. Adsorption on Activated Carbon Derived from Tannery Fleshing Waste：Adsorption Isotherms，Thermodynamics，and Kinetics [J]. Environmental Progress & Sustainable Energy，2017，36（6）：172-1733.

[96] Muralidharan V，Palanivel S，Balaraman M. Turning problem into possibility：A comprehensive review on leather solid waste intra-valorization attempts for leather processing [J]. Journal of Cleaner Production，2022，367：133021.

[97] Idler A，Sundu S，Tuter M，et al. Transesterification reaction of the fat originated from solid waste of the leather industry [J]. Waste Management，2010，30（12）：2631-2635.

[98] Ozgunay H，Colak S，Zengin G，et al. Performance and emission study of biodiesel from leather industry pre-fleshings [J]. Waste Management，2007，27（12）：1897-1901.

[99] Alptekin E，Canakci M，Sanli H. Evaluation of leather industry wastes as a feedstock for biodiesel production [J]. Fuel，2012，95：214-220.

[100] Altun S，Yassar F. Biodiesel production from leather industry wastes as an alternative feedstock and its use in diesel engines [J]. Energy Exploration & Exploitation，2013，31（5）：759-770.

[101] Riedel S L，Jahns S，Koenig S，et al. Polyhydroxyalkanoates production with Ralstonia eutropha from low quality waste animal fats [J]. Journal of Biotechnology，2015，214：119-127.

[102] Braganca I，Crispim A，Sampaio A，et al. Adding Value to Tannery Fleshings：Part I-Oils and Protein Hydrolysates-Production and Application [J]. Journal of The Society of Leather Technologists And Chemists，2013，97（2）：62-67.

[103] Ammasi R，Victor J S，Chellan R，et al. Amino Acid Enriched Proteinous Wastes：Recovery and Reuse in Leather Making [J]. Waste and Biomass Valorization，2020，11：5793-5807.

[104] Puhazhselvan P，Pandi A，Sujiritha P B，et al. Recycling of tannery fleshing waste by a two step process for preparation of retanning agent [J]. Process Safety and Environmental Protection，2022，157：59-67.

[105] Maistrenko L，Iungin O，Pikus P，et al. Collagen Obtained from Leather Production Waste Provides Suitable Gels for Biomedical Applications [J]. Polymers，2014，14（21）：4749.

[106] Tang Y L，Zhao T J，Zhang Y J，et al. Conversion of tannery solid waste to an adsorbent for high-efficiency dye removal from tannery wastewater：A road to circular utilization [J]. Chemosphere，2021，263：127987.

[107] Selvaraj S，Jeevan V，Jonnalagadda R R，et al. Conversion of tannery solid waste to sound absorbing nanofibrous materials：A road to sustainability [J]. Journal of Cleaner Production，2018，213：375-383.

[108] Ocak B. Properties and characterization of thyme essential oil incorporated collagen hydrolysate films extracted from hide fleshing wastes for active packaging [J]. Environmental Science and Pollution Research，2020.

[109] Langmaier F，Mokrejs P，Kolomaznik K，et al. Biodegradable packing materials from hydrolysates of collagen waste proteins [J]. Waste Management，2008，28（3）：549-556.

[110] Chronska-Olszewska K，Przepiorkowska A. A Mixture of Buffing Dust and Chrome：Shavings as a Filler for Nitrile Rubbers [J]. Journal of Applied Polymer Science，2011，122（5）：2899-2906.

[111] Ashokkumar M，Thanikaivelan P，Chandrasekaran B. Modulating Chromium Containing Leather Wastes into Improved Composite Sheets Using Polydimethylsiloxane [J]. Polymers and Polymer Composites，2021，19（6）：497-504.

[112] Zhang J，Yan Z X，Liu X Z，et al. Conductive Skeleton-Heterostructure Composites Based on Chrome Shavings for Enhanced Electromagnetic Interference Shielding [J]. ACS Applied Materials&Interfaces，2020，12（47）：53076-53087.

[113] Wang X C，Yue O Y，Liu X H，et al. A novel bio-inspired multi-functional collagen aggregate based flexible sensor with multi-layer and internal 3D network structure [J]. Chemical Engineering Journal，2019，392：123672.

[114] Abreu M A，Toffoli S M. Characterization of a chromium-rich tannery waste and its potential use in ceramics [J]. Ceramics International，2009，35（6）：2225-2234.

[115] Erdem M. Chromium recovery from chrome shaving generated in tanning process [J]. Journal of Hazardous Materials，2006，129（1-3）：143-146.

[116] Majee S，Halder G，Mandal T. Formulating nitrogen-phosphorous-potassium enriched organic manure from solid waste：A novel approach of waste valorization [J]. Process Safety and Environmental Protection，2019，132：160-168.

[117] Ocak B. Complex coacervation of collagen hydrolysate extracted from leather solid wastes and chitosan for controlled release of lavender oil [J]. Journal of Environmental Management，2012，100：22-28.

[118] Eric F D M，Bianca S S，Aline D. Citronella essential oil microencapsulation by complex coacervation with leather waste gelatin and sodium alginate [J]. Journal of Environmental Chemical Engineering，2018，100：22-28.

[119] Sartore L，Schettini E，Palma L D，et al. Effect of hydrolyzed protein-based mulching coatings on the soil properties and productivity in a tunnel greenhouse crop system [J]. Science of The Total Environment，2018，645：1221-1229.

[120] Dang X G，Shan Z H，Chen H. Biodegradable films based on gelatin extracted from chrome leather scrap [J]. International Journal of Biological Macromolecules，2017，107：1023-1029.

[121] 王鸿儒，自正祥，李富飞. 阴离子蛋白复鞣剂的制备与应用[J]. 皮革化工，2002，19（5）：19-22. DOI：10. 3969/j. issn. 1674-0939. 2002. 05. 008.

[122] 邓航霞，杨茂，董志方，等．胶原降解物-双氰胺树脂复合材料研究［J］．皮革科学与工程，2016，26（6）：34-37．

[123] 许艳琳，孙静，庞晓燕，等．用含铬废皮屑制备皮革蛋白类填充剂的研究进展［J］．皮革与化工，2010，27（2）：14-18．DOI：10．3969/j．issn．1674-0939．2010．02．004．

[124] 郭军．制革工业中的清洁化脱脂方，超声波辅助水性脱脂［J］．北京皮革：中外鞋讯（下），2011（1）：77-79．

[125] 猪皮服装革酶助节水型低硫保毛脱毛工艺研究［Z］．2010．

[126] 屈惠东．制革浸灰废液循环使用的工艺研究［J］．中国皮革，1994（11）：41-45．

[127] 丁绍兰，章川波，高孝忠，等．常规毁毛法浸灰脱毛废液循环使用的研究［J］．中国皮革，1997，（4）：14-19．

[128] 丁志文，谢少达，谢胜虎，等．一种保毛脱毛和浸灰废液循环利用方法［P］．中国专利：CN102505056A，2012．06．20．

[129] 张壮斗．制革废液循环利用技术介绍［J］．中国皮革，2017，46（7）：55，62．

[130] 何灿，但年华，张玉红，等．几种保毛脱毛法及其作用机理［J］．西部皮革，2014（18）：24-29．